高可靠系统构建指南

服务稳定性建设与技术债务治理

杨彪 李海亮 王波 ◎ 编著

电子工业出版社
Publishing House of Electronics Industry
北京·BEIJING

内 容 简 介

本书以服务稳定性建设与技术债务治理为主线，深度剖析 Java 服务全生命周期中的关键问题与解决方案，通过"问题诊断-治理框架-实践落地"的三层递进结构，构建了覆盖技术架构、资金安全、组织效能的完整技术治理体系。

本书总计 7 章。第 1～2 章从 Java 服务的常见线上问题切入，系统讲解针对内存泄漏、线程死锁、MySQL 慢查询等疑难问题的 5why 原因分析法与根治方案，并且基于 JVM 内存模型与线程的原理，建立预防性优化机制，其中还讲解了"稳定性治理三维模型"（意识培养-能力建设-系统保障），并结合 Prometheus 监控体系，打造了从被动"救火"到主动防御的高可靠工程体系。第 3～5 章构建了资金安全防护的"双闭环"机制，即在业务侧通过三流合一、平衡性约束等金融级设计来确保业务逻辑正确，在技术侧通过分布式事务、幂等设计等技术方案来确保数据一致，通过业业、业会、会会、账实核对来实现资损的分钟级发现，并且聚焦领域驱动设计，通过会员系统建模实战来演示技术债务的治理路径，讲解了彩色建模、事件风暴等五大领域建模方法工具箱。第 6～7 章解构高并发供应链系统架构，涵盖分库分表、熔断降级等分布式架构的核心模式，特别给出补偿事务、事务消息等一致性方案的选型决策树，还整合大模型技术，详解 LangChain 等开发框架与 AI 编程助手的应用，构建了从 Prompt 工程到知识库设计的大模型应用程序开发范式。

无论是新手还是经验丰富的工程师，都能从本书中获得宝贵的知识和经验，提高自己解决问题的能力，构建更加稳定和高效的系统服务。

未经许可，不得以任何方式复制或抄袭本书之部分或全部内容。
版权所有，侵权必究。

图书在版编目（CIP）数据

高可靠系统构建指南：服务稳定性建设与技术债务治理 / 杨彪，李海亮，王波编著. -- 北京：电子工业出版社，2025. 5. -- ISBN 978-7-121-50052-7
Ⅰ. TP368.5
中国国家版本馆 CIP 数据核字第 20255UH872 号

责任编辑：张国霞
印　　刷：三河市鑫金马印装有限公司
装　　订：三河市鑫金马印装有限公司
出版发行：电子工业出版社
　　　　　北京市海淀区万寿路 173 信箱　邮编：100036
开　　本：787×980　1/16　印张：18.25　字数：410.2 千字
版　　次：2025 年 5 月第 1 版
印　　次：2025 年 5 月第 1 次印刷
定　　价：128.00 元

凡所购买电子工业出版社图书有缺损问题，请向购买书店调换。若书店售缺，请与本社发行部联系，联系及邮购电话：(010) 88254888，88258888。
质量投诉请发邮件至 zlts@phei.com.cn，盗版侵权举报请发邮件至 dbqq@phei.com.cn。
本书咨询联系方式：faq@phei.com.cn。

推荐序

序，承载作序者的见解，印在书的开头。在人类越来越聪明，对万事万物都有各自见解的今天，为书作序好像有点儿多余。所以，我极少答应为书作序。

但是，能为本书作序让我感到荣幸。因为本书可以让一线软件开发者、架构师甚至技术决策者都深有收获。

在这个数字化时代，软件已经成为支撑现代社会运转的基石，软件开发者一直希望将软件开发从一门手艺转变为一个工程学科。与此同时，软件开发工作面临一些实质性的困难，比如软件构建本身的复杂度超过了人类有史以来的任何其他构建工作，并且变化速度特别快，等等。

综上所述，在可分析性、可计划性和可重复性等方面，让软件项目赶上很多其他工程项目，仍然是非常困难的。这也造成了从设计模式到敏捷开发，各种方法论高开低走，在推广和落地的过程中始终伴随着质疑和争议。我认为，具备普遍意义又真正行之有效的软件设计方法和工程实践，在本书中有了集中的呈现。

任何软件，除了功能性的需求，还有很多架构特性，比如可用性、可靠性、可扩展性，等等。可以说，在设计软件时，架构师更关键的职责就是定义、发现和分析目标系统必须满足的，与领域功能不直接相关的这些架构特性，特别是这些系统的稳定性、可靠性与安全性。

所以，选择这个切入点成书，从本书架构上就展现了作者们的造诣。然而，本书给我的最大惊喜还在于其内容的广度与深度。从编程语言到框架工具，从基础设施到数据治理，从领域驱动设计到资损预防，可以说，本书是难得一见的既有体系化的理论阐述，又有大量的技术细节，并且真正覆盖了如何设计、如何实施、如何测试、如何发展等全方位内容的好书。这也使得本书不仅适合那些在一线奋战的软件开发者和架构师，也适合那些对服务稳定性和技术债务治理有深刻认识的管理者。

祝阅读愉快！

FITURE COO&合伙人　李昊

目录

第 1 章 Java 服务常见线上问题应急攻关 1
1.1 为什么程序员天天都在"救火" 1
1.2 Java 内存案例分析 2
    1.2.1 案例介绍 2
    1.2.2 5why 原因分析 2
    1.2.3 类似问题的解决办法 9
1.3 JVM 内存模型 10
    1.3.1 JVM 的内存架构 10
    1.3.2 JVM 进程的物理内存架构 11
    1.3.3 常见的内存问题 12
    1.3.4 预防内存问题的方法 13
1.4 线程死锁案例分析 15
    1.4.1 案例介绍 15
    1.4.2 原因分析 16
    1.4.3 问题排查 16
1.5 Java 线程的原理及优化方法 18
    1.5.1 Java 线程的状态 18
    1.5.2 Java 线程加锁的原理 19
    1.5.3 Java 线程、本地线程、内核线程及 JDK 线程模型 25
    1.5.4 如何预防线程死锁 26
1.6 MySQL 慢查询案例分析 27
    1.6.1 问题案例 27
    1.6.2 5why 原因分析 28
    1.6.3 MySQL 存储引擎的原理 29
    1.6.4 MySQL 慢查询问题排查 41
    1.6.5 如何预防 MySQL 慢查询 44

第 2 章 服务稳定性治理 47
2.1 服务稳定性治理的目标 47
2.2 服务稳定性的度量标准 47
2.3 服务稳定性治理的方法 51
2.4 如何做好服务稳定性治理 53
    2.4.1 提升团队的意识 53
    2.4.2 提升团队的设计能力 54
    2.4.3 提升服务的可靠性 59
    2.4.4 提升服务的可用性 61
2.5 服务稳定性可观测能力建设 66
    2.5.1 关于日志打印的最佳实践 66
    2.5.2 使用 APM 工具进行全链路追踪 69
    2.5.3 可观测性指标体系建设 76
    2.5.4 搭建 Prometheus 监控系统 78

第 3 章 资损风险分析与治理 82
3.1 为什么资损事故频发 82
3.2 资金安全相关的合规问题及要求 83
    3.2.1 二清合规问题 84
    3.2.2 三流合一 87

目录

- 3.3 资损的核心指标 87
  - 3.3.1 理论资损金额 87
  - 3.3.2 实际资损金额 87
  - 3.3.3 财务差异金额 88
- 3.4 资损的核心指标计算规则 88
- 3.5 如何确保业务逻辑正确 89
  - 3.5.1 如何确保金额计算无误 89
  - 3.5.2 如何确保额度控制得当 91
  - 3.5.3 资金的流动满足平衡性约束 92
  - 3.5.4 如何确保流程状态正确 93
  - 3.5.5 如何确保时效性 93
- 3.6 如何确保技术方案正确 94
  - 3.6.1 上下游数据的一致性 94
  - 3.6.2 数据库与缓存数据的一致性 95
  - 3.6.3 消息队列中消息处理的正确性 96
  - 3.6.4 定时任务处理的正确性 97
- 3.7 如何避免人为操作风险 97
- 3.8 如何及时发现资损风险 98
  - 3.8.1 梳理资损链路风险 99
  - 3.8.2 监控核对机制 102
  - 3.8.3 什么是业业核对 103
  - 3.8.4 什么是业会核对 109
  - 3.8.5 什么是会会核对 111
  - 3.8.6 什么是账实核对 113
  - 3.8.7 核对评估指标 113

第4章 通过故障演练主动发现潜在的风险 114
- 4.1 为什么"黑天鹅事件"不断出现 114
- 4.2 故障演练的类型及方法 114
  - 4.2.1 故障演练的类型 115
  - 4.2.2 故障演练的方法 115
- 4.3 ChaosBlade 的原理与实践 117
  - 4.3.1 ChaosBlade 的架构 118
  - 4.3.2 ChaosBlade 的安装和应用 119
  - 4.3.3 ChaosBlade 支持的调用方式 120
  - 4.3.4 ChaosBlade 中的常用命令 121
  - 4.3.5 ChaosBlade 的原理 123
- 4.4 ChaosBlade-Box 故障演练管理平台 126
  - 4.4.1 ChaosBlade-Box 的安装 127
  - 4.4.2 ChaosBlade-Box 的应用 129
- 4.5 Redis 缓存故障演练案例 134
  - 4.5.1 故障演练方案设计 134
  - 4.5.2 常见的缓存优化方案 138
- 4.6 MySQL 故障演练案例 142
  - 4.6.1 故障演练方案设计 142
  - 4.6.2 MySQL 高可用实战 145

第5章 会员系统的模型债务治理 156
- 5.1 技术债务产生的原因 156
- 5.2 技术债务的治理方法 157
- 5.3 如何做好会员系统的业务建模 158
  - 5.3.1 会员系统的业务分析 158
  - 5.3.2 使用用例进行业务建模 162
  - 5.3.3 会员系统的非功能需求分析 165
- 5.4 如何进行会员系统的领域建模 166
  - 5.4.1 关于领域建模的一些基础知识 166
  - 5.4.2 领域建模方法1：重用和修改现有的模型 170
  - 5.4.3 领域建模方法2：用例驱动设计 172
  - 5.4.4 领域建模方法3：彩色建模（FDD） 175
  - 5.4.5 领域建模方法4：领域驱动设计 179

目录

- 5.4.6 领域建模方法5：事件风暴（Event Storming） 184
- 5.4.7 将设计模式应用于领域模型 189
- 5.5 如何做好会员系统的架构设计 190
  - 5.5.1 通过领域驱动设计规划会员系统的架构 191
  - 5.5.2 通过领域驱动设计实现会员领域模型 195
  - 5.5.3 通过适配器和防腐层隔离技术细节 200

第6章 供应链系统的架构债务治理 205

- 6.1 为什么客诉和工单不断 205
- 6.2 餐饮供应链系统中的问题梳理和分析 206
  - 6.2.1 餐饮供应链系统中的核心业务场景 206
  - 6.2.2 问题梳理和分析 208
- 6.3 通过领域划分治理烟囱化服务 210
  - 6.3.1 识别领域 210
  - 6.3.2 定义领域模型 212
  - 6.3.3 设计领域服务 212
- 6.4 分布式系统中的数据不一致问题 214
  - 6.4.1 数据库分布式事务 215
  - 6.4.2 两阶段提交（2PC） 216
  - 6.4.3 三阶段提交（3PC） 217
  - 6.4.4 补偿事务（TCC） 219
  - 6.4.5 事务消息 220
  - 6.4.6 数据库中数据一致性的落地方案 221
- 6.5 保障系统上下游链路的稳定性 224
  - 6.5.1 对下游服务的熔断降级 225
  - 6.5.2 接口调用限流优化 228
  - 6.5.3 实现接口幂等机制 232
- 6.6 系统的高并发性能保障 233
  - 6.6.1 数据库的分库分表设计 234
  - 6.6.2 使用缓存提升服务并发性能 243

第7章 大模型应用程序开发实战 251

- 7.1 大模型简介及其应用场景 251
- 7.2 用AI工具提升研发质量和效率 252
  - 7.2.1 AI编程助手简介 252
  - 7.2.2 使用AI编程助手自动补全代码 255
  - 7.2.3 使用AI编程助手检测代码Bug 256
  - 7.2.4 使用AI编程助手生成单元测试代码 258
  - 7.2.5 使用AI编程助手做代码评审 259
- 7.3 基于大模型开发应用程序 259
  - 7.3.1 基于大模型开发应用程序的流程 259
  - 7.3.2 任务链设计 260
  - 7.3.3 Prompt设计 263
  - 7.3.4 知识库设计 266
  - 7.3.5 评测优化 270
- 7.4 大模型应用程序开发框架 273
  - 7.4.1 调用OpenAI API的方法 274
  - 7.4.2 LangChain 279
  - 7.4.3 Semantic Kernel 283
  - 7.4.4 Spring AI 285

第 1 章
Java 服务常见线上问题应急攻关

1.1 为什么程序员天天都在"救火"

在复杂的分布式环境中，确保线上服务稳定运行是一项复杂的挑战，涉及多个层次的硬件与软件的无缝协作。从概率学的角度来看，由于用户访问互联网服务的链路包含众多环节，任何环节都可能出现问题，所以整个系统发生故障的可能性相当大，如图 1-1 所示。

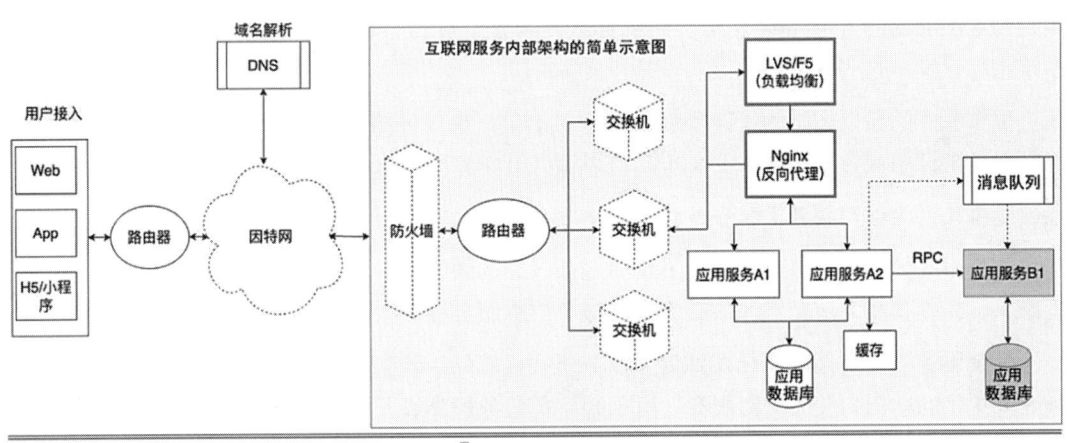

图 1-1

1.2 Java内存案例分析

内存是系统中故障发生频率最高的部分。本节通过一个具体案例展示处理内存故障的完整过程，深入分析内存发生故障的原因及内存模型，总结实战经验，预防类似的问题再现。

1.2.1 案例介绍

某团队负责促销服务系统的整体建设与运维，主要为上游订单服务提供促销服务。上、下游服务的交互关系如图 1-2 所示。

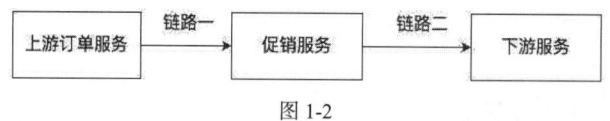

图 1-2

某晚 8 点，促销服务的研发人员发现上游订单服务在调用促销服务时出现大量失败信息，促销服务所在机器性能恶化严重，具体表现：CPU 满载运行；内存占用率飙升并且频繁 Full GC；有大量线程处于阻塞状态，调用下游服务接口的失败率很高。

运维人员在收到告警信息后与促销服务的研发人员进行协同处理。促销服务的研发人员初步判断这次问题的发生与他们 10 分钟前修改配置有关系，因此执行了回滚配置操作，观察相关系统指标，发现这些指标还是没有恢复正常。

促销服务的研发人员为了减小促销服务对上游订单服务的交易链路的影响，开启了促销服务针对上游订单服务的降级开关。上游订单服务开始恢复正常，止损有效。

运维人员为促销服务扩容服务器，促销服务所在机器的系统指标逐步恢复正常。

下游服务的研发人员向运维人员反馈之前收到的限流告警信息，并根据容量调整流控阈值。运维人员在收到相关信息且评估后为下游服务扩容服务器。

促销服务的研发人员在观察到促销服务所在机器的系统指标恢复正常后，尝试恢复促销服务对外提供的功能，关闭促销服务针对上游订单服务的降级开关。

上游订单服务的研发人员反馈促销服务的调用链路恢复正常，整个事件结束。

1.2.2 5why 原因分析

接下来采用 5why 原因分析的方法对本案例一步一步地进行分析。

（1）导致故障的直接原因是什么？

1.2 Java 内存案例分析

上游订单服务的流量增加，促销服务的流量也增加（链路一），导致促销服务对下游服务的调用量同样增加（链路二），触发了下游服务限流，使促销服务在调用下游服务时出现大量异常，促销服务性能恶化，上游订单服务也出现异常。

（2）为什么下游服务限流会导致促销服务性能恶化？

促销服务在收到下游服务出现异常的信息时，打印了大量的异常堆栈信息，出现大量处于阻塞状态的线程，导致上游订单服务请求超时。

若上游订单服务触发超时重试机制，则会进一步加剧促销服务的性能恶化。

由于处于阻塞状态的线程一直未得到释放，所以当有新请求到来时，会创建更多的新线程，快速消耗内存，触发系统频繁 GC，进而导致 CPU 占用率增加。这种恶性循环导致 CPU 被打满，促销服务的性能严重恶化。需要特别说明的是，由于在服务的 JVM 内存中大部分对象都是存活的，所以即使系统频繁 GC 也无法回收内存，反而导致大量对象加速晋升到老年代，触发更多的 Full GC。

（3）为什么打印接口调用异常日志会导致促销服务产生大量处于阻塞状态的线程？

通过监控系统，可以发现存在大量处于阻塞状态的线程，从其对应的堆栈信息来看，问题与日志打印有关（相关操作命令：①通过 ps -ef|grep java 命令确认 Java 进程；②通过 jstack -l pid > trace.txt 命令得到 JVM 进程的线程堆栈信息；③通过 grep 命令查找并定位出现问题的线程堆栈）。当时的线程堆栈如下：

```
java.lang.ClassLoader.loadClass
org.apache.logging.log4j.util.loadClass
org.apache.logging.log4j.core.impl.ThrowableProxyHelper.loadClass
org.apache.logging.log4j.core.impl.ThrowableProxyHelper.toExtendedStackTrace
org.apache.logging.log4j.core.impl.ThrowableProxy.<init>
org.apache.logging.log4j.core.appender.AsyncAppender.append
```

查看当时处于运行状态的业务线程，发现其堆栈也处于打印日志状态。

通过对处于阻塞状态的线程堆栈做进一步分析可以看出，线程被阻塞于类加载。通过查看相关代码片段，可以发现 ClassLoader 在进行类加载时确实会根据类名来设置 synchronized 同步块，因此初步断定是类加载导致线程处于阻塞状态。进行类加载的源码如下：

```
protected Class<?> loadClass(String name, boolean resolve) throws
ClassNotFoundException
{
    synchronized (getClassLoadingLock(name)) {
        // 首先在缓存中查找类
        Class<?> c = findLoadedClass(name);
        if (c == null) {
```

```
            try {
                // 若父类加载器存在，则将类加载委托给父类加载器
                if (parent != null) {
                    c = parent.loadClass(name, false);
                } else {
                    c = findBootstrapClassOrNull(name);
                }
            } catch (ClassNotFoundException e) {
                // 若父类加载器无法进行类加载，则调用自身的findClass()函数查找并进行类加载
                c = findClass(name);
            }

            // 若还是没有找到类，则抛出异常
            if (c == null) {
                throw new ClassNotFoundException(name);
            }
        }
        if (resolve) {
            // 若resolve为true，则调用resolveClass()方法解析类
            // 确保在返回类对象之前，类已经被正确解析和准备好
            resolveClass(c);
        }
        return c;
    }
}
```

通过查看堆栈中引用 ThrowableProxy 对象的相关代码可以发现，代码在出现异常且打印异常堆栈时，默认会构造 ThrowableProxy 对象，在构造函数中会对整个异常堆栈的所有 StackTraceElement 都进行遍历，并且通过 loadClass 找到该堆栈涉及的所有类所在的 JAR 源码文件，以此获取 ExtendedClassInfo 对象（包括 JAR 包的名称和版本等信息）。ThrowableProxy() 构造方法的源码如下：

```
ThrowableProxy(final Throwable throwable, final Set<Throwable> visited) {
    this.throwable = throwable;
    this.name = throwable.getClass().getName();
    this.message = throwable.getMessage();
    ......
    // 获取扩展的堆栈信息
    this.extendedStackTrace = ThrowableProxyHelper.toExtendedStackTrace(this,
stack, map, null, throwable.getStackTrace());
    ......
}
```

其中，ThrowableProxyHelper 类的 toExtendedStackTrace() 方法的源码如下：

1.2 Java 内存案例分析

```java
static ExtendedStackTraceElement[] toExtendedStackTrace(
        final ThrowableProxy src,
        final Stack<Class<?>> stack, final Map<String, CacheEntry> map,
        final StackTraceElement[] rootTrace,
        final StackTraceElement[] stackTrace) {
    int stackLength;
    ......
    final ExtendedStackTraceElement[] extStackTrace = new
ExtendedStackTraceElement[stackLength];
    Class<?> clazz = stack.isEmpty() ? null : stack.peek();
    ClassLoader lastLoader = null;
    // 遍历 StackTraceElement
    for (int i = stackLength - 1; i >= 0; --i) {
        final StackTraceElement stackTraceElement = stackTrace[i];
        final String className = stackTraceElement.getClassName();
        ExtendedClassInfo extClassInfo;
        if (clazz != null && className.equals(clazz.getName())) {
            final CacheEntry entry = toCacheEntry(clazz, true);
            extClassInfo = entry.element;
            lastLoader = entry.loader;
            stack.pop();
            clazz = stack.isEmpty() ? null : stack.peek();
        } else {
            // 对加载过的 className 进行缓存，避免重复加载
            final CacheEntry cacheEntry = map.get(className);
            if (cacheEntry != null) {
                final CacheEntry entry = cacheEntry;
                extClassInfo = entry.element;
                if (entry.loader != null) {
                    lastLoader = entry.loader;
                }
            } else {
                // 通过类加载获取类的扩展信息，包括 location 和 version 等
                final CacheEntry entry =
toCacheEntry(ThrowableProxyHelper.loadClass(lastLoader, className), false);
                extClassInfo = entry.element;
                map.put(className, entry);
                if (entry.loader != null) {
                    lastLoader = entry.loader;
                }
            }
        }
        extStackTrace[i] = new ExtendedStackTraceElement(stackTraceElement,
extClassInfo);
```

第 1 章　Java 服务常见线上问题应急攻关

```
    }
    return extStackTrace;
}
```

不难看出，ThrowableProxy 对象通过 Map 缓存了 CacheEntry 元素来避免重复解析同一个 CacheEntry（对加载过的 className 进行缓存，避免重复加载），但由于对每个 ThrowableProxy 对象都会创建一个新的 Map，所以缓存也仅仅在单个 ThrowableProxy 对象中生效，作用有限。因此在并发场景中，在不同的线程出现异常时均会创建不同的 ThrowableProxy 对象，导致频繁进行类加载，即使相同的类在不同的 ThrowableProxy 对象中也会进行类加载，类加载均通过默认的类加载器来完成。

在通常情况下，一个类加载器对一个类只会加载一次，类加载器内部会对已加载的类做缓存处理，在后续使用对应的类时无须重复加载该类，即使在代码中对相同的类重复调用类加载器的 loadClass() 函数，耗时也会较短。但现在的问题是类加载导致大量线程处于阻塞状态，这必然是某些类加载时间太久导致的。通过查看日志报错中 Throwable 堆栈的信息，可以看到大多数类都是很普通的类，但在有 sun.reflect.NativeMethodAccessorImpl 和 sun.reflect.GeneratedMethodAccessor220 两个异常堆栈时需要注意，这两个异常堆栈与反射相关，但对应的是同一段代码。在同一段代码出现异常时为什么会产生两个不同的异常堆栈呢？

（1）异常堆栈信息一：

```
    java.lang.reflect.InvocationTargetException
 at sun.reflect.NativeMethodAccessorImpl.invoke0(NativeMethodAccessorImpl.java:62)
 at sun.reflect.NativeMethodAccessorImpl.invoke(NativeMethodAccessorImpl.java:57)
 at sun.reflect.DelegatingMethodAccessorImpl.invoke(DelegatingMethodAccessorImpl.java:43)
 at java.lang.reflect.Method.invoke(Method.java:498)
 at com.example.TestClass.invokeMethod(TestClass.java:10)
 at com.example.TestClass.main(TestClass.java:6)
Caused by: java.lang.NullPointerException
 at com.example.OtherClass.doSomething(OtherClass.java:10)
 ... 5 more
```

（2）异常堆栈信息二：

```
java.lang.reflect.InvocationTargetException
 at sun.reflect.GeneratedMethodAccessor220.invoke(Unknown Source)
 at sun.reflect.DelegatingMethodAccessorImpl.invoke(DelegatingMethodAccessorImpl.java:43)
 at java.lang.reflect.Method.invoke(Method.java:498)
 at com.example.TestClass.invokeMethod(TestClass.java:10)
 at com.example.TestClass.main(TestClass.java:6)
Caused by: java.lang.NullPointerException
```

```
at com.example.OtherClass.doSomething(OtherClass.java:10)
... 5 more
```

这与 JVM 的反射调用的实现有关。反射调用的主要流程是获取 MethodAccessor 对象，并由 MethodAccessor 对象执行 invoke 调用。在默认情况下，DelegatingMethodAccessorImpl 代理了 NativeMethodAccessorImpl，但是随着反射调用次数的增加（默认为 15 次），NativeMethodAccessorImpl 又会反向修改 DelegatingMethodAccessorImpl 的内部代理对象，改为代理 GeneratedMethodAccessor<N>，从而改变反射调用逻辑。相关类的关系如图 1-3 所示。

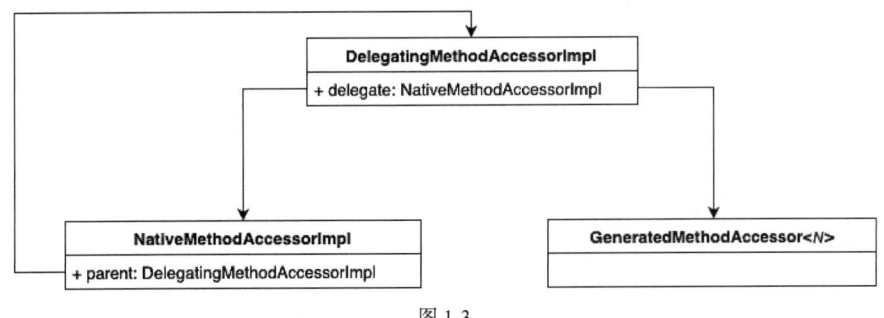

图 1-3

JVM 的反射调用方式有以下两种。

◎ 第 1 种方式：默认调用 native() 方法执行反射操作，即通过 NativeMethodAccessorImpl 类来实现，每次的执行速度都差不多。

◎ 第 2 种方式：生成 bytecode 执行反射操作，即生成 sun.reflect.GeneratedMethodAccessor<N> 类，它是一个反射调用方法的包装类，代理不同的方法，类的后缀序号会递增，在第 1 次调用时速度较慢，比第 1 种方式慢 3～4 倍，但是在多次调用后速度会提升 20 倍左右。

在 NativeMethodAccessorImpl 类中有一段逻辑，就是当一个方法被反射调用的次数超过一定阈值（inflationThreshold）时，会通过上述第 2 种方式提升速度。这个阈值的默认值是 15，可通过 JVM 参数 -Dsun.reflect.inflationThreshold 配置该阈值。当通过上述第 2 种方式进行反射调用时，可通过 ASM 动态生成类。例如，sun.reflect.GeneratedMethodAccessor220 类由 DelegatingClassLoader 类加载器定义，Web 应用的类加载器通常都加载不到类，也就导致在每次加载类时都遍历 JarFile，使类查找速度显著变慢，在高并发情况下更是极慢，导致线程处于阻塞状态。

NativeMethodAccessorImpl 类的源码如下：

```
class NativeMethodAccessorImpl extends MethodAccessorImpl {
    private final Method method;
    private DelegatingMethodAccessorImpl parent;
```

```
    private int numInvocations;

    NativeMethodAccessorImpl(Method var1) {
        this.method = var1;
    }

    public Object invoke(Object var1, Object[] var2) throws IllegalArgumentException,
InvocationTargetException {
// ReflectionFactory.inflationThreshold()默认为15,作为阈值来判断是否采用第2种方式
        if (++this.numInvocations > ReflectionFactory.inflationThreshold()
 && !ReflectUtil.isVMAnonymousClass(this.method.getDeclaringClass())) {
            MethodAccessorImpl var3 = (MethodAccessorImpl)(new
MethodAccessorGenerator()).generateMethod(this.method.getDeclaringClass(),
this.method.getName(), this.method.getParameterTypes(), this.method.getReturnType(),
this.method.getExceptionTypes(), this.method.getModifiers());
            this.parent.setDelegate(var3);
        }
        return invoke0(this.method, var1, var2);
    }

    void setParent(DelegatingMethodAccessorImpl var1) {
        this.parent = var1;
    }

private static native Object invoke0(Method var0, Object var1, Object[] var2);
}
```

在 JVM 环境中经常存在一些动态生成的之前不存在的类,这种类叫作"动态生成类",可通过反射、Proxy、ASM、Javassist、ByteBuddy 等生成动态生成类。其中,通过反射和 Proxy 生成的动态生成类的 ClassLoader 取决于运行时的上下文环境,例如调用方的 ClassLoader。也可通过指定不同的 ClassLoader 来指定动态生成类的加载器。

JVM 针对反射优化会通过 ASM 生成动态生成类,动态生成类由 DelegatingClassLoader 加载。在通过 ASM、Javassist、ByteBuddy 生成动态生成类时,可以指定不同的 ClassLoader 来指定动态生成类的加载器。注意,Lambda 表达式通过 ASM 动态生成的匿名类不需要 ClassLoader 加载,类名类似于 "$$Lambda$"。

在 JDK 8 的高版本 8U171 及以上的异常堆栈日志中,不会再出现类似匿名类的堆栈信息。若生成的类需要被其他代码使用,则需要确保使用相同的 ClassLoader 加载。

在通过 Log4j2 打印异常日志扩展信息时,需要特别注意两种场景:①加载服务内部的动态生成类的 ClassLoader 不一定是 Log4j2 默认使用的 ClassLoader;②调用外部服务异常时在堆栈中出现的动态生成类在本地服务中一定不存在。这两种场景均会导致 Log4j2 默认的 ClassLoader

没有动态生成类的缓存，因此 ClassLoader 默认每次都在尝试加载动态生成类时扫描所有类路径的类文件（在每次扫描结束后也加载不到对应的动态生成类），耗时较长，在高并发情况下非常容易引起性能恶化，导致线程处于阻塞状态。

表 1-1 简单展示了不同进程的不同 ClassLoader 类加载的现状。

表 1-1

内部服务进程		外部服务进程	
ClassLoader（默认）	DelegatingClassLoader	ClassLoader（默认）	DelegatingClassLoader
classA	GeneratedMethodAccessor1000	classA	GeneratedMethodAccessor220
classB	GeneratedMethodAccessor1001	classB	GeneratedMethodAccessor221
classC	GeneratedMethodAccessor$N$	classC	GeneratedMethodAccessor$N$
……	……	……	……

1.2.3 类似问题的解决办法

通过前面的分析可以发现，出现问题的原因是促销服务的日志组件 Log4j2 的用法有误，在打印异常日志信息时，默认的 ClassLoader 会加载异常堆栈的扩展信息类。因为扩展信息类包含了动态生成类，且动态生成类的 ClassLoader 是 DelegatingClassLoader，所以促销服务 Log4j2 默认的 ClassLoader 在加载动态生成类（GeneratedMethodAccessor$N$）时，每次都要尝试扫描和加载所有类路径的类文件，速度较慢，在并发较高时性能急剧恶化。

Log4j2 的工作流程主要分为以下两个阶段。

◎ 阶段一：业务线程组装日志的 Event 对象，并把该对象存入队列，该对象在入队前会触发异常堆栈扩展信息类的加载。
◎ 阶段二：日志异步线程从队列中获取日志的 Event 对象，将其输出到目的地，例如磁盘文件或远程日志中心等。在该阶段，在对日志的 Event 对象进行格式化输出时，也会触发异常堆栈扩展信息类的加载，如图 1-4 所示。

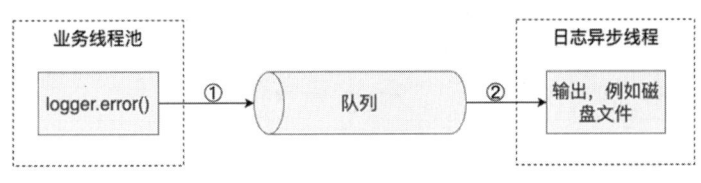

图 1-4

对于类似的问题，主要通过以下两种方法进行分析和解决。

（1）规避 Log4j2 对异常堆栈扩展信息类的加载。改造日志打印组件 AsyncAppender，使日志元素在入队前不解析堆栈（即在日志元素入队前不构造 ThrowableProxy 对象，即不会存在频

第 1 章　Java 服务常见线上问题应急攻关

繁进行类加载的场景，包括动态生成类的加载）；配置日志打印样式"%ex"来代替"%xEx"（避免出队后格式化日志内容时触发异常堆栈扩展信息类的加载）。这种方法适用于以下两种场景。

- 场景一：打印应用服务内部包含动态生成类的异常堆栈日志（动态生成类由内部服务生成）。
- 场景二：打印外部服务调用包含动态生成类的异常堆栈日志（动态生成类由外部服务生成）。

（2）避免在反射调用时动态生成类。调整 inflationThreshold 阈值到最大值（其类型为 int），通过 NativeMethodAccessorImpl 而不是动态生成类来实现反射调用。不建议采用这种方法，因为其调用次数仍然有突破阈值上限的风险，无法避免，既无法解决非反射类问题（如 Lambda 问题），也无法应对调用外部服务后打印日志的特殊场景（如异常堆栈日志包含动态生成类）。

1.3　JVM 内存模型

我们该如何系统性地定位和规避内存相关问题呢？不管应用服务运行时的内存占用场景有多复杂，我们都要理解内存组成原理，才能避免出问题，并更好地定位问题。

1.3.1　JVM 的内存架构

JVM 的内存架构主要包括程序计数器、栈、本地方法栈、堆、方法区（Java 8 以前通过永久代来实现，永久代属于虚拟机内存，后面通过元空间来实现，元空间属于本地内存）。其中，堆空间包括新生代和老年代，如图 1-5 所示。

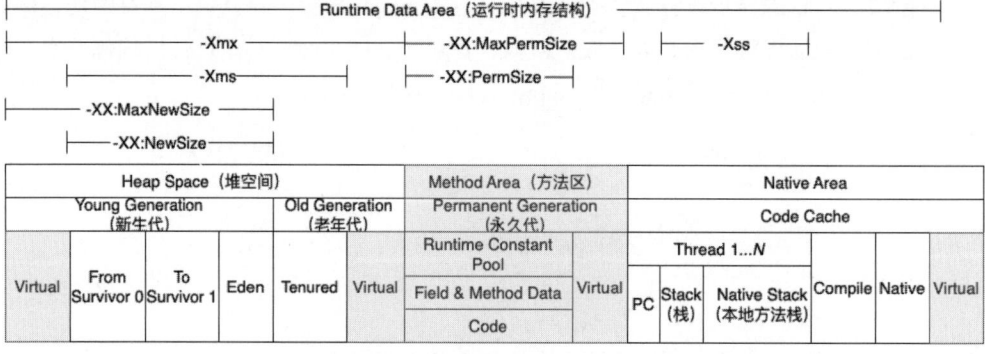

图 1-5

JVM 的内存参数及其解释如下。

- ◎ -Xss：每个线程的栈大小。
- ◎ -Xmx：堆内存的最大值。
- ◎ -Xms：堆内存的初始值，最好将服务端的 Xms 与 Xmx 设置成一样。
- ◎ -XX:NewSize：新生代内存的初始大小。
- ◎ -XX:MaxNewSize：新生代内存的最大值。
- ◎ -Xmn：新生代堆内存的初始大小和最大值，是对-XX:NewSize 和-XX:MaxNewSize 两个参数的同时配置。也就是说，若通过-Xmn 配置新生代的内存大小，那么可以设置 -XX:NewSize = -XX:MaxNewSize = -Xmn。
- ◎ SurvivorRatio:Eden/Survivor 的值：8 表示 Eden:Survivor=8:1，因为 Survivor 区有两个，所以 Eden 占了整个新生代的 80%。
- ◎ -XX:PermSize：永久代内存的初始大小（Java 8 及以后的版本对应-XX:MetaspaceSize）。
- ◎ -XX:MaxPermSize：永久代内存的最大值（Java 8 及以后的版本对应 -XX:MaxMetaspaceSize）。

应用程序之所以在运行过程中会出现 JVM 内存报错，一般是因为应用程序请求的内存超出了 JVM 所配置的内存或者出现内存泄漏，导致 JVM 堆内存溢出异常或者栈溢出异常。

1.3.2　JVM 进程的物理内存架构

通过对 JVM 内存模型的参数进行调优，只能解决 JVM 的大部分内存问题，因为 JVM 内存只是 JVM 进程中物理内存的一个子集。

JVM 进程首先是操作系统中的一个进程，其内存分配方式与操作系统中的其他进程一样。以 Linux 操作系统为例，一个进程的内存主要分为代码区、全局变量区、堆空间和栈空间等。

- ◎ 代码区：通常用来存储程序执行代码，也就是 CPU 执行的机器指令。
- ◎ 全局变量区：分为.bss 和.data 两个区域。在程序运行之初就申请了内存，生命周期为整个程序运行周期，由系统自动释放内存。
- ◎ 堆空间：由用户动态分配且主动释放内存。若不主动释放，就会造成运行时的内存泄漏。进程的堆空间可被进程的多个线程共享。
- ◎ 栈空间：存储程序临时创建的局部变量，不包括用 static 声明的变量，static 意味着在数据段中存储。除此之外，当函数被调用时，其参数也会被存储到栈中，并且在调用结束后，函数的返回值也会被存储到栈中。栈空间是线程的私有内存，不会被其他线程共享。

另外，操作系统将进程的内存空间分为内核空间和用户空间，如图 1-6 所示。注意，这里只关注进程的代码区、堆空间和栈空间，不同的操作系统对进程的实现在细节上不同，不同 JVM

第 1 章　Java 服务常见线上问题应急攻关

的实现在细节上也不同。在实际环境中还会涉及容器和虚拟机等，因此实际的内存组成会更复杂。

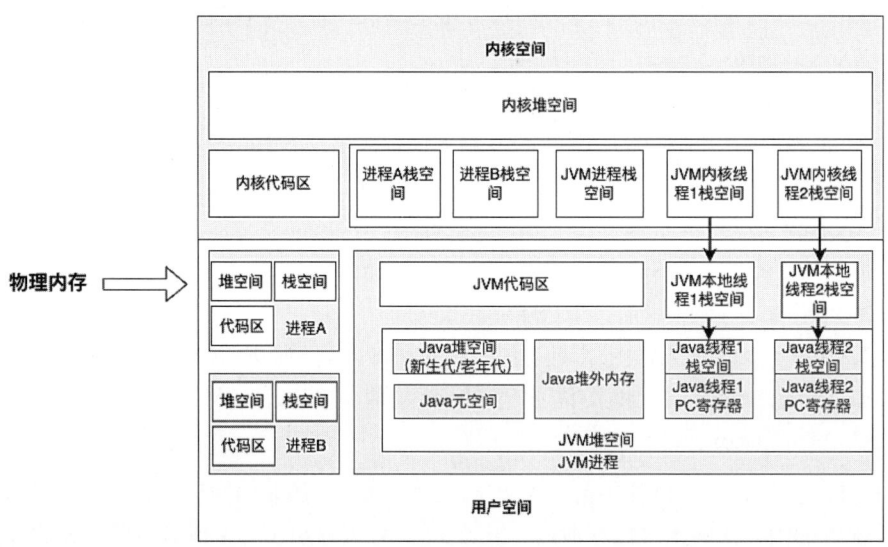

图 1-6

从图 1-6 可以看出，JVM 的 Java 堆空间和 Java 元空间等只是 JVM 进程的物理内存中堆空间的一个子集，若物理机的整体内存不足，则对 JVM 内存参数的设置可能不会生效，导致 JVM 堆内存溢出异常或者栈溢出异常。

1.3.3　常见的内存问题

这里对常见的内存问题的分类、具体表现、原因和解决办法进行分析，如表 1-2 所示。

表 1-2

内存问题分类	具体表现	原　因	解决办法
堆溢出	java.lang.OutOfMemoryError: Java heap space	• 存在大对象。 • 存在内存泄漏，在多次 GC 之后，剩余的内存仍无法满足需求。 • 堆内存分配不合理。 • 系统可用内存不足（需要从物理内存、虚拟机或容器内存、JVM 进程内存、JVM 内存等维度依次分析）	• 需要评估对应的物理机、容器或虚拟机的可用内存是否在预期范围内。 • 检查是否分配了大对象。 • 通过 jmap 命令进行堆转储（Heap Dump），分析和检查内存泄漏问题。 • 通过 -Xmx 增加堆内存

1.3 JVM 内存模型

续表

内存问题分类	具体表现	原　　因	解决办法
虚拟机栈和本地方法栈溢出	java.lang.StackOverflowError	• 线程请求的栈的深度大于虚拟机所允许的最大深度，简单理解就是虚拟机栈中的栈帧数量过多（一个线程嵌套调用的方法数量过多）	• 若在程序中确实有递归调用，则在出现栈溢出时可以调大-Xss，这样可以解决栈内存溢出的问题。 • 递归调用时，防止形成死循环，否则会出现栈内存溢出的问题。 • 当虚拟机栈和本地方法栈合并且被当作栈空间的虚拟机时，虚拟机栈所占用的内存需要小于操作系统的本地方法栈分配的内存
永久代/元空间溢出	java.lang.OutOfMemoryError: PermGen space java.lang.OutOfMemoryError: Metaspace	• 在 Java 7 之前频繁地错误使用 String.intern()方法。 • 在运行期间生成了大量的代理类，导致方法区被撑爆，无法卸载	• 将永久代空间或者元空间的最大值设置得过小。 • 检查在代码中是否存在大量的反射操作。 • 在堆转储之后检查是否存在大量的通过反射生成的代理类
GC overhead limit exceeded	java.lang.OutOfMemoryError: GC overhead limit exceeded	• 频繁 GC 也无法回收更多的可用内存。 • 若将超过 98%的时间做了 GC 并且回收了不到 2%的堆内存，则会抛出此异常。这是一种保护机制	• 检查是否存在大量的死循环或使用了申请大内存对象的代码，优化代码。 • 在堆转储之后检查是否有内存泄漏
方法栈溢出	java.lang.OutOfMemoryError: unable to create new native Thread	• 创建了大量线程	• 通过–Xss 减少每个线程栈大小的容量。 • 检查系统空闲内存和操作系统的限制
分配超大数组	java.lang.OutOfMemoryError: Requested array size exceeds VM limit	• 不合理的数组分配请求	• 检查在代码中是否创建了超大数组
Swap 溢出	java.lang.OutOfMemoryError: Out of swap space	• Swap 分区分配不足。 • 其他进程消耗了所有内存	• 可以选择性地将其他服务进程拆分出去。 • 增加 Swap 分区或机器内存的大小

1.3.4　预防内存问题的方法

下面总结预防内存问题的方法。

第 1 章　Java 服务常见线上问题应急攻关

1. 预防参数配置类的问题

- 合理预估物理机的内存，以及在物理机上运行的其他进程的内存占用率。在 Linux 操作系统中可通过 free 命令查看系统的内存占用情况，要特别注意剩余的可用物理内存（free+buffers+cached）是否匹配业务场景，还需要注意 Swap 分区中的已占用内存是否过大（通过 used 参数查看，过大则表示系统的物理内存不足）。
- 合理设置 JVM 内存，由开发者进行高于峰值流量的压测评估，并且持续关注业务增长情况。大部分微服务的服务器标准配置是 4 核 8GB，JVM 堆空间一般被设置为 6GB，通过流量压测查看堆内存占用率是否超过 60%，是否存在 Full GC，系统 Swap 分区中的已占用内存是否在持续增加。若发生其中一种情况发生，那么大概需要调大服务器的内存及 JVM 堆空间。
- 建议在 JVM 的启动项中添加自动堆转储参数，可在关键时刻快速生成内存快照（对于堆内存较大的服务，需要慎重考虑）。在发生内存溢出（OOM）时生成 Heap Dump 文件的配置为 "-XX:+HeapDumpOnOutOfMemoryError -XX:HeapDumpPath=/data/logs/dump/xxx"。类似的配置有 -XX:+HeapDumpBeforeFullGC 和 -XX:+HeapDumpAfterFullGC，分别代表在 JVM 执行 Full GC 前执行堆转储和在 JVM 执行 Full GC 后执行堆转储。

2. 预防代码编写类的问题

- 在涉及文件传输时要谨慎处理，例如文件传输的并发情况、文件占用的最大内存等，需要做好充分的测试。
- 避免中间结果过大，涉及复杂逻辑计算的代码会产生占用较多内存的中间结果，对这样的代码最好进行拆分。
- 避免 SQL 查询结果过大，将有可能查询出大量数据的 SQL 查询替换为分页查询，避免动态 SQL 语句中的 WHERE 子句条件因为参数传空值而失效。
- 明确内存对象的有效作用域，尽量缩小对象的作用域，能用局部变量处理的不用成员变量处理，因为局部变量在弹栈后会被自动回收。
- 尽量减少使用静态变量，或者在使用完静态变量后及时将其设置为 null。
- 减少长生命周期对象对短生命周期对象的引用。
- 使用 StringBuilder 和 StringBuffer 进行字符串连接，而不是直接使用 String 字符串进行拼接。String、StringBuilder 及 StringBuffer 等都可以表示字符串，其中，String 字符串表示不可变的字符串，StringBuilder、StringBuffer 表示可变的字符串。若使用了多个 String 对象进行字符串连接运算，则在运行时可能产生大量的临时字符串，这些字符串会被保存在内存中，导致程序性能下降。

- ◎ 对于不需要使用的对象，手动将其设置为 null，不管垃圾回收器何时开始清理，都应及时地将无用的对象标记为可清理的对象。
- ◎ 对于各种连接（如数据库连接、网络连接和 I/O 连接）操作，务必显式调用 close()函数做关闭操作。
- ◎ 合理使用集合类，若有全局引用的集合类，则要评估数据增加场景，及时删除不需要的数据。

3. 监控线上性能和告警

- ◎ 保证内存占用率较大的接口的性能，优化 LongSQL（数据库慢查询）、LongCall（耗时的接口调用）等，及时做好压测，防患于未然。
- ◎ 对于核心服务，要配置限流和熔断机制，避免在高并发情况下内存被占满。
- ◎ 配置机器维度的监控和告警，例如 jvm.thread.blocked.count、jvm.memory.used.percent、jvm.fullgc.count 等。
- ◎ 在核心服务上线后持续观察和监控，可以通过相应的监控系统或命令持续观察机器堆内存的占用情况、GC 情况、线程情况等。

1.4 线程死锁案例分析

线程是系统发生故障频率最高的区域之一，线程死锁是其中的常见问题。本节首先通过一个具体案例介绍一个完整的线程死锁问题处理过程；然后结合案例，分析导致线程死锁的原因，并进一步对 Java 线程、本地线程、内核线程做深入分析；最后系统性地总结关于线程死锁排查及预防的实战经验。

1.4.1 案例介绍

某团队负责账户服务系统的整体能力建设与运维。某天下午，该团队发现一个线上遗留问题，需要更新配置并刷新服务器的缓存数据。研发人员执行了相应的操作。十分钟后，研发人员陆续收到告警信息，提示出现了 JVM 线程死锁。

研发人员初步预估问题是本次变更配置导致的，于是首先在终端输入 jps 命令查看当前运行的 Java 程序，然后通过 jstack -l pid 命令查看线程堆栈信息，最后分析线程堆栈信息，快速发现了发生线程死锁的位置。

与此同时，运维人员也收到告警信息，并和研发人员协同处理，紧急扩容服务器，在确认新增服务器发布完成且流量正常后，禁用问题服务器的流量。

第 1 章　Java 服务常见线上问题应急攻关

在运维人员和研发人员观察到整体服务恢复正常后，研发人员对发生线程死锁的服务器进行重启，线程死锁告警消失，整个事件结束。

1.4.2　原因分析

在发生线上故障后，应该首先执行止损操作，然后保留现场，最后查找原因。接下来分析为什么更改配置会导致线程死锁。

修改配置的线程主要有以下两类。

◎ 后台缓存刷新线程：主要用于删除本地缓存的 Java 对象，重新创建 Java 对象并将其放到本地缓存中。该线程首先获取本地缓存集合的锁 A，然后获取创建 Java 对象的锁 B。

◎ 外部接口调用线程：若服务检测不到该 Java 对象，该线程就先创建 Java 对象并将其放到本地缓存中。该线程首先获取创建 Java 对象的锁 B，然后获取本地缓存集合的锁 A。

当后台缓存刷新线程和外部接口调用线程并发执行时，加锁顺序不一致，导致线程死锁，如图 1-7 所示。

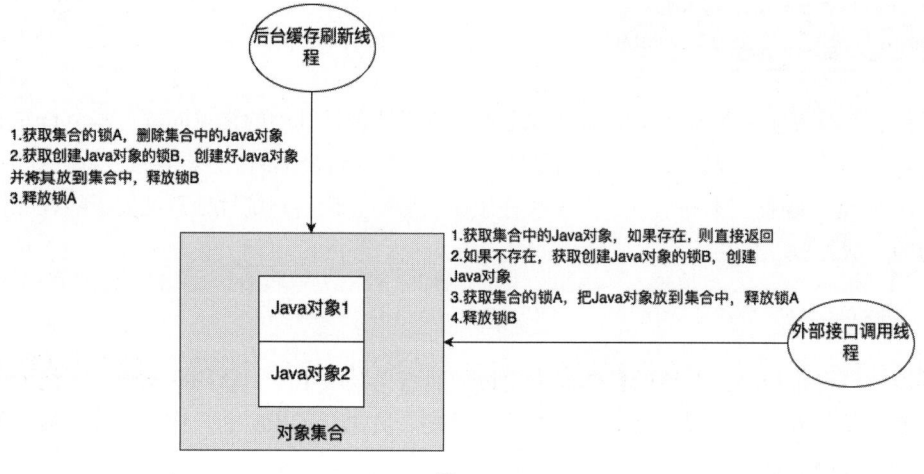

图 1-7

1.4.3　问题排查

发生线程死锁的情况多种多样，但基本可以归结为资源竞争和资源持有者等待。

◎ 资源竞争：多个线程竞争同一资源，例如同步块、共享变量等。

◎ 资源持有者等待：一个线程持有一个资源并等待另一个线程持有的资源，而后者又等待前者持有的资源。这样，两个或者多个线程相互等待，导致系统进入线程死锁状态，若无外力作用，则它们都将无法进行下去。这往往是由于不正确地使用加锁机制及线程间的执行顺序不可预料引起的。

发生线程死锁的必要条件如下。

◎ 互斥条件：一个资源每次只能被一个线程使用。
◎ 请求与保持条件：一个线程若因请求资源而被阻塞，则不释放已获得的资源。
◎ 不剥夺条件：线程已获得的资源在未使用完之前不能被其他线程抢占，只能由该线程自己释放。
◎ 循环等待条件：若干线程之间形成一种头尾相连的循环等待资源的关系。

只要同时满足以上条件，就可能发生线程死锁，如图1-8所示。

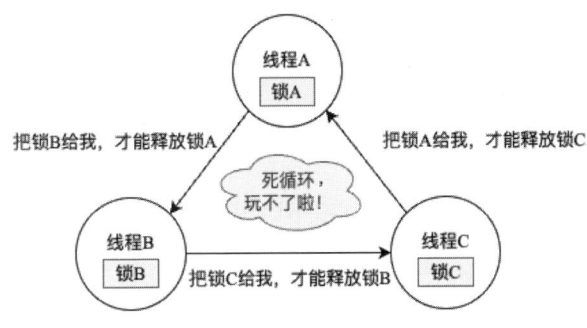

图1-8

在遇到线程死锁时，可通过以下步骤进行排查。

（1）通过jps命令获取Java应用程序的进程ID（即PID）。

（2）通过jstack命令获取Java应用程序中所有线程的堆栈信息：jstack -l {pid} > stacktrace.log，其中，-l表示获取完整的堆栈信息，将结果输出到指定的文件stacktrace.log中。

（3）在stacktrace.log中查找关键字"Found one Java-level deadlock"，若输出该关键字，则说明Java程序存在线程死锁问题。下面是一个线程死锁日志示例：

```
Found one Java-level deadlock:
=============================
"Thread-1":
  waiting to lock monitor 0x12345678 (object 0xabcdef),
  which is held by "Thread-2"
"Thread-2":
  waiting to lock monitor 0x98765432 (object 0xffeeddcc),
  which is held by "Thread-1"
```

```
Java stack information for the threads listed above:
===================================================
"Thread-1":
   at com.example.MyObject.doIt(MyObject.java:15)
   - waiting to lock <0xabcdef> (a java.lang.Object)
   - locked <0xffeeddcc> (a java.lang.Object)
   at com.example.MyThread.run(MyThread.java:10)
   at java.lang.Thread.run(Thread.java:748)

"Thread-2":
   at com.example.MyObject.doIt(MyObject.java:15)
   - waiting to lock <0xffeeddcc> (a java.lang.Object)
   - locked <0xabcdef> (a java.lang.Object)
   at com.example.MyThread.run(MyThread.java:10)
at java.lang.Thread.run(Thread.java:748)
```

（4）根据线程堆栈信息找到涉及的所有线程，并分析它们之间的依赖关系。

（5）根据依赖关系和代码执行流程，找出可能发生线程死锁的位置，例如锁的竞争、死循环等。

（6）修改程序代码或者调用方式，解决线程死锁问题。

1.5 Java 线程的原理及优化方法

本节深入讲解 Java 线程的原理及优化方法。

1.5.1 Java 线程的状态

在 Java 中对线程定义了 6 种状态，对各状态详细说明如下。

- NEW：创建后尚未启动的线程处于这种状态，处于该状态的线程不会出现在 Thread Dump 文件中。
- RUNNABLE：包括 RUNNING（运行中）和 READY（就绪）两种状态。线程在执行 start() 方法后会进入该状态，该方法是在虚拟机内执行的。
- WAITING：无限等待另一个线程的特定操作。
- TIMED_WAITING：有限等待另一个线程的特定操作。
- BLOCKED：阻塞状态，线程被阻塞于锁，需要等待锁的释放。
- TERMINATED：已结束执行的线程的状态，这种状态的线程不会出现在 Thread Dump 文件中。

Java 线程的状态转换关系如图 1-9 所示。

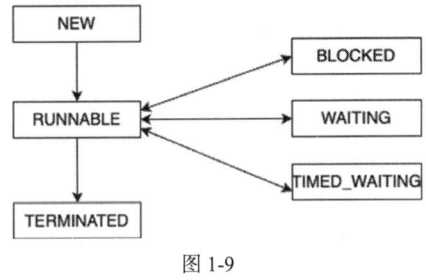

图 1-9

1.5.2 Java 线程加锁的原理

Java 线程通常采用 synchronized 关键字和 ReentrantLock 进行加锁，详细讲解如下。

1. synchronized 关键字

synchronized 关键字修饰方法和语句块，在同步方法时，可以将方法所属对象的监视器对象作为锁，在同步代码块时指定一个对象作为锁。关于加锁的代码示例如下：

```
public class MyClass {
    private final Object lock = new Object();

    public synchronized void synchronizedMethod() {
        // 同步方法
    }

    public void synchronizedBlock() {
        synchronized(lock) {
            // 同步代码块
        }
    }
}
```

在以上代码中，synchronizedMethod()和 synchronizedBlock()方法都被 synchronized 关键字进行了修饰，因此线程在调用这些方法时都会获得对象锁。

线程在执行到 synchronized 关键字时未获得锁，将被阻塞，直到获取锁才能继续执行。通过 synchronized 关键字加的锁是不可中断的，即若一个线程获得了锁，则其他线程都无法通过 interrupt()方法中断该线程，只能等待该线程释放锁。若一个线程因为等待锁而处于阻塞状态，则其他线程要想中断该线程，就只能调用 Thread.interrupt()方法向该线程发出中断信号。但是，这样做并不能立即中断正在等待锁的线程，因为通过 synchronized 关键字加的锁不支持等待锁退出。

第 1 章　Java 服务常见线上问题应急攻关

1）等待/唤醒机制

synchronized 关键字采用的是对象监视器机制，而且只有一个等待队列。synchronized 代码块中的代码在执行时，若遇到了 wait() 方法，就会释放所占用的锁进入等待状态，并将当前线程放入对象的等待队列。当其他线程调用了对象的 notify() 或 notifyAll() 方法时，被唤醒的线程并不是立即获取锁进入运行状态，而是重新进入锁池等待竞争锁。notify() 方法用于通知某个等待对象锁的线程去竞争锁，notifyAll() 方法用于通知所有等待对象锁的线程去竞争锁。

注意：在调用 wait()、notify() 或 notifyAll() 方法时必须持有该对象的锁，否则会抛出 IllegalMonitorStateException 异常。

调用 wait()、notify() 或 notifyAll() 方法进行多线程同步的代码示例如下：

```java
public class WaitNotifyTest {
    public static void main(String[] args) {
        Object lock = new Object();
        new Thread(() -> {
            try {
                synchronized (lock) {
                    System.out.println(Thread.currentThread().getName() + " 开始等待...");
                    lock.wait();
                    System.out.println(Thread.currentThread().getName() + " 得到了通知,继续执行...");
                }
            } catch (InterruptedException e) {
                e.printStackTrace();
            }
        }, "线程A").start();

        new Thread(() -> {
            synchronized (lock) {
                System.out.println(Thread.currentThread().getName() + " 开始唤醒...");
                lock.notify();
                // lock.notifyAll(); 通知所有等待对象锁的线程
                System.out.println(Thread.currentThread().getName() + " 唤醒结束...");
            }
        }, "线程B").start();
    }
}
```

输出结果如下：

```
线程A 开始等待...
线程B 开始唤醒...
```

```
线程 B 唤醒结束...
线程 A 得到了通知,继续执行...
```

在以上代码中,线程 A 通过调用 lock.wait()方法进入等待状态,线程 B 通过调用 lock.notify()方法通知线程 A 继续执行。注意:对于 wait()和 notify()/notifyAll()方法,必须在同步块中进行调用,并且只有持有该对象的锁才能调用。

2)实现原理

每个 Java 对象都有一个对象 Monitor,Monitor 也被称为 "内部锁"。一个线程在试图访问同步块时,必须首先获得 Monitor。在访问同步块之前,该线程必须从 Monitor 的解锁状态开始。该线程在获得 Monitor 后,可以执行同步块中的代码,在执行同步块期间可以随意结束,但是不会自动释放 Monitor。直到该线程释放锁,其他线程才有机会获取锁。

当某个线程试图获取同一对象上的锁时,线程将被阻塞,直到之前的线程释放锁。当同步块执行完成且释放锁时,所有被阻塞的线程都将在该对象的锁上重新竞争。最终,只有一个线程可以获得锁且继续执行同步块中的代码,其他线程仍被阻塞。

注意:在 Java 5 之后,synchronized 关键字已得到优化,引入了重量级锁、轻量级锁和偏向锁机制。其中,在使用偏向锁的情况下,若没有线程竞争,则加锁和解锁仅涉及一次 CAS 操作,节省了数据同步、内存屏障及线程调度方面的大量开销,提高了并发性能。

Monitor 的工作原理如图 1-10 所示。

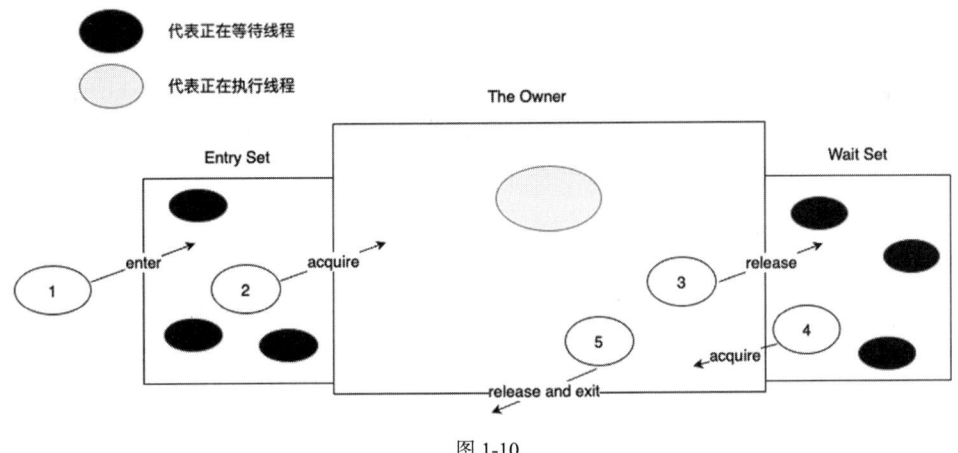

图 1-10

Monitor 主要由 Entry Set、Wait Set 及 The Owner(The Owner 是个区域)三部分组成,线程通过 Monitor 竞争资源时的状态变化如下。

◎ 线程要想获取 Monitor,就会先进入 Entry Set,它是等待线程,线程的状态是 "Waiting

for monitor entry"，待 Monitor 被释放后再次尝试获取它。
- ◎ 某个线程在成功获取对象的 Monitor 后，会进入 The Owner，它就是活跃线程。
- ◎ The Owner 的线程若调用了 wait()方法，则会进入 Wait Set，释放 Monitor，它也是等待线程，线程的状态是"in Object.wait()"。
- ◎ 若 The Owner 的其他线程调用了 notify()/notifyAll()方法，则会唤醒 Wait Set 中的某个或者全部线程，该线程再次尝试获取 Monitor，若获取成功，则进入 The Owner，否则进入 Entry Set，等待 Monitor 被释放后再次尝试获取它。

2. ReentrantLock

ReentrantLock 可用于对语句块和方法加锁。因为 ReentrantLock 是显式锁，所以需要手动获取和释放它。

在使用 ReentrantLock 后，可通过调用 lock()方法获取锁，通过调用 unlock()方法释放锁。相对于 synchronized，ReentrantLock 提供了更灵活的锁定机制，支持阻塞、限时等待、快速返回和可中断加锁等多种方式，可根据具体场景进行定制，以获得更好的性能。

例如，若需要等待获取锁，则可调用 lock()方法，该方法会在必要时阻塞线程，直到获取锁。若需要限时等待获取锁，则可调用 tryLock(long timeout, TimeUnit unit)方法，该方法会在限定的时间内尝试获取锁，若在限定的时间内没有获取锁，则会快速返回。

ReentrantLock 还提供了其他方法来支持不同的应用场景。例如，在同一线程内可以多次获取锁，这是因为 ReentrantLock 支持可重入特性，即同一线程可以多次获取同一个锁。在释放锁时，释放锁的次数与获取锁的次数需要相同，否则会导致线程死锁，等等。

总之，与 synchronized 相比，ReentrantLock 具有更灵活的锁定机制，可以更好地满足不同应用场景中的加锁需求，但也更加复杂，在使用时需要注意一些细节问题。

1）等待/唤醒机制

ReentrantLock 提供了基于多线程协作的等待/唤醒机制：线程通过调用 lock.lock()方法获取锁，若获取不到锁，线程就会进入等待状态，并且加入等待队列，等待队列是一个 FIFO 队列；一个锁可以生成多个 Condition（条件），每个 Condition 都有自己的等待队列；当其他线程通过调用 lock.unlock()方法释放锁时，会从等待队列中选择一个等待时间最长的线程进行唤醒，重新尝试获取锁，获取了锁的线程会被从等待队列中移除，重新进入运行状态。

ReentrantLock 还提供了通过 Condition 对象实现线程等待和唤醒的接口。Condition 对象用于替代原来的 Object 类的 wait()和 notify()方法，通过调用 Condition 对象的 await()方法实现线程等待，通过调用 signal()和 signalAll()方法实现线程唤醒。

调用 Condition 对象的 await()、signal()或 signalAll()方法的代码示例如下：

```java
public class WaitNotifyTest {
    static ReentrantLock lock = new ReentrantLock();
    static Condition condition = lock.newCondition();

    public static void main(String[] args) {
        new Thread(() -> {
            try {
                lock.lock();
                System.out.println(Thread.currentThread().getName() + " 开始等待...");
                condition.await();
                System.out.println(Thread.currentThread().getName() + " 得到了通知,继续执行...");
            } catch (InterruptedException e) {
                e.printStackTrace();
            } finally {
                lock.unlock();
            }
        }, "线程A").start();

        new Thread(() -> {
            try {
                lock.lock();
                System.out.println(Thread.currentThread().getName() + " 开始唤醒...");
                condition.signal();
                System.out.println(Thread.currentThread().getName() + " 唤醒结束...");
            } finally {
                lock.unlock();
            }
        }, "线程B").start();
    }
}
```

输出结果如下:

```
线程A 开始等待...
线程B 开始唤醒...
线程B 唤醒结束...
线程A 得到了通知,继续执行...
```

在以上代码中,线程 A 通过调用 condition.await()方法进入等待状态,线程 B 通过调用 condition.signal()方法通知线程 A 继续执行。注意:必须在持有锁的情况下调用 condition.await() 和 condition.signal()方法。

2)实现原理

ReentrantLock 通过 CAS 和 volatile 变量来尽量避免加锁,通过 park()和 unpark()函数来阻塞

第 1 章　Java 服务常见线上问题应急攻关

和唤醒线程。

ReentrantLock 内部实现了一个被称为"AQS"（AbstractQueuedSynchronizer，抽象队列同步器）的大型双向队列。AQS 是 ReentrantLock 的核心实现。当有多个线程竞争锁时，这些线程会被加入队列，每个线程都会被封装成一个节点并插入队尾。

在获取锁时，ReentrantLock 会通过 CAS（Compare-And-Swap）方式尝试获取锁，若获取成功，当前线程就会成为占有锁的线程；若获取失败，当前线程就会被插入队尾，并进入自旋状态。

当占有锁的线程释放锁时，ReentrantLock 会通过 AQS 中的后继节点来唤醒等待锁的线程。AQS 通过维护一个 volatile 类型的状态变量来解决线程死锁问题。

ReentrantLock 提供了非常丰富的使用方式。例如，公平锁和非公平锁的区别就在于获取锁的顺序是否为加入队列的顺序。还可通过判断当前线程是否需要等待、等待时间是否超时等执行中断锁的操作。

总的来说，ReentrantLock 的实现原理可以概括为：通过 AQS 和 CAS 操作实现多个线程之间的互斥和同步，同时提供更多的可定制化选项，以满足不同场景中的使用需求。

ReentrantLock 实现了 Lock 接口，Lock 接口的定义和 ReentrantLock 的类结构如图 1-11 所示。

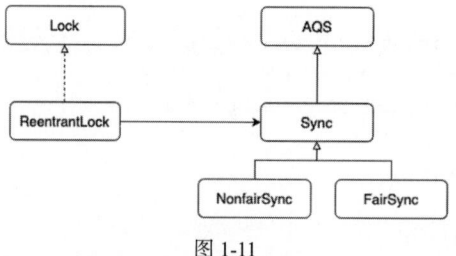

图 1-11

对 Lock 接口的各种操作实际上是委托给 Sync 类实现的，而 Sync 类是 AQS 的子类，所以对 Lock 接口的加锁和解锁操作由 AQS 的子类完成。

可以这样认为，整个 AQS 都是通过独占或共享的方式，借助队列安全地占用和释放多线程环境中的共享资源 state，如图 1-12 所示。

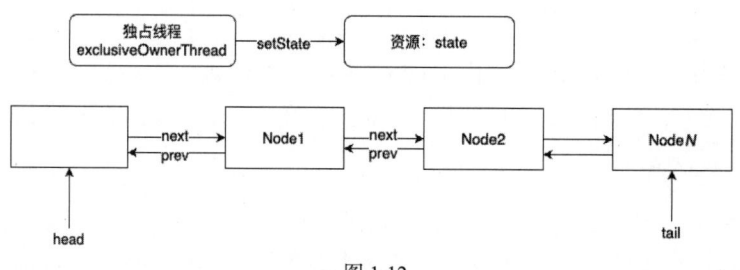

图 1-12

1.5.3 Java 线程、本地线程、内核线程及 JDK 线程模型

接下来重点讲解 Java 线程、本地线程、内核线程及 JDK 线程模型，以深入理解它们的特性和运行机制。

1. Java 线程

Java 线程由 JVM 管理。Java 线程中的每个线程都会围绕 Java 类实例执行代码。Java 线程的创建和销毁由 JVM 实现。Java 线程有一些特性，例如：线程的优先级；synchronized 块通过锁定任意对象来协调线程之间的访问。注意，Java 线程和本地线程是一对一的映射关系。

2. 本地线程

本地线程又被称为"用户线程"，是由用户级的线程库在用户空间实现的一种线程。从广义上讲，一个线程只要不是内核线程，就可被认为是本地线程。所以，轻量级进程也属于本地线程，但轻量级进程的实现始终建立在内核之上，在执行许多操作时都要进行系统调用，效率不高。

狭义的本地线程指线程完全建立在用户空间的线程库中，系统内核不能感知线程的存在。本地线程的建立、同步、销毁和调度完全在用户态完成，不需要内核的介入，若程序设计得当，则不需要将本地线程切换到内核态，操作快速且消耗资源少，可以支持更大规模的线程数量。

3. 内核线程

内核线程是由操作系统内核管理和维护的线程，与底层硬件直接交互，是操作系统的基本调度单位，也被称为"内核态线程"。内核线程的创建和销毁由操作系统实现，操作系统内核为每个内核线程都分配资源，例如堆栈和线程控制块。内核线程的切换、同步和管理都在内核中完成，并且需要进行相关的系统调用，开销较大。由于内核线程是由操作系统内核控制的，因此它可以利用多核处理器实现真正的并行，提高了多核处理器的利用率。

4. JDK 线程模型

JDK 线程模型在 JDK 1.2 之前基于狭义的本地线程实现，在 JDK 1.2 之后基于操作系统的内核线程模型实现。在目前的 JDK 版本中，操作系统支持怎样的线程模型，在很大程度上决定了 JVM 的线程是怎样映射的，在不同的平台上无法保持一致，在虚拟机规范中也并未限定 Java 线程需要基于哪种线程模型实现。线程模型只对线程的并发度和操作成本有影响，对 Java 程序的编码和运行来说，差异是透明的。

Sun JDK 的 Windows 版本与 Linux 版本都基于一对一的线程模型实现。一个 Java 线程被映射到一个轻量级进程（本地线程）中，一个轻量级进程对应一个内核线程。

程序一般不会直接使用内核线程，而是使用内核线程的一种高级接口——轻量级进程（LWP）。轻量级进程是本地线程，每个轻量级进程都由一个内核线程支持，这种轻量级进程与内核线程因一比一的关系成为一对一的线程模型，如图1-13所示。

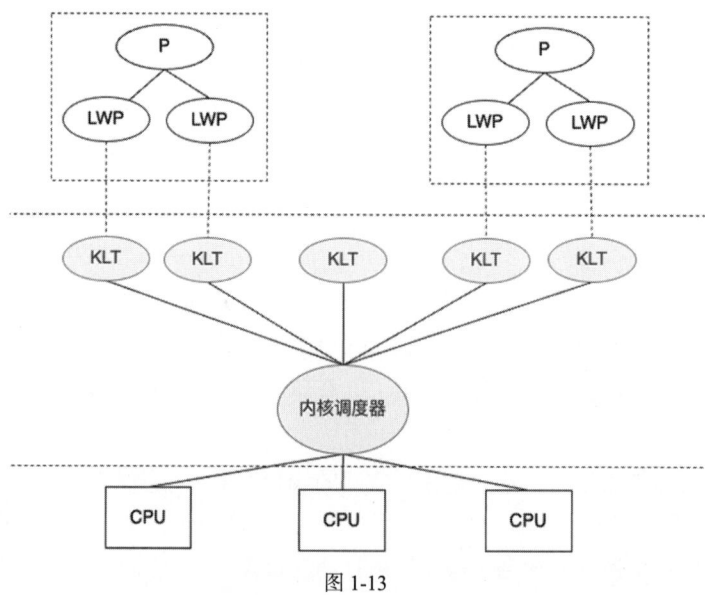

图 1-13

由于内核线程的支持，每个轻量级进程都成为一个独立的调度单元，即使有一个轻量级进程在调度中被阻塞，也不影响整个进程继续工作，但是轻量级进程有它的局限性：①由于是基于内核线程实现的，所以执行各种线程操作如创建、析构及同步，都需要进行系统调用，而系统调用的代价较大，需要在内核态和用户态之间来回切换；②每个轻量级进程都需要有一个内核线程的支持，会消耗一定的内核资源（如内核线程的栈空间），因此一个系统支持的轻量级进程的数量是有限的。

1.5.4 如何预防线程死锁

根据实战经验，预防线程死锁的方法如下。

- 避免锁的嵌套：尽量避免在一个锁内再次获取另一个锁，在必要时可以将共享资源拆分为独立的资源，减少锁的嵌套层次。例如，在一个加锁流程中尽量减少在获取锁A且没释放它时加锁B、锁C的场景。
- 按顺序申请资源：若有多个线程需要访问多个共享资源，则可以规定申请资源的顺序，保证每个线程都按照同一顺序申请共享资源，避免相互等待（需要预知所有可能会用到的锁，并对这些锁做适当排序，但有时是无法预知的）。例如，在前面的案例中，在涉及加载对象的集合加锁和对象创建时加锁，对其加锁顺序保持一致（均先对集合对象加锁，再对创建对象加锁），就不会存在线程死锁问题。
- ◎ 尽量缩小同步的范围：同步块的作用是保护共享资源，但同步块的范围越大，线程等待的时间越长，就越容易引起线程死锁。因此，应该尽量缩小同步块的范围，只对必要的代码进行同步。例如，在使用 synchronize 关键字时，尽量不要用 synchronize 关键字修饰整个方法，只锁住方法中需要同步的几行代码块。
- ◎ 使用带超时参数的锁：在申请锁时可以指定超时时间，若等待时间超过超时时间，则放弃申请，避免长时间等待。例如，在使用定时锁 ReentrantLock 时，通过 tryLock() 函数获取锁并指定超时时间，若获取锁的时间超过超时时间，就可以抛出异常，以此中断线程，避免其一直被阻塞。
- ◎ 避免线程死锁的发生：增强系统的健壮性，通过方案设计、编码规范和代码审查等方式，重点体现加锁的场景、粒度、逻辑是否合理，尽可能减少程序错误，避免线程死锁的发生。

1.6 MySQL 慢查询案例分析

在使用数据库的过程中存在各种各样的问题，慢查询是最高频的问题之一。这里通过一个 MySQL 慢查询案例来总结导致 MySQL 慢查询的原因及相应的应对经验。

1.6.1 问题案例

某团队负责优惠券系统的整体能力建设与运维，主要为上游交易系统提供优惠券服务。系统的上下游交互关系如图 1-14 所示。

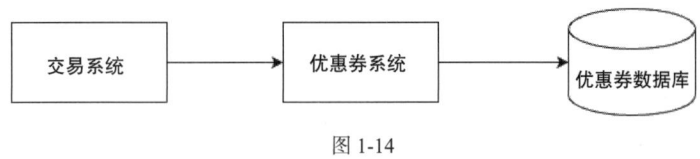

图 1-14

像平常一样，运营人员调用优惠券接口进行发券校验，10 分钟后，优惠券数据库出现 MySQL 慢查询，并且出现优惠券服务接口成功率下降告警，数据库管理员和业务研发人员同时收到告警信息。因为平时做过线上故障场景演练，所以大家开始按照标准处理流程执行止损操作。

（1）优惠券研发人员发起线上会议，通知数据库管理员、运维人员、上游交易研发人员和其他相关人员加入。

（2）数据库管理员将导致 MySQL 慢查询的 SQL 语句告知优惠券研发人员，开始执行 kill 命令终止该 SQL 语句。因为从指标上观察到优惠券数据库集群负载持续上升、服务接口成功率持续出现大量告警，因此数据库管理员对正在执行的该 SQL 语句持续执行 kill 操作，同时提议在业务侧的服务接口层面进行限流，避免数据库集群被整体拖垮。

（3）虽然通过导致 MySQL 慢查询的 SQL 语句得知是优惠券包查询 SQL 语句触发的 MySQL 慢查询，但是优惠券包查询是一个通用 SQL 语句，在优惠券的发、查、用、退场景中都会用到优惠券包查询，因此业务研发人员无法快速根据 SQL 语句定位到问题代码。通过快速讨论，大家决定先对优惠券发放接口做限流：20 000→10 000→5 000→2 000→0，边配置限流阈值边观察相关指标是否好转。

（4）在整个限流过程中，MySQL 慢查询数量还在继续增加，数据库的从数据库负载仍然较大。运维人员反馈优惠券机器指标恶化，更多的线程处于阻塞状态并且 JVM 的 GC 耗时增加，因此针对优惠券服务临时扩容服务器。为了防止进一步恶化，大家共同决策做整体业务层面的降级：停止全部优惠券发放接口的写入流量，上游领券中心对优惠券发放链路进行降级，用户不能领优惠券；停止全部优惠券的查询流量，上游对交易环节的优惠券查询链路进行降级，用户在下单时无法看到优惠券。另外，暂停优惠券管理端的查询场景（如暂停管理端的优惠券包同步缓存等定时任务）。降级之后，上游交易系统的交易成功率逐步提升。

（5）数据库管理员、优惠券研发人员观察到系统指标恢复正常，通过多方协助排查，发现 MySQL 慢查询是由优惠券发放接口引起的（前面虽然对优惠券发放接口进行了限流，但整个过程持续时间较长，流量持续存在，导致指标一直没有好转），于是决定进行降级恢复（暂不恢复优惠券发放接口的写入流量）。

（6）优惠券研发人员通过优惠券发放接口对应的代码往下排查，确认出现问题的代码并对其进行修复、测试并上线，最后验证通过。

（7）优惠券研发人员取消优惠券发放接口的降级，恢复限流配置。最后，系统指标完全恢复正常，所有降级全部恢复正常，业务影响消除。

1.6.2　5why 原因分析

接下来通过 5why 原因分析的方法分析导致问题的原因。

（1）到底是什么原因导致 MySQL 慢查询并引起一系列连锁反应的呢？

在 MySQL 慢查询期间出现大量优惠券包 id 为 0 的查询，击穿了 C 端的本地缓存，导致大量查询流量直接访问数据库。问题 SQL 语句如下：

```
select id, coupon_config_id, title, ctime, utime, expire_time
from coupon WHERE coupon_config_id in(0);
```

（2）为什么一个如此简单的 SQL 查询语句会导致 MySQL 慢查询呢？

在查询优惠券配置的代码中未对优惠券包 id 为 0 的请求做防御处理，并且在查询条件中未强制设置 limit 参数。而且在线上优惠券模板配置表中有 20 多万条优惠券包 id 为 0 的数据，也就是说，这条 SQL 语句会返回 20 多万条数据，导致该 SQL 语句执行时间较长（在发生故障期间执行耗时达到 25 秒）。

（3）为什么在线上优惠券模板配置数据中有 20 多万条优惠券包 id 为 0 的数据呢？

这些数据是运营人员在管理端操作的临时数据，没有实际用途，也没被及时删除。

（4）为什么 MySQL 慢查询会拖垮整个服务呢？

在 MySQL 慢查询期间，由于问题 SQL 语句的执行耗时较长（25 秒），而 SQL 语句的超时时间默认为 30 秒，上游服务请求优惠券服务的峰值 QPS 达到 1000+，所以导致 MySQL 慢查询的数量持续增加。又由于慢请求不断积压，线程处于阻塞状态，并且每次查询的数量都超过 20 万条，所以优惠券服务不断发生新生代 GC（Young GC）和老年代 GC（Full GC），最终拖垮整个服务。

（5）为什么会出现查询优惠券包 id 为 0 的请求呢？

在做系统能力迭代升级的过程中使用了错误的取参逻辑，导致在某些特殊场景中获取的优惠券包 id 为 0。

1.6.3　MySQL 存储引擎的原理

因为数据库的慢查询会引起一系列连锁反应，甚至导致线上重大事故，所以在遇到慢查询时需要格外重视，特别是在流量较大的系统中需要时刻关注并及时优化导致 MySQL 慢查询的 SQL 语句。现在，大多数互联网系统都采用了 MySQL 做数据存储，本节也以 MySQL 为例剖析 MySQL 存储引擎的原理。

1. MySQL 的逻辑架构

如图 1-15 所示，MySQL 在逻辑架构上主要包括客户端、服务器、存储引擎和文件存储，它们各司其职，共同完成数据处理和存储任务。这样的架构设计不仅提高了系统的可扩展性和可维护性，还可灵活应用于不同的场景中。

第 1 章　Java 服务常见线上问题应急攻关

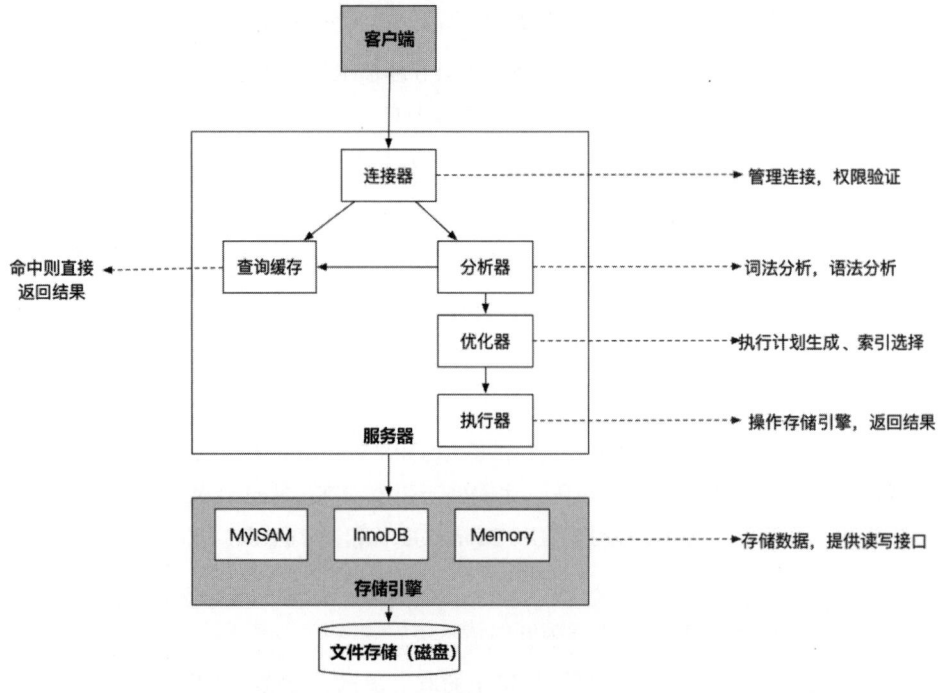

图 1-15

对其中的各个组成部分介绍如下。

- 客户端：每种编程语言都提供了连接 MySQL 的方法或框架，可在客户端选择相应的方法或框架连接 MySQL。
- 服务器：包括连接器、查询缓存、分析器、优化器、执行器等，涵盖了 MySQL 的大多数核心服务功能，以及所有内置函数（如日期、时间、数学和加密函数等），所有跨存储引擎的功能都在这一层实现，例如存储过程、触发器、视图等。
- 存储引擎：负责数据的存储和提取，是与底层的物理文件真正"打交道"的组件。数据被存储在磁盘上，通过特定的存储引擎有组织地存放并根据业务需要提取。存储引擎的架构模式是插件式的，支持 InnoDB、MyISAM、Memory 等多个存储引擎。现在最常用的存储引擎是 InnoDB，它从 MySQL 5.5.5 开始，成为默认的存储引擎。
- 文件存储：存储数据库真正的表数据、日志等。物理文件包括 redolog、undolog、binlog、errorlog、querylog、slowlog、data、index 等。

2. InnoDB 的逻辑架构

InnoDB 是 MySQL 的默认存储引擎，其逻辑架构复杂且功能强大，涵盖了多种关键技术，以确保高效存储和处理数据。InnoDB 的逻辑架构如图 1-16 所示。

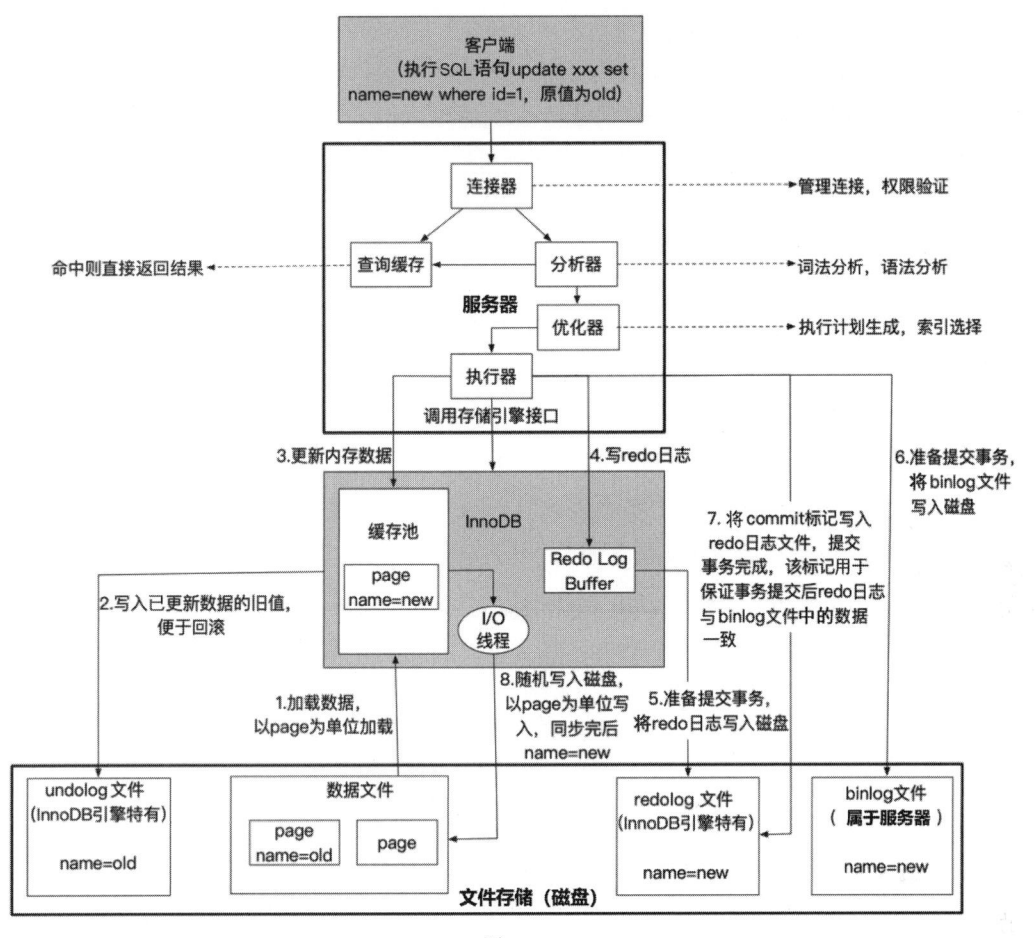

图 1-16

从 InnoDB 的逻辑架构来看，它的主要作用是管理数据的写入（包括新增和修改）、存储和查询，依赖的物理介质是磁盘和内存。与其他存储引擎相比，InnoDB 在存储和组织数据及支持的数据库事务特性等方面不一样。

InnoDB 的所有数据在磁盘中都被有逻辑地存储在表空间（tablespace）中。表空间又由段（segment）、区（extent）、页（page）组成，页在一些文档中有时也称为"块"（block）。

◎ 表空间：InnoDB 逻辑的顶层，所有数据都被存储在表空间中。在默认情况下，InnoDB 有一个共享表空间 ibdata1，即所有数据都被存储在这个表空间中。若启用了 innodb_file_per_table 参数，则注意每张表都有独立的表空间，存储的只是数据、索引和插入缓冲的 Bitmap，其他数据如回滚信息（undolog）、插入缓冲检索页、系统事务信息、二次写缓冲等，还是被存储在原来共享的表空间中。

◎ 段：常见的段有数据段、索引段、回滚段等。InnoDB 表是索引组织的，因此数据即索引，索引即数据，数据结构是 B+树。数据段存储的数据对应 B+树的叶子节点数据，索引段存储的数据对应 B+树的非叶子节点数据，回滚段存储的 undolog 文件用于实现事务回滚。将叶子节点存储在一个段内可以更好地保持叶子节点的连续性，进而提升磁盘访问效率。在 InnoDB 中，对段的管理都是由引擎自身完成的，数据库管理员不能也没必要对其进行控制。

◎ 区：由连续的页组成的空间。对于不大于 16KB 的页来说，一个区的大小是 1MB（64 个连续的 16KB 页或者 128 个连续的 8KB 页或者 256 个连续的 4KB 页），对于大于 16KB 的页，都是连续的 64 页组成一个区，例如：128KB 的页对应 2MB 的区；256KB 的页对应 4MB 的区。

◎ 页：InnoDB 磁盘管理的最小单位。在 InnoDB 中，每页默认都是 16KB，可通过 innodb_page_size 参数设置其大小。

3. InnoDB 的索引结构及注意事项

InnoDB 的索引结构主要基于 B+树（B+ Tree），并利用聚簇索引（Clustered Index）和二级索引（Secondary Index）来高效地管理和检索数据。InnoDB 的索引结构如图 1-17 所示。

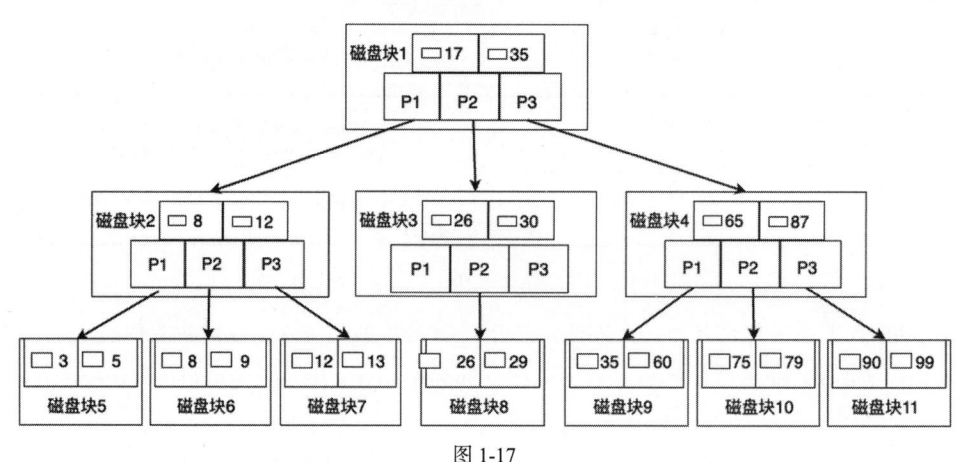

图 1-17

对 InnoDB 的索引结构介绍如下。

◎ 聚簇索引（Clustered Index）：InnoDB 表的主索引，数据行（表中的每一行数据）的物理存储顺序与索引顺序是一致的。每张 InnoDB 表都有一个聚簇索引，表的数据行被存储在这个树的叶子节点上。聚簇索引的特点：每个叶子节点不仅包含主键值，还包含所有列的数据。若表定义了主键（PRIMARY KEY），则这个主键自动成为聚簇索引。若表没有定义主键，则 InnoDB 会选择一个唯一且非空的列作为聚簇索引。

- 二级索引（Secondary Index）：也被称为"非聚簇索引"。二级索引的叶子节点并不包含数据行，而是包含索引列和主键值。二级索引的特点：二级索引中的叶子节点包含索引键值和主键值，指向实际的数据行位置。若查询只涉及二级索引的列，InnoDB就可以直接从索引中返回结果，避免回表。在使用二级索引进行查询时，若查询的列不在索引覆盖的范围内，就需要执行回表操作，通过查询到的主键的值访问聚簇索引中的数据行。

所以，在查询数据时要尽可能选择最短的路径来找到想要的数据，尽可能减少磁盘 I/O 的次数，否则当数据量太大，没用到索引或者索引路径不优时，就可能导致 MySQL 慢查询。以下为使用索引时的注意事项。

（1）对于主键、频繁作为查询条件的字段、查询中与其他表关联的字段（也就是外键关系字段）、查询中的排序字段、查询中的统计或者分组字段，要建立索引。

（2）对于频繁更新的字段、where 条件用不到的字段、数量太少的表记录、数据重复太多的字段，不适合建立索引。

对于数据重复太多的字段，为什么不适合建立索引呢？因为，为它建立索引意义不大。假如在一张表中有 10 万条数据，有一个字段只有 T 和 F 两种值，每个值的分布概率大约只有 50%，那么对这个字段建立索引一般不会提高查询效率。我们一般通过索引的选择性来衡量索引效率。索引的选择性指索引列的不同值的数量与表中索引记录的比值，若在一张表中有 2000 条记录，表中索引列的不同值的记录有 1980 个，则这个索引的选择性为 1980/2000=0.99，选择性越接近 1，索引效率越高。

进行复合索引时的注意事项如下。
- 应该尽量对索引字段进行全值匹配。
- 符合最佳左前缀法则（不能漏掉第 1 个索引字段，中间的索引字段也不能断开）。
- 不在索引列上执行任何操作（计算、函数、类型转换），否则会导致索引失效而转向全表扫描。
- 尽量使用覆盖索引（只访问索引的查询，也就是索引列和查询列一致），规避 select * 的用法。
- SQL 语句中的 like 关键字不要以通配符（如 "%"）开头。
- 对 SQL 语句中的字符串要加单引号。
- 在 SQL 语句中少用 or。

4. InnoDB 的锁分类和事务隔离级别

在实际场景中，写-写、读-读、读-写的并发操作会导致数据隔离问题，进而影响查询性能。

第 1 章　Java 服务常见线上问题应急攻关

因此，我们需要深入了解关键技术如锁和事务隔离级别，以提升数据读写效率并预防 MySQL 慢查询问题。对于 MySQL 锁的类型，大致可以从以下维度划分。

（1）按照加锁机制划分。

- 乐观锁：每次获取数据都很乐观，认为不会出现并发问题。因此每次访问和处理数据都不上锁，在更新时再根据版本号或时间戳判断是否有冲突，有则处理失败，无则提交事务。
- 悲观锁：每次获取数据都很悲观，认为数据会被"别人"修改，产生并发问题。因此在访问、处理数据前就加排他锁。在整个数据处理过程中锁定数据，在提交或回滚事务后才释放锁。

（2）按照兼容性划分。

- 共享锁：又被称为"读锁"（S 锁）。若有一个事务获取了共享锁，则其他事务可以获取共享锁但不可以获取排他锁，也就是说，若事务 T 获取了数据 A 的 S 锁，则其他事务可以对数据 A 加共享锁但不可以加排他锁；"SELECT ... LOCK IN SHARE MODE"表示加共享锁。
- 排他锁：又被称为"写锁"（X 锁）。若有一个事务 T 对数据 A 加了排他锁，则其他事务不能再对数据 A 执行任何操作，获取排他锁的事务既能读数据，又能修改数据。"SELECT ... FOR UPDATE"表示加排他锁；INSERT、UPDATE、DELETE 默认表示加排他锁。

（3）按照锁的粒度划分。

- 表锁：当前操作对整张表加的锁由 MySQL 服务器实现。一般在执行 DDL 语句时加锁，特点是开销小，加锁快，锁定力度大，发生锁冲突的概率高，并发度最低，不会出现死锁。
- 页锁：当前操作对数据存储页加的锁，加锁速度介于表锁和行锁之间，锁定粒度介于表锁和行锁之间，并发度不高也不低，会出现死锁。
- 行锁：当前操作对数据行加的锁，开销大，加锁慢，锁定粒度小，发生锁冲突的概率低，并发度高，会出现死锁。

（4）按照锁模式分类。

- 记录锁：在行相应的索引记录上加的锁，锁定一个行记录。
- Gap 锁：在索引记录间隙加的锁，锁定一个区间。
- Next-Key 锁：记录锁与此索引记录之前的 Gap 锁的结合，锁定行记录+区间。
- 意向锁：表示某个事务正在锁定一行或者将要锁定一行，表明一个意图。它分为意向共享锁（IS 锁）和意向排他锁（IX 锁），一个事务在对一张表的某一行添加共享锁之前，必须获得对该表的一个意向共享锁或者优先级更高的锁；一个事务在对一张表的某一行添加排他锁之前，必须获得对该表的一个意向排他锁。
◎ 插入意向锁：用于提高插入并发性能的一种特殊的 Gap 锁，由 INSERT 操作产生。当多个事务同时将不同的数据写入同一个索引间隙但不在同一位置时，不需要等待其他插入事务完成，也不会发生锁等待。

下面通过一张图来记忆这些锁，如图 1-18 所示。

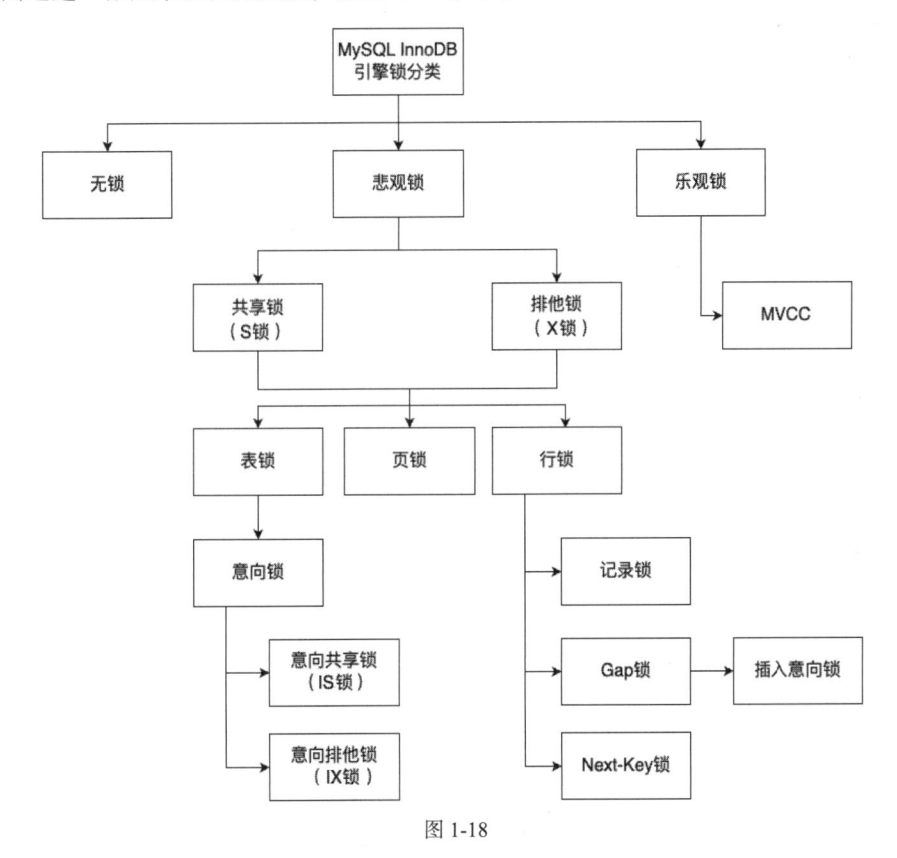

图 1-18

这里重点讲解 InnoDB 的行锁，因为后续的事务隔离级别的核心内容就是对 InnoDB 的行锁的应用。InnoDB 的行锁是通过对索引数据页上的记录加锁实现的，主要实现算法有 3 种：记录锁、Gap 锁和 Next-Key 锁。

◎ 记录锁：锁定单个行记录的锁，支持读已提交（读取已提交的数据）和可重复读（多次读取相同条件的数据，其结果相同）事务隔离级别。
◎ Gap 锁：也叫作"间隙锁"，可以锁定索引记录的间隙，确保索引记录的间隙不变，支持可重复读事务隔离级别。
◎ Next-Key 锁：记录锁和 Gap 锁的组合，锁住数据并且锁住索引记录前面的区间范围，支持可重复读事务隔离级别。

3 种锁的数据影响范围如图 1-19 所示。

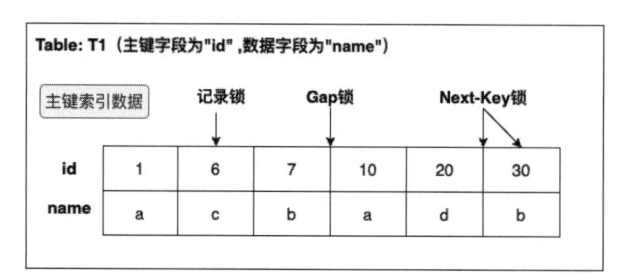

图 1-19

在可重复读事务隔离级别，InnoDB 一般先采用 Next-Key 锁对记录加锁，但是当 SQL 语句含有唯一索引时，InnoDB 会对 Next-Key 锁进行优化，将其降级为记录锁，仅锁住记录本身而非范围。MySQL 中锁的常见使用情况如下。

◎ select…from 语句：InnoDB 采用 MVCC（Multi-Version Concurrency Control，多版本并发控制）机制实现非阻塞读，对于普通的 select 语句，InnoDB 不加锁。
◎ select…from lock in sharemode 语句：追加了共享锁，InnoDB 会使用 Next-Key 锁进行处理，若扫描发现唯一索引，则可以降级为记录锁。
◎ select…from for update 语句：使用排他锁，InnoDB 会使用 Next-Key 锁进行处理，若扫描发现唯一索引，则可以降级为记录锁。
◎ update…where 语句：使用排他锁，InnoDB 会使用 Next-Key 锁进行处理，若扫描发现唯一索引，则可以降级为记录锁。
◎ delete…where 语句：使用排他锁，InnoDB 会使用 Next-Key 锁进行处理，若扫描发现唯一索引，则可以降级为记录锁。
◎ insert 语句：InnoDB 会首先获取插入意向锁，然后写入数据行，若数据行有其他并行插入事务，则插入意向锁会转化为排他锁。

下面以 "update t1 set name='XX'where id=10" 操作为例，分析 InnoDB 的可重复读事务隔离级别对不同索引的加锁行为。

◎ 对主键加锁（SQL 查询条件命中主键索引）：仅对 id=10 的主键索引记录加排他锁，如图 1-20 所示。

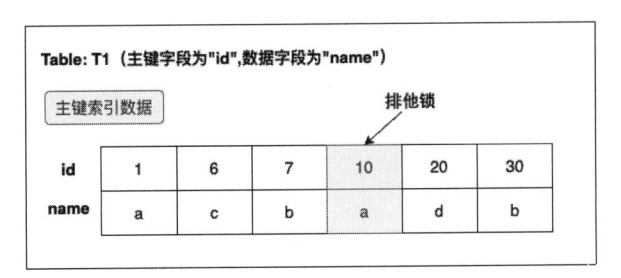

图 1-20

- 对唯一索引加锁（SQL 查询条件命中唯一索引）：首先对唯一索引 id=10 加排他锁，然后对 name=d 的主键索引记录加排他锁，如图 1-21 所示。

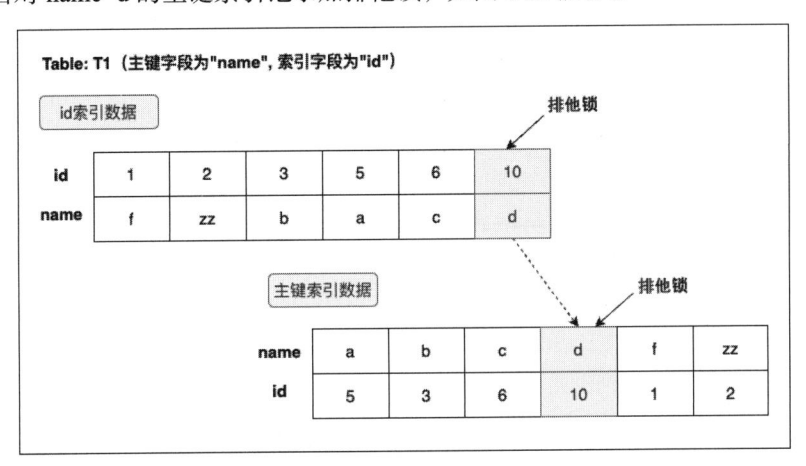

图 1-21

- 对非唯一索引加锁（SQL 查询条件命中普通索引）：首先对 id=10 的记录和主键分别加排他锁，然后在(6,c) ~ (10,b)、(10,b) ~ (10,d)、(10,d) ~ (11,f)范围内分别加 Gap 锁，如图 1-22 所示。
- 对无索引加锁（SQL 查询条件没有命中索引）：对表中的所有行和间隙都会加排他锁（在没有索引时会导致全表锁定，因为 InnoDB 锁是基于索引实现的记录锁），如图 1-23 所示。

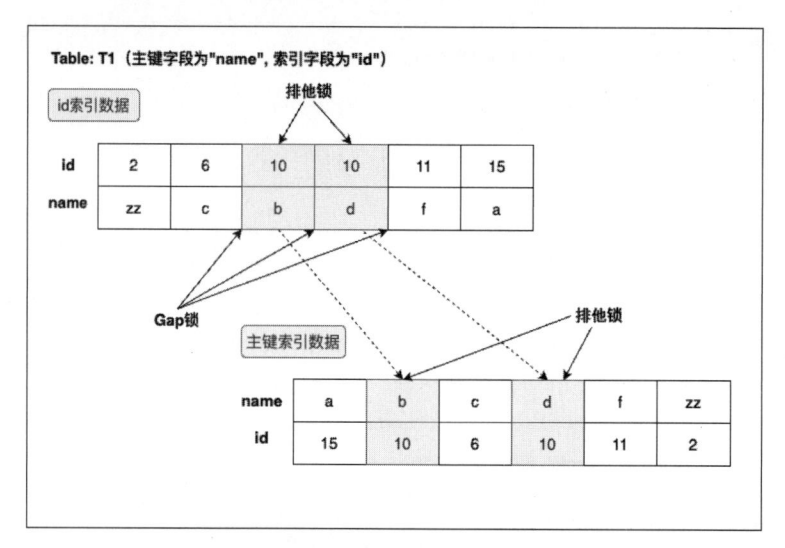

图 1-22

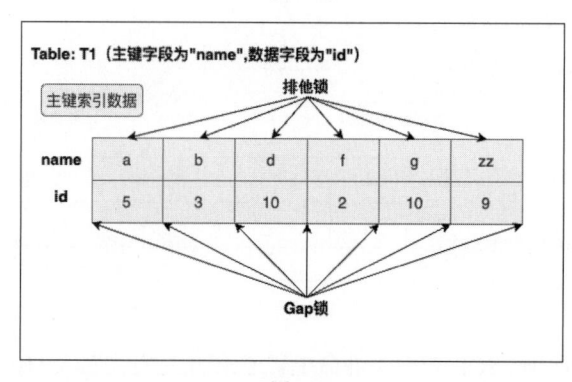

图 1-23

接下来讲解根据锁的特性所划分的事务隔离级别。

数据库中的所有并发操作都可分为读-读操作、读-写操作（写-读、读-写-读）、写-写操作。其中，读-读操作不会对数据产生影响，但读-写操作和写-写操作会产生脏数据。为了规避并发造成的脏数据，需要通过加锁进行并发控制。加锁方式不一样，对数据的影响程度也不一样，主要有以下 4 种影响。

- ◎ 更新丢失：一个事务的更新操作会被另一个事务的更新操作覆盖，从而导致数据不一致。
- ◎ 脏读：一个事务可以读取另一个事务未提交的数据。
- ◎ 不可重复读：在一个事务内多次读取同一数据，由于其他事务的干扰，前后两次返回的数据结果不一样（都是被事务提交的数据）。

◎ 幻读：在一个事务内前后两次查询相同范围的数据，由于其他事务执行了数据插入操作，所以第 2 次查询的结果集比第 1 次查询的结果集多出了其他事务新插入的行数据。

事务指访问并可能更新数据库中各数据项的一个程序执行单元（unit），可以由一条读/写 SQL 语句组成，也可能由一组读/写 SQL 语句组成。关系型数据库中的事务必须满足这 4 个特性，即 ACID：原子性（Atomicity）、一致性（Consistency）、隔离性（Isolation）和持久性（Durability）。

MySQL 事务的并发安全主要靠加锁的方式来保证，因为加锁会影响性能，所以为了对并发性能及脏数据做一些权衡和取舍，通过不同的加锁机制划分了不同的事务隔离级别。另外，为了进一步提升并发度，在读已提交和可重复读事务隔离级别增加了 MVCC 机制，即同一条记录的多个版本同时存在，在某个事务对其执行操作时，需要查看这条记录的隐藏列事务版本 id 及历史版本记录，根据事务隔离级别对比事务 id 去判断读取哪个版本的数据。

InnoDB 约定了以下四种事务隔离级别，如表 1-3 所示。

表 1-3

事务隔离级别	脏读	不可重复读	幻读	更新丢失
读未提交	√	√	√	×
读已提交	×	√	√	×
可重复读	×	×	×（InnoDB 通过 MVCC 机制及 Gap 锁解决）	×
串行化	×	×	×	×

对这四种事务隔离级别解释如下。

◎ 读未提交（读取未提交的数据）：事务会对写操作加排他锁，对读操作不加锁，无论是当前读还是快照读。提交事务后，所有锁都会被释放。这样，不同的事务可以并发读写同一记录（如 id=1 的数据）或一定范围的记录（如 1≤id≤100 的数据），但不允许两个事务同时写入同一记录。其中可能存在脏读、不可重复读和幻读的问题。

◎ 读已提交：事务会对写操作加排他锁，对读操作加共享锁，在提交事务后会释放这些锁。对于范围记录（如 1≤id≤100 的数据），不同的事务可以并发读取同一记录，但不能并发读写或写入同一记录。对于不同的记录（如 id 不同或 id 范围不同的数据），可以并发读、读写和写入。其中可能存在幻读问题。为了提高并发性，这里采用了 MVCC 机制：对写操作加 X 锁，对读操作不加锁，在执行每个读 SQL 语句时都创建新的快照，其中可能存在幻读和不可重复读的问题。

◎ 可重复读：事务会对写操作加排他锁，对读操作加共享锁。事务会对范围记录（如 1≤id≤100 的数据）加 Gap 锁，允许不同的事务并发读取同一记录（如 id=1 的数据）和范围记录，但不允许并发读写或写入。这可以避免不可重复读和幻读的问题。为了提高并发性能，这里采用了 MVCC 机制，对写操作加排他锁，对读操作不加锁。在执行事务的第 1 个读 SQL 语句时会创建一个快照,在后续进行查询时将复用此快照,确保事务在多次读取数据时,数据都能保持一致,从而避免幻读和不可重复读的问题。
◎ 串行化:在每个事务开始时都加表级锁,强制事务串行执行,可以解决可重复读和幻读的问题,但是性能极低,一般都不采用这种事务隔离级别。

5. 导致 MySQL 慢查询的原因

导致 MySQL 慢查询的原因主要如下。

(1)硬件问题。MySQL 属于软件服务,需要硬件的支撑才能正常运转,所以硬件问题是导致 MySQL 慢查询的主要原因之一。例如,磁盘配置不高会导致磁盘读取耗时较长,CPU 负载过高会导致计算过程耗时较长,内存不足会导致频繁的磁盘操作,进而影响查询效率等。若是硬件配置没问题,但是 MySQL 设置的参数不对,则也不能发挥硬件资源的优势。例如,sort_buffer_size 参数表示每个需要排序的线程分配的缓冲区大小,大的排序操作需要使用大量的内存来完成,若将该参数设置得过小,则可能导致排序操作需要进行多次磁盘读写,从而影响查询性能。

(2)数据架构的设计问题。
◎ 大表问题:在数据库中查找或操作数据时需要遍历大量数据,CPU、内存和磁盘占用率较高,导致查询速度变慢。
◎ 读写未分离:在高并发情况下,若使用同一个库执行读和写操作,则容易出现性能、锁等待或死锁等问题,导致大量的读写操作请求被阻塞。
◎ 冷热数据未分离:热数据和冷数据都被存储在同一个库中,导致在数据库中查找或操作热数据时需要遍历大量的冷数据,从而增加系统响应时间,数据库缓存热数据的效率也会受到影响,导致缓存命中率下降,降低系统性能。
◎ 未合理利用分布式缓存:在高并发情况下若存在读多写少的场景,则会有大量的读请求访问数据库,导致数据库性能下降。

(3)大数据量查询问题:若查询的数据量太多或者一次操作的数据量过大,则 CPU、内存和磁盘占用率会较高,导致查询速度变慢,甚至直接崩溃。

(4)索引问题。
◎ 非优化的查询:查询没有经过优化,没有使用索引或者使用了错误的索引,导致查询速度变慢。
◎ 不合理的索引使用:索引过少或者过多都会影响查询效率。过少的索引会导致存在大量的全表扫描,过多的索引会导致写入数据时性能下降。

- 太复杂的查询：若查询条件太复杂，则会导致不能命中索引。例如，多个条件可能被组成非常多的组合或者用了大量的 like 语句。
- 深分页查询：若通过索引查询出来的数据有 20 万个，则分页查询需要查询最后一页的数据，采用常规的 SQL 写法会遍历 20 万次，也会出现慢查询问题。

（5）锁和事务隔离级别的问题。

- 事务粒度太大：大事务锁定的资源较多，会阻塞大量并行事务中 SQL 语句的执行。
- 事务隔离级别不对：例如，可重复读的性能优于串行化，读已提交的性能优于可重复读，读未提交的性能优于可重复读，需要根据业务的实际场景来判断用哪种事务隔离级别。

1.6.4 MySQL 慢查询问题排查

下面讲解如何进行 MySQL 慢查询问题排查。

首先，对业务数据的未来容量及现状有所了解，对现有的硬件配置和数据架构设计能够支撑的数据量也有预期；通过监控系统快速发现是否存在硬件配置问题（如数据库服务器的 CPU 负载、内存占用率、磁盘占用率等过高），通过数据量和流量分析快速发现是否存在数据架构设计问题。

然后，通过 SQL 语句和对应的业务场景分析是否存在大数据量查询问题。

最后，对索引问题进行分析，这也是最复杂的部分。一般通过 explain 工具分析 SQL 查询语句的执行计划，找出执行过程中的瓶颈并针对性地进行优化。explain 字段主要包括 id、select_type、table、type、possible_keys、key、key_len、ref、rows、filtered、Extra，下面分别对它们做详细说明。

（1）id：表示 select 子句或者操作的顺序。

- id 相同：自上而下执行。
- id 不同：id 越大，优先级越高，越先执行。

（2）select_type：主要用于区分查询类型。

- SIMPLE：简单的 select 查询，不涉及子查询与 union 查询。
- PRIMARY：若有任何复杂的子部分（如子查询或者 union 查询），则最外层的 select 查询语句会被标记为 primary。
- SUBQUERY：在 select 或者 where 列表中包含的子查询中的第 1 个 select 查询语句。
- DERIVED：在 from 列表中包含的子查询衍生表。
- UNION：union 查询中的第 2 个或后面的 select 查询语句。

◎ UNION RESESULT：从 union 表中获取结果的 select 查询语句。

（3）table：显示当前查询数据来自哪张表，有时不是真实的表名，例如<derivedN>、<unionM,N>等。

（4）type：在查询中用到了哪种访问类型，将访问类型按照查询性能从最好到最差排序，依次为 system、const、eq_ref、ref、fulltext、ref_or_null、index_merge、unique_subquery、index_subquery、range、index、all（一般得保证访问类型至少为 range，最好为 ref）。

◎ system：表只有一行记录（相当于系统表），是 const 访问类型的特例，一般不会出现。
◎ const：表示索引一次就能找到数据，只有在主键索引或者唯一索引上进行常量等值查询且结果只有一条数据时，type 才会是 const。
◎ eq_ref：唯一索引扫描，对于每个索引键，只有一条记录与之匹配，常见于主键或唯一索引扫描。与 const 不同的是，eq_ref 等值查询的值不是常量（包括 SQL 优化后得到的常量），而是必须经过查询才得到的值。
◎ ref：非唯一性索引扫描，返回匹配某个单独值的所有行。
◎ range：只检索给定范围内的行，使用一个索引来选择行，一般场景就是在 SQL 查询语句的 where 语句中出现了 between、<、>、in 等关键字。
◎ index：全索引扫描，只遍历索引。index 比 all 快，因为 index 从索引中读取数据，all 从硬盘中读取数据。
◎ all：通过遍历全表找到需要的数据，若表的数据量较大，则会有严重的性能问题。

（5）possible_keys：显示可能应用在这张表中的索引，但实际上不一定用到。

（6）key：实际使用的索引，若没有，则为 null。

（7）key_len：表示在索引中使用的字节数（可能使用的，不是实际的），可通过该列查询使用的索引长度，在不损失精确度的情况下，索引长度越短越好。

（8）ref：当使用索引列进行等值查询时，与索引列进行等值匹配的对象信息，例如一个常数或者某个列。

（9）rows：大致估算所需的记录要读取的行数。

（10）filtered：表示执行阶段根据条件保留下来的行数占预计扫描总行数的比例。

（11）Extra：包含不适合在其他列中显示但十分重要的额外信息。

◎ using filesort：MySQL 中无法利用索引完成的排序被称为"文件排序"，需要执行额外的排序操作，包括在结果集小时的内存排序和在结果集大时的文件排序。
◎ using temporary：使用临时表保存中间结果，MySQL 在对查询结果排序时使用了临时表，常见于排序（order by）和分组查询（group by）。

1.6 MySQL 慢查询案例分析

- ◎ using index：表示在相应的 select 操作中使用了覆盖索引，避免访问表中的数据行，效率高，若同时出现了 using where，则表明索引被用来执行索引键值查询，若没有出现 using where，则表明索引被用来读取而非查询。
- ◎ using where：表明使用了 where 进行过滤。
- ◎ using join buffer：使用了连接缓存。
- ◎ impossible where：where 子句的值总是 false，不能用于获取任何元组。
- ◎ select tables optimized away：指在 MySQL 查询优化过程中，查询已经被优化到无须实际访问表数据即可获取结果的状态。例如，对于基于索引优化的 min/max 查询或者基于 MyISAM 存储引擎优化的 count(*) 查询，不必等到执行阶段再计算。
- ◎ distinct：优化 distinct 操作，在找到第一个匹配的元组后停止找相同值的动作。

下面通过一个案例来讲解使用 explain 工具分析有问题的 SQL 语句的过程。

有问题的 SQL 语句为 "SELECT * FROM 'user' FORCE INDEX ('age') WHERE 'userid' = 8666666 AND 'status' IN (0,1) ORDER BY 'id' ASC;" 该 SQL 语句强制指定了使用 age 索引，但在条件中并没有 age，所以导致全表扫描（type: ALL）。

通过执行计划对有问题的 SQL 语句进行诊断：

```
mysql> explain SELECT * FROM 'user' FORCE INDEX ('age') WHERE 'userid' = 8666666 AND 'status' IN (0,1) ORDER BY 'id' ASC;
```

诊断结果如表 1-4 所示。

表 1-4

id	select_type	table	type	possible_keys	key	key_len	ref	rows	Extra
1	SIMPLE	user	ALL	NULL	NULL	NULL	NULL	9 700 001	Using where; Using filesort

通过执行计划对正确的 SQL 语句进行诊断：

```
mysql> explain SELECT * FROM 'user' FORCE INDEX ('age') WHERE 'userid' = 8666666 AND 'status' IN (0,1) and age=1 ORDER BY 'id' ASC;
```

诊断结果如表 1-5 所示。

表 1-5

id	select_type	table	type	possible_keys	key	key_len	ref	rows	Extra
1	SIMPLE	user	ref	age	age	8	const	1	Using where

分析到代码层面，发现导致 MySQL 慢查询的原因是传给 SQL 查询函数的 age 参数没被加入 where 子句，但 FORCE INDEX 一直生效。

若通过前面的步骤均没发现问题，就要分析 SQL 语句的具体执行场景。例如，是否存在大事务问题，以及事务隔离级别是否匹配现在的业务场景，等等。

1.6.5 如何预防 MySQL 慢查询

下面讲解如何预防 MySQL 慢查询。

1. 预估数据容量

可通过预估未来 3 年的业务发展状况来预估数据容量，具体方法：首先根据数据模型的宽度（字段占用存储空间的平均大小×字段数量）、模型数据量及模型的数量来计算存储容量；然后根据存储容量来申请对应的硬件资源。例如，若在做商品数据存储的场景中，商品模型有 100 个字段，每个字段平均有 50Byte，未来三年有 1 000 000 条数据，那么需要的基础物理存储空间为 1 000 000×100×50Byte，还需要考虑 MySQL 存储的隐藏列信息、log 信息、索引数据信息等占用的存储空间，新增模型需要依次按照计算逻辑增加对应的存储资源。

2. 治理数据架构问题

治理数据架构问题的方法一般如下。

- 通过分库分表设计、数据归档、无用数据清除、冷热数据分离等策略来减小单张表的容量，建议一旦单表行数超过 500 万行或者超过 2GB，就采取对应的动作。
- 一般将冷热数据分离。
- 读写分离，业内一般是一主多从、写主数据库读从数据库（在特殊场景中会读主数据库）的部署架构。
- 合理使用分布式缓存，可以将查询场景中的大流量引导至访问缓存，降低 MySQL 服务器的压力。

3. 大数据量查询建议

一般约束单次查询的数据量不超过 1 000 行，可以根据实际场景做调整，但是单次查询的数据量最好不要超过 5 000 行。

4. 索引问题优化

索引问题是 MySQL 慢查询中的高频问题，下面讲解如何对其进行优化。

- 通过 explain 工具分析 SQL 查询语句的执行计划，找出执行过程中的瓶颈，优化查询性能，提高查询效率。
- 规避全表扫描，在没有合理的索引时需要创建对应的索引，对有一定数据量级的表的查询都要通过索引进行。

- ◎ 规避内存排序，将有一定数据量级的表的查询排序字段尽量包含在索引内，查出的数据是有序的，避免再计算。
- ◎ 在索引较多时可能不会命中最优索引，可通过 FORCE INDEX(idx_xxx) 方式强制指定最优索引。
- ◎ 不要查询多张表，若在多张表之间存在关系，则最好将它们合并为一张表，以加快查询速度。若无法合并表，则使用 INNER JOIN 或 LEFT JOIN 来加速查询。
- ◎ 避免使用子查询，子查询可能导致性能问题，在大型数据集上建议避免使用它。
- ◎ 避免使用通配符，例如，"%" 和 "_" 表示在查询之前匹配的字符数不确定，因为不能命中索引，所以查询速度较慢。
- ◎ 在进行复杂的查询时，可以首先通过 Elasticsearch 找到数据的主键 id，然后通过主键 id 回查数据库。

5. 深分页问题处理

可通过游标查询的方式来处理深分页问题，也就是下一次查询依赖上一次查询的结果，这样可以缩小数据过滤范围，提升数据查询性能。例如，通过主键 id 对数据进行升序排序并获取全部数据，第 1 页获取最大主键 id 为 1000 的分页数据，第 2 页通过主键 id>1000 缩小数据过滤范围，页数越多，过滤的数据越多，在进行深分页时就不存在性能问题。在某些场景中不能用游标时，可通过设置查询数据量的阈值来限制分页深度，让查询耗时处于 MySQL 慢查询指标的临界值以下。

6. 锁和事务隔离级别的问题

（1）在避免大事务方面：

- ◎ 将大事务分解成多个小事务，每个小事务尽量少处理数据，以缩短锁定数据的时间；
- ◎ 对于大量更新数据的 SQL 语句，可以使用 IN 语句代替多个 OR 语句，以缩短锁定数据的时间（因为整个 SQL 语句的长度受 max_allowed_packet 参数的限制，所以 IN 语句的参数不能太多，参数太多也会影响性能）；
- ◎ 考虑通过批量更新、批量插入等方式来缩短锁定数据的时间。

（2）在事务隔离级别设置方面：

- ◎ 若评估幻读对业务场景没有影响，则可以设置事务隔离级别为读已提交；
- ◎ 若评估脏读对业务场景没有影响，则可以设置事务隔离级别为读未提交；
- ◎ 一般不要设置事务隔离级别为串行化。

（3）在避免死锁方面：

- ◎ 若在事务中执行了一条没有索引条件的查询，引发全表扫描，并且把行级锁上升为全表记录锁（等价于表级锁），则在多个这样的事务执行后，很容易发生死锁和阻塞。对应的解决方案是在 SQL 语句中不要用太复杂且关联多表的查询，用 explain 对 SQL 语句进行分析，对于有全表扫描和全表锁定的 SQL 语句，建立相应的索引进行优化。

◎ 若两个事务都想拿到对方持有的锁，互相等待，就会导致死锁，如图 1-24 所示。解决方案是在同一个事务中尽可能做到一次锁定所需的所有资源，按照 id 对资源进行排序，然后按序处理。例如，在银行系统的转账流程中，事务 1 中的账户 A 转账给账户 B，事务 2 中的账户 B 转账给账户 C，事务 3 中的账户 C 转账给账户 A，若对账户先排序再加锁，就会导致死锁。

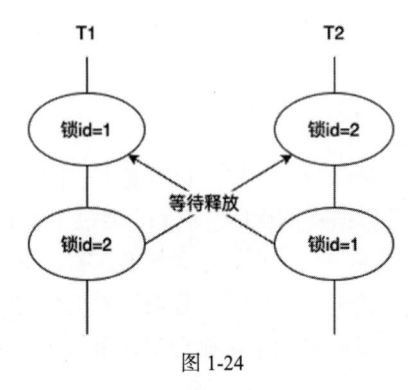

图 1-24

第 2 章
服务稳定性治理

2.1 服务稳定性治理的目标

服务稳定性指在一定时间内,系统服务能够持续、可靠地执行其预定功能和任务,并且在面临内、外部变化时,保持其性能指标在可接受的范围内。服务稳定性是衡量系统服务质量的关键因素之一。

服务稳定性治理的目标主要如下。

- ◎ 提供良好的用户体验:确保系统在用户访问时正常运行,避免出现崩溃、服务中断或响应缓慢等问题,以提供良好的用户体验。
- ◎ 保障业务的连续性:通过建立高可用架构和恢复机制等,确保系统在面对故障或异常情况时,可自动切换至备用设备或节点。
- ◎ 预防并解决故障和异常:通过监控系统、预测负载、实施容量规划等,预防并解决系统中可能出现的故障和异常问题。
- ◎ 提高系统的可靠性:通过持续优化和改进系统性能、调整配置、优化算法等,降低故障和异常发生的概率。
- ◎ 降低运维成本:通过监控和告警机制、自动化运维工具等,及早发现和解决问题,减少人工干预。

2.2 服务稳定性的度量标准

造成服务不稳定的因素非常多,例如硬件故障、软件缺陷、网络问题、资源问题、安全攻

第 2 章 服务稳定性治理

击、配置错误、代码更新和部署问题、依赖服务故障、数据问题、环境变化及人为错误等。这些因素可能单独或共同作用,导致系统服务性能下降、中断或完全不可用。

服务稳定性的度量标准通常涵盖以下几方面。

(1)可靠性:系统在规定的条件下和时间内无故障运行的能力。

(2)可用性:系统在被需要时能够正常访问和使用的程度。可用性通常与系统的正常运行时间有关。考虑到系统维护和故障恢复的速度,一般用 N 个 9 来表示系统的可用性,9 的数量越多,系统服务的全年可用时间越长,也就越可靠,停机时间越短。可用性与故障时间之间的关系如表 2-1 所示。

表 2-1

可 用 性	年故障时间	日故障时间
99.999%	5.25 分钟	0.86 秒
99.99%	52.6 分钟	8.6 秒
99.9%	525.6 分钟	86 秒

(3)容错性:系统在出现部分失效时仍能继续运行并提供服务的能力。这通常要求系统具备一定的冗余性和故障隔离机制。

(4)性能稳定性:系统在各种负载和条件下维持性能稳定的能力。性能稳定性要求系统在面对不同的工作负载或工作环境时,仍能保证响应时间和处理能力的一致性。

(5)恢复能力:系统在发生故障后,迅速恢复到正常运行状态,并且恢复数据或保护数据不受损失的能力。

服务稳定性的核心主要包括可靠性和可用性两部分,可靠性和可用性又主要受 MTTF、MTTR 和 MTBF 三个因素的影响。如图 2-1 所示,T1 为系统无故障时间,T2+T3 为系统故障时间,T1+T2+T3 为故障间隔时间。

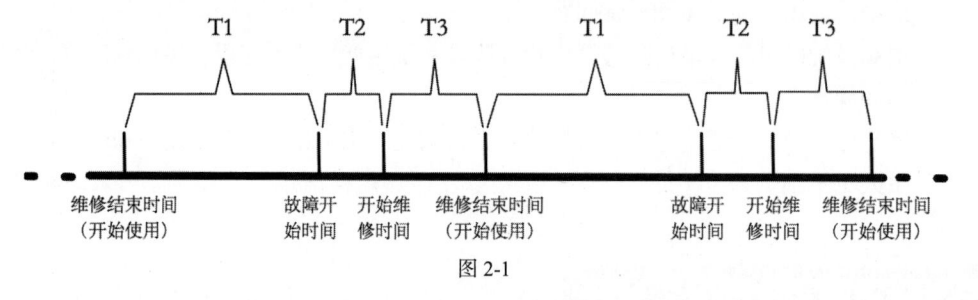

图 2-1

◎ MTTF(Mean Time To Failure,平均无故障时间):指系统从开始正常运行到发生故障的所有时间段的平均值,$MTTF = \sum T1/N$。

2.2 服务稳定性的度量标准

- ◎ MTTR（Mean Time To Repair，平均故障修复时间）：指系统从发生故障到维修结束的所有时间段的平均值，MTTR = $\sum(T2+T3)/N$。
- ◎ MTBF（Mean Time Between Failure，平均故障间隔时间）：指系统两次故障发生时间之间所有时间段的平均值，MTBF = $\sum(T2+T3+T1)/N$。

无论是系统的可靠性还是可用性，都指系统在规定的时间内及一定的环境和约束条件下，提供正确或期望功能的概率，只是其关注点和量化指标不同而已。

- ◎ 可靠性的度量标准是 MTBF，提高可靠性需要强调减少系统发生故障的次数。
- ◎ 可用性的度量标准是 MTTF，计算公式为：Availability = MTBF/(MTBF + MTTR)。因为很难避免发生故障，所以提高可用性需要强调在故障发生后缩短系统的恢复时间。

举例说明：

系统 A 每年因故障中断 10 次，每次恢复系统平均需要 20 分钟；系统 B 每年因故障中断 2 次，每次恢复系统平均需要 300 分钟。这样看，与系统 B 相比，系统 A 的可用性高，但可靠性低。

系统 C 每年因故障中断 10 次，每次恢复系统平均需要 20 分钟；系统 D 每年因故障中断 2 次，每次恢复系统平均需要 100 分钟。这样看，与系统 D 相比，系统 C 的可用性相同，但可靠性低。

可以看出，服务稳定性主要取决于 MTBF 和 MTTR，所以提高服务稳定性的基本方法：提高 MTBF，降低 MTTR，即尽量减少故障发生次数，在故障发生时尽快恢复系统。表 2-2 体现了 MTBF 与 MTTR 之间的关系。

表 2-2

一级分类	二级分类	不稳定因素	提高 MTBF（减少故障发生次数）	降低 MTTR（尽快恢复故障）
人为因素	代码和配置问题	代码逻辑错误 异常处理不合理 未遵循代码规范 代码出现死循环 代码出现空指针 在循环过程中调用外部资源 超时设置不合理 限流阈值设置不合理 配置出错 配置和环境不匹配	流量控制： • 负载均衡 • 限流 • 超时策略 • 无状态 容量控制： • 熔断 • 降级 • 隔离 • 冗余备份 • 依赖解耦	监控告警： • 业务监控 • 系统监控 • 基础监控 • 财务核对 故障自动恢复： • 自动降级 • 失效转移 • 快速失败 • 自动容错 • 自动执行预案
	系统设计问题	服务循环依赖调用 分布式事务设计不合理	• 补偿机制	

第 2 章　服务稳定性治理

续表

一级分类	二级分类	不稳定因素	提高 MTBF （减少故障发生次数）	降低 MTTR （尽快恢复故障）
		接口幂等设计不合理 缺乏失败补偿重试机制 流量突增，打垮服务 服务雪崩	测试管控： • 线上测试隔离 • 自动化回归测试 变更管控： • 灰度发布 • 流量灰度 • 回滚方案 • 上线审批 • 监控告警	人工运维： • 可回滚 • 可重启 • 快速扩容 • 流量摘除
	存储问题	数据库： • 缺乏索引，导致慢查询 • 查询结果量大，出现慢查询 • 大表关联查询，出现慢查询 • 大事务导致死锁风险 • 大事务导致吞吐量低 • 连接池打满 缓存问题： • 缓存命中率低 • 缓存溢出 • 缓存更新不及时	缓存一致性 分布式事务 数据一致性 读写分离 数据同步 横向扩容 纵向扩容	
	资源不足	磁盘打满 CPU 打满 内存不足 线程耗尽	单机房多实例 同城双活 对等冗余 多运营商	
自然因素	网络问题	通信线路故障 路由器故障 光纤网线故障	带宽评估 两地三中心 三地五中心	
	服务器问题	服务器宕机 机房停电		
	第三方服务问题	第三方服务出现问题 服务欠费 证书到期 被第三方风控系统拉黑		

2.3 服务稳定性治理的方法

服务稳定性治理面临的主要挑战如下。

- ◎ 故障有随机性：例如硬件、网络等突发性故障。
- ◎ 系统规模大：例如交易链路长、外部依赖关系多等。
- ◎ 系统变化频繁：例如节假日流量大增、新功能迭代发布等。
- ◎ 故障影响范围广：例如系统可能涉及 C 端、B 端、商户端和管理端等的不同用户。

Google 的 SRE 工程师 Mikey Dickerson 在 2013 年提出一个关于服务稳定性治理的七层模型，如图 2-2 所示。

产品设计
软件开发
容量规划
测试+发布管控
复盘/根因分析
应急响应
可观测性

图 2-2

图 2-3 展示了该模型各层的详细信息。可以看出，金字塔的上 4 层用于做好事前预防，避免或减少问题的发生，提高 MTBF；下 2 层用于在事中及时发现和处理问题，有效降低 MTTR；复盘/根因分析层用于在事后做好事故复盘，事故复盘不是为了追究某人的责任，而是为了更好地总结、沉淀经验，避免再次发生类似的问题。

事前、事中和事后的服务稳定性治理的方法如图 2-4 所示。

第 2 章　服务稳定性治理

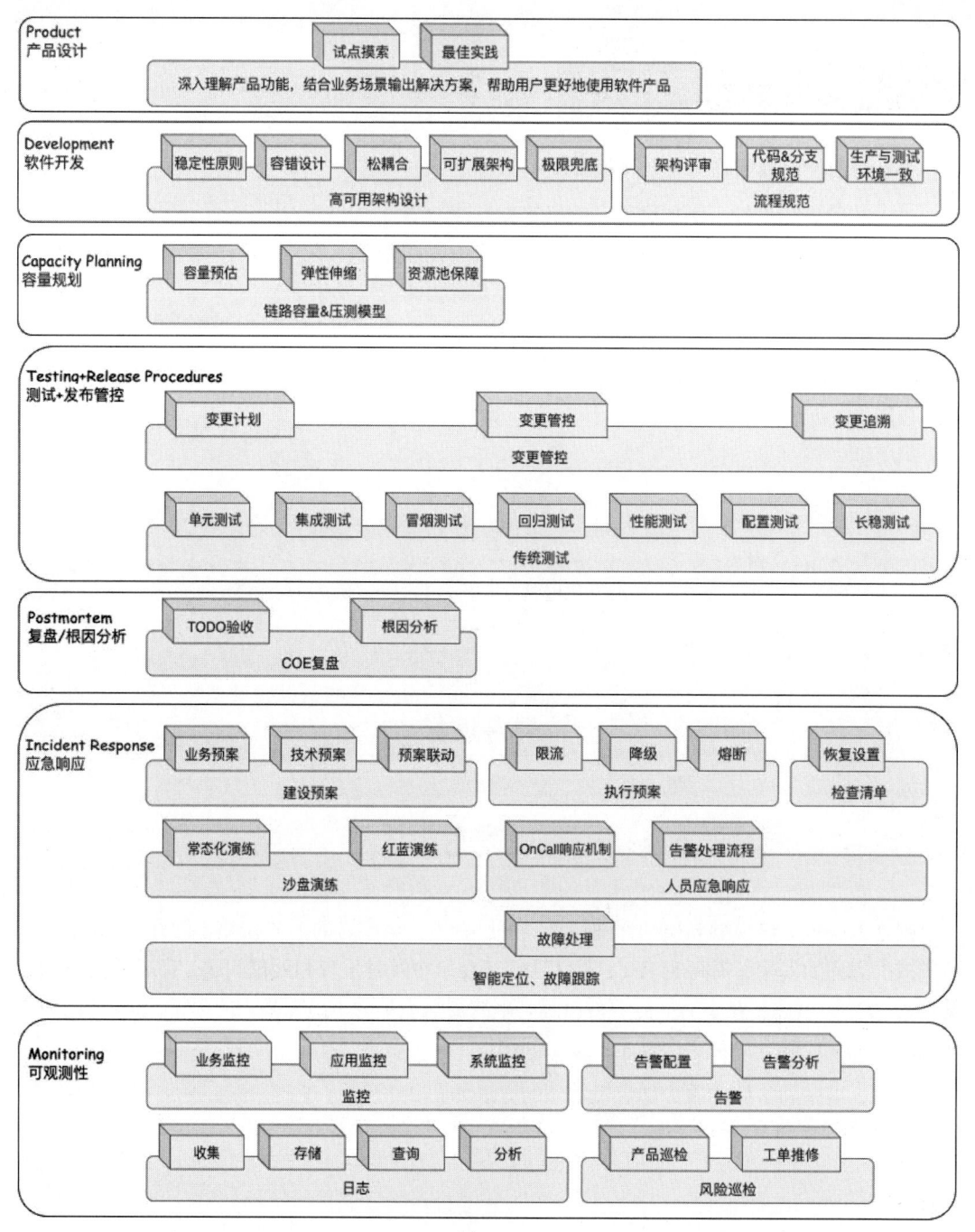

Product 产品设计
- 试点摸索
- 最佳实践

深入理解产品功能，结合业务场景输出解决方案，帮助用户更好地使用软件产品

Development 软件开发
- 稳定性原则
- 容错设计
- 松耦合
- 可扩展架构
- 极限兜底

高可用架构设计

- 架构评审
- 代码&分支规范
- 生产与测试环境一致

流程规范

Capacity Planning 容量规划
- 容量预估
- 弹性伸缩
- 资源池保障

链路容量&压测模型

Testing+Release Procedures 测试+发布管控
- 变更计划
- 变更管控
- 变更追溯

变更管控

- 单元测试
- 集成测试
- 冒烟测试
- 回归测试
- 性能测试
- 配置测试
- 长稳测试

传统测试

Postmortem 复盘/根因分析
- TODO验收
- 根因分析

COE复盘

Incident Response 应急响应
- 业务预案
- 技术预案
- 预案联动

建设预案

- 限流
- 降级
- 熔断

执行预案

- 恢复设置

检查清单

- 常态化演练
- 红蓝演练

沙盘演练

- OnCall响应机制
- 告警处理流程

人员应急响应

- 故障处理

智能定位、故障跟踪

Monitoring 可观测性
- 业务监控
- 应用监控
- 系统监控

监控

- 告警配置
- 告警分析

告警

- 收集
- 存储
- 查询
- 分析

日志

- 产品巡检
- 工单推修

风险巡检

图 2-3

图 2-4

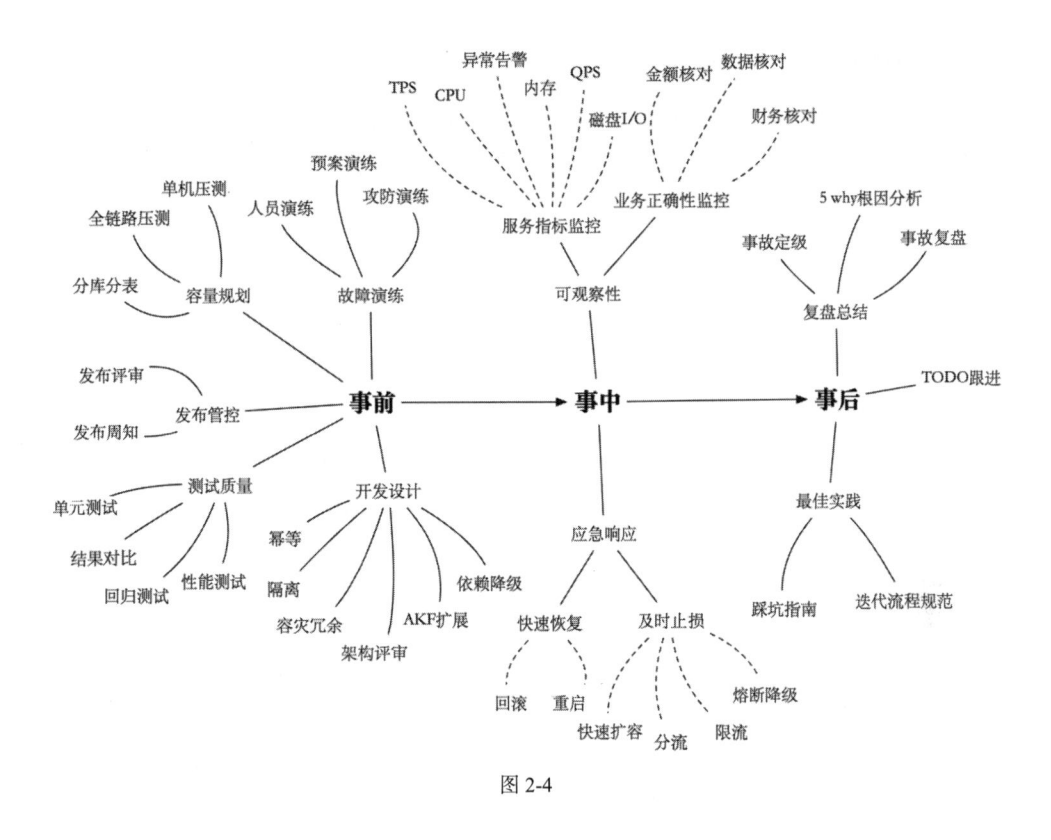

2.4 如何做好服务稳定性治理

服务稳定性治理是一项重要且长期的工作，只要系统服务还在运营，只要有业务需求迭代，就需要去做。接下来讲解如何做好服务稳定性治理。

2.4.1 提升团队的意识

大部分系统故障是人为因素导致的，例如代码逻辑错误、配置操作失误、系统设计不合理等。所以，提升团队意识是预防系统故障的关键，主要涉及以下内容。

1. 主人翁意识

主人翁意识指要有责任心、对线上系统有敬畏心，能按规范和流程执行，不触犯红线，主要体现为认真负责、积极主动，这样就可以将系统的具体模块或服务划分给指定的人负责，并明确权责机制。

2. 值班制度保障

为了快速处理生产故障或者重大事件，企业或公司要在某段时间内指定某个人或者某组人，在某个模块出现生产故障或者重大事件时，第一时间通过短信、电话或邮件等通知该模块的负责人。该模块的负责人必须停下手里的一切事务，立即处理生产故障或重大事件。

3. 应急能力培养

应急能力培养主要涉及以下内容。

- 风险点预判：评估各种潜在风险，例如接口幂等不合理、数据不一致、人为配置出错等，并评估影响。
- 编写应急预案和故障恢复方案：根据风险点预判结果，制定相应的应急预案和故障恢复方案。应急预案包括详细的行动步骤、责任人和联系方式等，以确保在发生故障时迅速、有序地应对。故障恢复方案则是针对故障发生后的恢复工作进行规划和安排，确保系统尽快恢复运行。
- 预案演练：为了验证应急预案和恢复方案的有效性，需要定期进行预案演练，即通过模拟真实场景，检验应急团队的反应能力和协调能力，发现潜在问题并改进。
- 实施应急预案和故障恢复方案：根据预案演练结果，及时修订、完善应急预案和故障恢复方案。在发生故障时，应急团队应迅速、准确地执行应急预案和故障恢复方案。
- 故障复盘：在故障发生后应进行故障复盘，分析故障原因并总结经验和教训。

2.4.2 提升团队的设计能力

稳定性治理是需要全员参加的"马拉松"，需要提升团队的设计能力。

1. 稳定性与成本效益

对稳定性与成本效益的权衡是设计和运维过程中的关键考量因素。稳定性的提升往往伴随着更多的硬件投入、软件开发与维护成本。追求绝对的稳定性，可能影响整体的经济效益。

对于未承载关键业务的系统，不必追求绝对的稳定性，适度的系统中断或性能波动可为节约成本提供空间。例如，对于一些后台处理系统，可以接受短暂停机。

对于承载关键业务的系统，例如金融交易平台，必须保持其高稳定性，因为任何故障都可能带来重大影响。

综上所述，对稳定性与成本效益的权衡应基于系统的具体需求和应用背景。合理的做法：针对不同的场景制定差异化的稳定性标准，确保既满足业务需求，又将成本控制在合理的范围内。

2. 面向失败设计系统

因为系统构建在硬件、操作系统、网络等基础设施之上，并且可能依赖中间件、数据库、第三方系统等，其中的每个程序都有可能崩溃，所以我们必须面向失败设计系统，具体设计思路如下。

1）防御性设计

防御性设计旨在提高系统的稳定性、可靠性和安全性，通过预防和处理潜在的错误、异常和攻击，保护系统免受潜在的威胁。防御性设计主要涉及以下内容。

- 容错性：在设计系统时要考虑到可能出现的错误和异常，提供相应的容错机制。例如，使用异常处理机制来捕获和处理可能出现的错误和异常，避免系统崩溃等。
- 输入验证：对于用户输入的数据，要进行严格的验证和过滤，防止用户恶意输入或非法操作。
- 安全性：在设计系统时要考虑安全性，进行身份验证、权限控制、数据加密等。

2）边界情况设计

边界情况设计指在设计程序或系统时，要重点考虑极端或者特殊的情况。边界情况通常是一些特殊的值或边缘值，可能导致程序或系统产生异常或不符合预期的行为，例如一些非常规或异常的输入等。要考虑到输入边界，例如最小值、最大值或临界值等，确保系统正确处理输入边界。

3）防误措施设计

防误措施设计旨在通过设计和实施措施，防止或减少人为错误的发生。常见的防误措施如下。

- 设计易于理解和操作的工作流程，确保工作流程简单明了，易于理解和操作。
- 标准化工作程序和操作规范，确保按照规定的步骤进行。
- 使用自动化脚本或者工具来代替人为操作。
- 为员工提供必要的培训和教育，确保其了解正确的工作方法和操作规范。
- 在关键环节实施双重检查机制，确保错误可被及时发现和纠正。
- 定期收集和分析错误案例，找出原因，并采取相应的改进措施。

4）解耦设计

解耦设计指将系统的各个组件或模块之间的依赖关系降到最低程度，以减少故障传播和提高系统的可靠性。解耦的目标是使系统的各个部分都能独立运行和演化，当其中一部分发生故障或需要修改时，不会对其他部分产生重大影响。常见的解耦方式如下。

第 2 章　服务稳定性治理

- 接口设计：通过定义清晰的接口和协议，将系统的各个组件之间的通信和交互方式解耦。在修改或替换其中一个组件时，不影响其他组件的正常运行。
- 消息队列：将消息队列作为组件之间的中间件，用于消息的发送和接收方式的解耦。这样，即使某个组件发生故障或暂时不可用，消息仍可被缓存在队列中，待组件恢复后再进行处理。
- 异步通信：采用异步通信的方式，将组件之间的调用关系解耦。这样，当一个组件需要调用另一个组件时，可以异步发送请求并继续执行其他任务，不会因为等待系统响应而阻塞进程。
- 服务拆分：将系统拆分为多个服务或微服务，每个服务都负责独立的功能，并通过接口进行通信。这样，当需要修改或扩展某个功能时，只需修改或替换相应的服务，不会对整个系统产生影响。当然，在服务拆分过程中需要掌握分寸，避免过度拆分。

总之，通过解耦系统中的各个组件或模块，可以提高系统的可靠性和可维护性，降低故障传播风险。通过解耦设计还可以提供更好的扩展性和灵活性，使系统更容易升级和演化。

5）舱壁模式设计

舱壁模式设计旨在限制故障的传播，可确保系统中的一个或者部分故障不会影响系统的其他部分，从而提高系统的可用性和稳定性。舱壁模式的主要运行逻辑是将系统中的各个功能或服务都分隔到独立的容器或进程中，使每个容器或进程都有自己的资源和运行环境。当一个容器或进程发生故障时，该故障只会影响该容器或进程内的功能，不会影响其他容器或进程。常见的舱壁模式如下。

- 服务隔离：将不同的服务部署在独立的服务器中，每个服务都有自己的资源和运行环境。当一个服务发生故障时，其他服务仍然可以正常运行。
- 资源隔离：为每个功能或服务都分配独立的资源，例如内存、CPU、网络带宽、数据库等。当一个服务占用过多的资源或发生故障时，不会影响其他功能或服务的正常运行。
- 错误隔离：在系统设计中引入错误处理和容错机制，例如超时控制、重试策略、熔断器等，以隔离和限制故障的传播。

6）冗余设计

冗余设计指在系统设计中，为了应对可能发生的故障或失败，采取冗余措施来提高系统的可靠性和容错性。常见的冗余设计如下。

- 系统冗余：通过在系统中使用冗余的软件模块或组件来提高系统的容错性。例如，在分布式系统中可以使用多个相同的软件节点来处理相同的任务，当其中一个节点发生故障时，其他节点可以接管其工作，以确保系统正常运行。
- ◎ 数据冗余：通过在系统中存储多个数据副本或备份的数据，来提高系统的可靠性和数据的可用性。例如，在分布式系统中可以将数据分布在多个节点上，并在不同的节点上存储副本，当其中一个节点发生故障时，可以通过在其他节点上获取数据来确保数据的可用性和一致性。

冗余设计虽然可以有效提高系统的可靠性和容错性，但也会增加系统的成本和复杂度。因此，在进行冗余设计时需要权衡成本和收益，并根据系统的需求和可用资源做出合理的设计决策。

7）重试机制设计

重试机制用于处理网络故障、系统错误或其他原因导致的操作失败。通过多次重试可解决问题，提高系统的可靠性和容错性，确保操作最终成功完成。常见的重试机制如下。

- ◎ 简单重试：当操作失败时，系统会立即尝试重新执行相同的操作。对于重试次数，可以事先设定，若达到最大重试次数仍然失败，则系统会放弃重试并报告错误。
- ◎ 递增重试间隔：应该延长每两次重试之间的等待时间。这是为了避免在系统出现问题时连续发送请求，以加重系统负载或导致更多的错误。
- ◎ 随机化重试间隔：为了避免多个系统同时进行重试，可以在每两次重试之间都引入随机的等待时间。这样可以减少竞争和冲突，提高系统的稳定性。
- ◎ 退避策略：若重试多次仍然失败，则可以采用退避策略。退避策略指在每两次重试之间都增加更长的等待时间，以便给系统更多的时间来恢复，可以避免系统过度负载和崩溃。

总的来说，虽然重试机制是一种面向失败的设计策略，但应该谨慎使用它。在设计重试策略时，需要考虑系统的可用性、性能和资源消耗，并遵循最佳实践结果来确保系统的稳定性和可靠性。

8）回滚方案设计

回滚方案用于在一个操作出现错误或故障时，将系统恢复到之前的稳定状态，从而避免错误对系统的持续影响。常见的回滚方案如下。

- ◎ 事务回滚：在数据库操作中，当某次操作失败或发生错误时，可以回滚事务，撤销之前的错误操作，将数据库恢复到操作之前的状态。
- ◎ 接口回滚：在接口调用过程中可能涉及多次业务操作，当其中的某次业务操作发生异常或错误时，可以通过调用回滚接口来撤销之前的业务操作。例如，若扣费成功却下单失败，则需要调用退费接口来实现回滚操作。

第 2 章　服务稳定性治理

- 发布回滚：指在开发和部署软件时备份一个稳定版本，在发布新版本时若出现问题，则可以快速回滚到之前的版本，以免影响用户的使用体验和系统的正常运行。

在选择回滚策略时需要考虑以下几方面。

- 定义回滚点和回滚策略：即在哪些情况下触发回滚操作，以及如何回滚到之前的状态。
- 考虑回滚操作可能引发的副作用：例如回滚可能导致数据丢失或不一致。
- 监控和记录回滚操作：这样做便于分析系统故障和优化系统性能。
- 考虑回滚操作的性能和可行性：这样做便于确保回滚操作的效率和提升系统的可靠性。

9）熔断机制设计

假设在一个微服务系统中，服务 A 调用服务 B，若服务 B 响应超时，则会导致服务 A 的大量请求积压，最终形成雪崩效应。熔断机制是应对雪崩效应的一种服务链路保护机制：当服务链路中的某个服务不可用或者响应时间太长时，会进行服务降级，进而熔断该节点的调用，快速返回错误的消息。

10）降级方案设计

熔断用于直接切断服务，以防异常扩大，导致系统崩溃。服务降级是一种更温和、优雅的熔断策略，目标是尽可能提供更多的服务。例如，在秒杀场景下，为保证核心服务（如商品下单、支付服务）的正常运行，可能会放弃一些非核心服务。

11）故障自愈能力设计

故障自愈能力指在进行系统设计和实施时遇到硬件或软件故障后，能够正常运行或者尽快恢复正常运行的能力。故障自愈能力通常包括以下维度。

- 快速失败：是一种软件开发和系统设计原则，强调在系统发生错误或异常时，立即停止程序的执行并报告错误，以防错误面进一步扩大或者浪费资源。例如，在接口或者方法入口执行参数验证操作，若验证失败，则直接返回错误的消息。
- 失效转移：指在系统发生故障或失效时，自动切换到备用系统或节点，以确保系统的持续可用性和可靠性。失效转移通常通过监控系统的状态和性能来实现，在主系统发生故障后，备用系统会接管主系统的工作，确保业务的正常运行。例如，在 Elasticsearch 集群中的主节点发生故障后，该集群可以很快重新选举出一个新的主节点。
- 失效安全：指在系统中的某个组件或部件发生故障或失效时，系统仍能保持安全性和提供功能。

3. 充分测试

充分测试指对软件系统进行全面、彻底的测试，以确保软件的质量和稳定性。充分测试包括以下几方面。

- ◎ 功能测试：对软件的各项功能进行测试，验证软件是否按照需求规格书中的要求正常工作。
- ◎ 性能测试：测试软件在不同负载下的性能表现，包括响应时间、吞吐量等。
- ◎ 安全测试：测试软件的安全性，包括对潜在漏洞的发现和处理，以及对软件的数据保护能力的验证。
- ◎ 兼容性测试：测试软件在不同的操作系统、浏览器、设备等中的兼容性。
- ◎ 可靠性测试：测试软件的稳定性和可靠性，包括对软件的容错能力、恢复能力等的验证。
- ◎ 用户界面测试：测试软件的用户界面是否符合用户的使用习惯及是否易用。
- ◎ 回归测试：在软件发生变更或修复其漏洞后，对软件重新进行测试，确保在处理问题的过程中没有引入新的问题。
- ◎ 随机测试：通过随机生成的测试用例对软件进行测试，以发现潜在的问题。

2.4.3 提升服务的可靠性

服务的可靠性指系统在规定的条件下和时间内无故障运行的能力。提升服务的可靠性，也就是减少单位时间内发生故障的概率。我们通常可以采用冗余设计、故障隔离、容量评估和多环境发布等措施，确保服务在应对各种故障和挑战时仍能稳定运行，满足用户的可靠性需求。

1. 冗余设计

冗余设计指在系统中增加设备或功能，以确保系统在发生故障时仍能正常运行。冗余设计旨在提高系统的可靠性和稳定性，减少单点故障导致的系统宕机或数据丢失风险。冗余设计主要包括数据冗余和服务冗余两部分。

- ◎ 数据冗余：通常采用主从架构（Master-Slave Architecture）实现。主从架构指在数据系统中有一个 Master 节点和一个以上 Slave 节点。Master 节点负责处理所有写操作，Slave 节点负责同步 Master 节点上的数据。当 Master 节点发生故障时，Slave 节点可以接管其工作，以防数据丢失。MySQL 的主从架构如图 2-5 所示。
- ◎ 服务冗余：是一种在系统中创建多个相同或相似的服务实例的方法，可确保在一个服务实例发生故障时，其他服务实例可以继续提供服务。这样可避免出现单点故障，提升系统的可靠性和稳定性。

第 2 章　服务稳定性治理

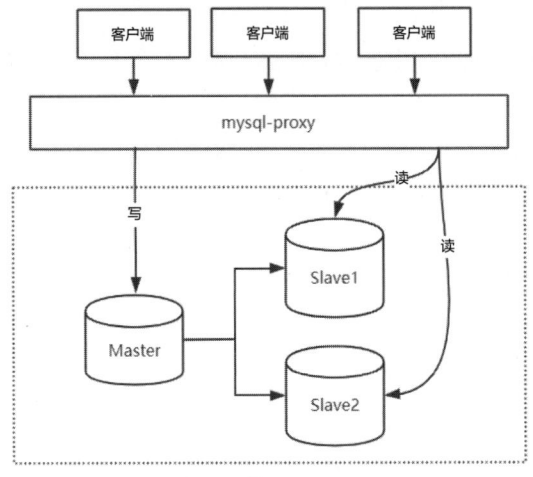

```
  客户端    客户端    客户端
     │        │        │
     ▼        ▼        ▼
  ┌─────────────────────────┐
  │      mysql-proxy        │
  └─────────────────────────┘
       │ 写           ↑ 读
       ▼              │
    ┌──────┐    ┌────────┐
    │Master│───▶│ Slave1 │
    └──────┘    └────────┘
         │      ┌────────┐
         └─────▶│ Slave2 │◀── 读
                └────────┘
```

图 2-5

2. 故障隔离

造船行业往往通过故障隔离模式对船舱进行隔离，通过舱壁将不同的船舱隔离，若其中一个船舱漏水，则只损失该船舱，其他船舱不受影响。

在软件行业中，故障隔离指在设计系统时尽可能考虑故障发生的情况，在故障发生时采取故障隔离措施，将故障控制在局部影响范围内。故障隔离有以下几种方式。

- 线程池隔离：对不同的业务使用不同的线程池，可避免低优先级的任务阻塞高优先级的任务；或者避免在高优先级的任务过多时，低优先级的任务永不执行。
- 进程隔离：将不同的进程隔离，确保它们之间的相互影响最小化。可以通过虚拟化技术、容器化技术或操作系统级别的隔离机制来实现进程隔离。
- 机房隔离：主要用于避免单个机房的网络问题或断电导致的整个系统不可用。
- 读写分离：将对实时性要求不高的读操作放到数据库的从数据库中执行，有利于减轻主数据库的压力。例如，将一些耗时的离线业务 SQL 语句放到从数据库中执行，能够减少慢查询对主数据库的影响，保证线上业务的稳定、可靠。
- 动静隔离：在高并发系统中，我们可以将静态资源和动态资源分离，一般的做法是将静态资源放在 CDN 节点上，在有用户访问页面时，先从 CDN 缓存中获取静态资源，若获取失败，则回到后端服务器中获取。
- 热点隔离：因为秒杀、抢购是典型的热点流量，所以可以将秒杀、抢购服务做成独立的系统进行热点隔离，保证整个系统的可用性。

3. 容量评估

容量评估主要包括对并发量、数据量、网络带宽、CPU、内存、硬盘等多个方面进行评估，确保系统满足业务需求并具有良好的性能表现。

- ◎ 并发量：评估系统在单位时间内能够处理的最大并发请求量，例如最大 QPS 等。
- ◎ 数据量：评估系统需要处理的数据量大小，包括数据库中的数据量、文件存储量等。
- ◎ 网络带宽：评估系统对网络带宽的需求，包括数据传输量、网络连接数等。
- ◎ CPU：评估系统对 CPU 的需求，包括处理器的计算能力、多核处理器的用量等。
- ◎ 内存：评估系统对内存的需求，包括程序运行时的内存占用率、缓存数据量等。
- ◎ 硬盘：评估系统对硬盘存储的需求，包括数据存储量、读写速度等。

4. 多环境发布

多环境发布指在软件开发过程中，将应用程序部署到不同的环境中进行测试和验证，确保软件在正式发布之前不出问题。

- ◎ 灰度发布：指在软件开发和部署过程中，将部分流量引导至一个与生产环境隔离的独立环境中进行测试和验证，通过监控灰度环境中的数据和日志来判断软件是否存在问题，从而决定是否逐步发布或回滚，如图 2-6 所示。

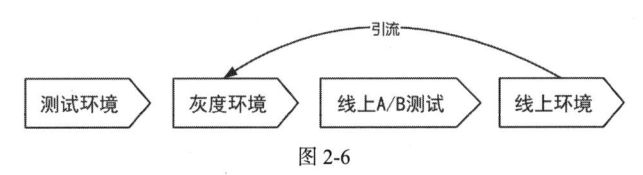

测试环境 → 灰度环境 → 线上A/B测试 → 线上环境（引流）

图 2-6

- ◎ A/B 测试发布：指将用户群体划分为两部分，其中一部分用户继续使用旧的版本 A，另一部分用户使用新的版本 B。若版本 B 的用户体验和效果更好，则可以逐步将所有用户都迁移到版本 B。此方法能确保系统整体的稳定性。A/B 测试的放量策略可以基于设备 ID 或用户 ID 进行区分，或者基于用户画像（如年龄、性别等）进行区分。在实施 A/B 测试时，需要确保单一用户的体验稳定性，不应频繁切换其所使用的版本，以免版本混淆和有不一致的使用体验。

2.4.4　提升服务的可用性

提升服务的可用性指在故障发生后能快速定位和解决故障，从而最大程度地减少服务的停机时间，避免更大的损失。我们通常可以采用自我保护机制、失败补偿机制、主动监控和告警机制，以及自动化运维机制等来提升服务的可用性。

第 2 章　服务稳定性治理

1. 自我保护机制

服务的自我保护机制指服务能够在检测到不正常的情况或压力过大时，自动采取措施来保护自身的稳定运行。这种机制用于防止服务因过载或故障而完全崩溃，影响整个系统的可用性和稳定性。

1）限制连接数

限制连接数是一种关键的资源管理策略，设定每个用户或应用程序的最大并发连接数。当达到限制时，系统将拒绝新的连接请求。合理配置限制的连接数对维护服务的性能和稳定性至关重要，需要平衡服务器的硬件能力和应用需求：过高的连接数限制可能耗尽内存和 CPU，影响服务质量；过低的连接数限制可能妨碍应用正常运行，降低用户体验。因此，在做连接数限制时，需要综合考虑资源容量和业务需求，以实现最佳的系统性能和用户满意度。

2）限制最大线程数

限制最大线程数旨在控制并发线程数量，避免系统资源过度消耗和性能下降。其优点包括：避免资源耗尽，因为线程占用内存和 CPU，若线程过多，则可能耗尽这些资源，影响系统的稳定性和性能；防止过度竞争，若并发线程过多，则会引发资源竞争，例如争夺锁或共享资源，影响系统的响应时间和吞吐量；避免线程爆炸，若有大量线程同时存在，则可能导致系统负载过重，甚至引发内存溢出等问题。在限制最大线程数时，需要根据具体的应用场景和系统的资源情况做调整，以平衡系统的并发能力和资源消耗情况。

3）限制内存占用

限制内存占用旨在控制应用程序对内存的占用，避免内存溢出、系统崩溃和性能下降。不过在做内存占用限制时，应根据应用程序的需求和系统的资源情况进行调整，以平衡对内存的占用和性能需求。另外，应该进行内存泄漏监测和排查，确保应用程序正确释放不再占用的内存。

4）限制数据的大小

限制数据的大小旨在控制应用程序处理的数据量，避免资源过度消耗、性能下降和系统崩溃。例如，在数据库中查询时限制数据的大小（SELECT * FROM table LIMIT 100）。其优点包括：节约资源，避免内存、磁盘空间和网络带宽的过度消耗；提高系统的稳定性，防止数据量过大而导致资源不足，确保应用程序正常运行；提升性能，减少处理大量数据对系统性能的影响。

5）限制超时时间

在调用第三方服务时，为了确保服务的稳定性，需要设置访问的超时时间。若超时时间过长，则可能导致降级失效、系统崩溃和连接池爆满等；若超时时间过短，则可能因网络抖动频繁告警而造成服务不稳定。限制超时时间的原则如下。

- ◎ 上游超时时间应大于下游超时时间。
- ◎ 参考 TP99 分位耗时，建议设置为 TP99 时间的 2 倍。
- ◎ 从用户体验的角度考虑，若用户可接受 2 秒以内的响应时间，则设置超时时间为 2 秒。

6）限流

限流是限制系统输入和输出流量以保护系统的机制，可将其视为一种服务降级方式。常用的限流算法包括计数法、滑动窗口计数法、漏桶算法和令牌桶算法等。系统的吞吐量通常是可测算的，为保证系统稳定运行，一旦达到限制的阈值，就需要限制流量并采取兜底措施，例如延迟处理、拒绝处理或部分拒绝处理等。

7）熔断器

在某些情况下，服务可能因网络超时、系统异常或 CPU 负载过高而暂时失效，导致请求失败。这时，当请求因为等待处理而被挂起时，会消耗大量资源，例如内存、线程和数据库连接，甚至可能耗尽系统资源，影响系统的整体运行。为避免长时间等待和无效重试，最佳做法是让调用操作在无法立即成功时迅速返回错误的消息。熔断器是解决该问题的有效手段，它允许系统在检测到调用失败时快速"熔断"，避免不断尝试失败的调用，从而保护系统资源，维持其他功能的正常运作。同时，熔断器能够监测服务是否恢复正常，一旦将错误修复，系统便可恢复调用操作。此机制确保了系统的弹性和高可用性，以防局部故障扩散为全局故障。

2. 失败补偿机制

失败补偿机制指若用户在使用服务时遇到跟预期不一致的情况，则需要我们通过额外的方式解决问题。最常见的失败补偿机制有回滚、重试和最终一致性等。

1）回滚

一次完整的业务请求是由多个执行步骤组成的，当一个执行步骤出错时，对已经完成的步骤需要执行回滚操作。例如，账号 A 向账号 B 转账 100 元，转账过程为账号 A 减 100 元，账号 B 加 100 元，整个过程为原子操作，结果为全成功或全失败。在账号 A 减 100 元成功且账号 B 加 100 元失败后，需要向账号 A 补偿 100 元，如图 2-7 所示。

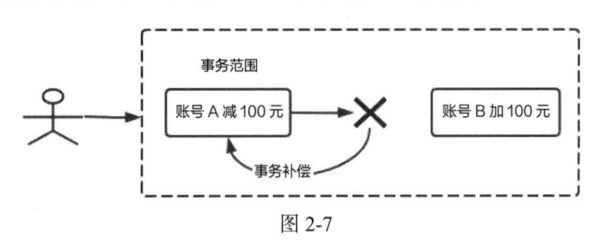

图 2-7

回滚一般分为显式回滚和隐式回滚。

- ◎ 显式回滚：指将系统状态恢复到之前的一致性状态，主要用于撤销已执行的操作或修复系统中的问题。显式回滚要根据业务确定回滚范围，从而指定回滚接口或者事务。
- ◎ 隐式回滚：相对来说使用场景较少。它意味着对回滚不需要做额外的处理，其他服务根据超时失效机制进行回滚。例如，在下单时锁定库存，若在 30 分钟内没有支付成功，则释放锁定的库存。

补偿是一个额外的流程，时效性并不是第一考虑因素，所以做补偿的核心要点是"宁可慢，不可错"。

2）重试

不同于回滚的逆向操作，重试是正向操作，这意味着还有处理成功的机会，如图 2-8 所示。

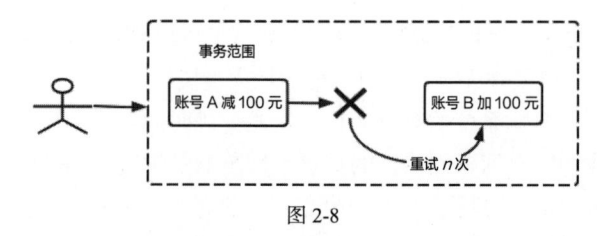

图 2-8

当下游系统返回超时或被限流等时，可以进行重试。但若下游系统返回明确的业务错误、参数错误或 404 错误等消息，则不需要进行重试，因为重试也不会成功。常见的重试策略如下。

- ◎ 立即重试：若故障是暂时性的，例如，有可能是因为网络抖动或高峰限流等造成的，则适合立即重试，但不应该超过 1 次，若立即重试失败，则应该马上改用其他重试策略。
- ◎ 固定间隔：例如每隔 5 秒重试一次。
- ◎ 增量间隔：指每次的重试间隔时间都增量递增，例如第 1 次 0 秒、第 2 次 5 秒、第 3 次 10 秒。这样做的好处是失败次数越多，重试请求频率越低，可避免引起服务雪崩。

然而，重试操作并不是安全的，因为它可能会导致一些问题，需要注意以下事项。

- ◎ 重试接口必须是幂等接口，避免产生重复的脏数据。
- ◎ 重试策略要合适，过度积极的重试策略（例如间隔太短或重试次数过多）会对下游服务造成不利的影响。
- ◎ 一定要给重试机制制定一种终止策略，例如根据重试次数或者返回的错误消息提前终止重试等。
- ◎ 需要衡量增加重试机制的投入产出比。面对一些不很重要的问题时，应该选择快速失败而不是重试。

3）最终一致性

在执行一个任务失败后，为了不阻塞后面任务的执行，会先把失败的任务放入一个失败队列，在所有任务都执行完成后，再去处理失败队列中的任务，做到最终一致性。例如，服务 A 在向下游报账系统发送支付成功的通知时，若发送失败，则可以首先将失败的消息写入服务 A 的本地消息表，然后通过定时任务不断重试，尽力通知下游报账系统支付成功。

3. 主动监控和告警机制

当系统发生故障时，迅速进行故障检测和修复至关重要。为了实现这一目标，必须建立健全的主动监控和告警机制，以确保在故障发生的初始阶段及时通知相关维护人员，使其立即进行系统恢复。监控分为以下几种。

- 基础监控：指对系统、应用程序、网络和服务器等基础设施进行实时监测和收集关键指标，确保基础设施的正常运行，并及时发现和解决潜在的问题。监控工具有 Zabbix、Nagios、Prometheus 等。
- 系统监控：主要关注服务实例、中间件、CPU、内存、硬盘等基础服务的运行情况。监控工具有滴滴公司开源的夜莺（Nightingale）等。
- 业务监控：通过采集应用程序中的接口数据，例如接口的请求次数、成功率和响应时长等，产出接口级别的监控指标，以接口级别的数据反映业务的健康状况，从而完成对业务的监控。监控工具有 Prometheus、SkyWalking、美团开源的 CAT 等。
- 用户反馈监控：用户反馈作为一种兜底监控，主要在舆情、工单、客诉等方面收集用户对功能可用性的反馈。

4. 自动化运维机制

自动化运维指利用自动化技术或工具来管理应用程序。通过对常见的场景执行重启、扩容和回滚操作，编写对应的脚本或工具进行自动化运维，可以提高效率，减少人为错误。

- 快速重启：当故障发生时，若流量远小于集群的容量，则可以先快速重启一台服务器。例如，若在服务器重启后问题得到解决，则可在保证容量的前提下将剩余的机器分批重启。
- 快速扩容：当系统负载过高或资源不足时，重启服务会让资源更加紧张，这时可以进行快速扩容，以增加更多的资源来满足需求。
- 快速回滚：若在发布服务时发生故障，并且定位到故障是由于最新的发布操作导致的，则需要快速回滚，这可能涉及撤销更新或修复错误的数据等操作。在实际操作中可以通过自动化工具或手动操作来快速回滚服务，以最大程度地减少对用户和业务的影响。

◎ 人工降级：对一些低优先级的功能或者新上线的功能添加开关，若有问题，则可以及时人工关闭该功能。例如，若在搜索项目中因查询过多导致 Elasticsearch 集群压力过大，则可以手动关闭索引的全量创建和增量创建功能。

2.5 服务稳定性可观测能力建设

服务稳定性可观测能力指对服务运行状态、性能和行为的监控、追踪和分析能力。它允许开发和运维团队在不同的系统层面收集数据，以便了解服务的健康状况、发现潜在问题并进行故障排除。服务的可观测性通常涵盖四个核心组成部分：日志（Log）、追踪（Trace）、指标（Metric）和告警（Alert），简称 "LTMA"。

◎ 日志：日志记录了服务运行时产生的事件和状态信息，是诊断问题、理解系统行为的重要手段。
◎ 追踪：追踪技术允许开发者查看请求在分布式系统中的流转路径。通过记录请求在分布式系统中从入口到出口的完整路径，可以识别服务中的延迟瓶颈、调用异常和服务依赖问题，从而优化系统性能。
◎ 指标：指标是衡量系统健康状况的量化数据，例如错误率、响应时间、吞吐量和资源利用率（如 CPU、内存、磁盘）等，用于实时监控服务的性能和资源使用情况，以及进行长期的趋势分析。
◎ 告警：根据预定义的规则，当监控到的指标超出阈值时，系统会自动告警，快速通知团队成员有潜在的系统问题，以便其及时响应。

2.5.1 关于日志打印的最佳实践

日志打印是软件开发和运维中的重要环节，有助于监控应用程序的运行状态，以及进行问题诊断和性能分析。然而，在某些情况下会有很多系统服务打印无效的日志，日志格式和级别也不规范，导致不能通过有效的监控告警第一时间发现线上问题，延长了解决问题的时间。以下是关于日志打印的最佳实践。

1. 日志格式清晰

在服务端打印的日志应该格式清晰、一致，并且包含足够的信息，以便问题追踪和诊断。推荐的日志格式如下：

[时间戳] [日志级别] [线程名] [日志链路 id] [服务名/模块名] [接口名] [方法名] - [日志信息] [错误码] [上下文内容]

对其中的字段说明如下。

◎ 时间戳：记录事件发生时的确切日期和时间。推荐使用 ISO 8601 标准格式，例如 2023-04-01T12:00:00Z。
◎ 日志级别：指日志消息的重要性级别，例如 DEBUG、INFO、WARN、ERROR 和 FATAL。
◎ 线程名：记录生成日志条目的线程名称，有助于在多线程环境中追踪日志来源。
◎ 日志链路 ID（Trace ID）：提供唯一的事务标识符，用于关联某操作流程中的多个日志条目。
◎ 服务名/模块名：指明产生日志的服务或代码模块的名称。
◎ 接口名：提供产生日志的接口名称，在面向接口编程的服务中尤其有用。
◎ 方法名：记录生成日志的具体方法或函数名称，有助于定位到产生日志信息的代码位置。
◎ 日志信息：具体的日志信息，描述发生了什么事件。
◎ 错误码：若日志信息有问题，那么提供的错误码可以帮助我们迅速识别问题的性质。
◎ 上下文内容：提供更多的关于日志事件的上下文信息，例如请求的 URL、IP 地址、输入参数、响应结果、用户 ID、单据 ID、请求 ID 等。但是需要避免打印敏感信息，例如身份证号、银行卡号、密码等，防止日志文件泄露导致的用户敏感信息泄露。

这个格式是结构化的，易于我们阅读和解析，也适合日志分析工具处理。在实际应用过程中，可以根据具体需求调整和扩展这个格式。例如，若使用 JSON 格式记录日志，那么日志条目可能看起来如下：

```
{
 "timestamp": "2023-04-01T12:00:00Z",
 "level": "ERROR",
 "threadName": "thread-1",
 "traceId": "traceid-12345",
 "serviceName": "AuthService",
 "interfaceName": "IAuthenticationService",
 "methodName": "authenticateUser",
 "message": "Failed to authenticate user",
 "errorCode": "AUTH001",
 "context": {
  "method": "POST",
  "url": "/api/v1/auth/login",
  "remoteIp": "192.168.1.100"
 }
}
```

2. 在关键时刻记录日志

在服务端记录日志可以帮助开发团队和运维团队更有效地监控服务的状态，快速响应问题，并提供必要的信息以供后续分析和解决问题。但是，应该避免记录无关紧要的信息，以免造成日志泛滥和性能下降。以下是关于在何时记录日志的建议。

- 代码初始化或逻辑入口：在服务启动时记录关键的启动参数和配置信息，以 INFO 级别的日志来打印服务的启动状态和核心模块的初始化细节。
- 异常处理：在捕获到异常时，应该记录详细的异常信息和调用栈信息。根据异常的严重程度，使用 WARN 或 ERROR 级别来记录异常。
- 业务流程异常：在业务逻辑中，若结果与期望不符，则应记录相关日志。对于所有重要的业务分支，特别是涉及外部参数校验失败或数据处理错误的情况，都应记录相应的日志。
- 核心业务逻辑：对于系统中的核心业务逻辑和关键动作，将其记录为 INFO 级别的日志，以便问题排查和分析。
- 第三方服务调用：在进行第三方服务调用时，记录请求和响应的详细参数，以便跨服务的问题定位。可以根据需要，将这种日志设置为 INFO 或 DEBUG 级别，确保在需要时提供足够的信息。

3. 设置日志级别

日志级别允许开发者和运维人员根据不同的应用场景选择适当的日志详细程度。常见的日志级别有 DEBUG、INFO、WARN、ERROR 和 FATAL，分别对应不同的日志详细程度，包括从最详细的调试信息到最严重的错误信息。在开发环境中通常将日志级别设置为 DEBUG 或 INFO，以便捕获尽可能多的程序运行细节；而在生产环境中，为了优化性能和减少日志存储量，通常将日志级别设置为 WARN 或 ERROR，只记录潜在的问题和系统错误。通过配置文件或环境变量，可以灵活地调整日志级别，以满足不同的环境或情况对日志的需求。以下是设置日志级别时需要注意的事项。

（1）不可直接使用 Log4j2、Logback 的 API，应使用 Facade 日志框架 SLF4J 中的 API，以及 Facade 模式的日志框架，这有利于保持与各个类的日志处理方式统一。并且要将日志对象声明为 "private static final"。代码示例如下：

```
// 示例一：直接使用 SLF4j Logger
import org.slf4j.Logger;
import org.slf4j.LoggerFactory;
private static final Logger logger = LoggerFactory.getLogger(Test.class);

// 示例二：或者使用 Lombok 和注解
```

```
import lombok.extern.slf4j.Slf4j;
@Slf4j
public class Test {}
```

对于打印日志，推荐使用占位符，并且需要进行日志级别的开关判断。代码示例如下。在示例二中，若不进行日志级别的开关判断，则在 INFO 日志级别下虽然不会打印 DEBUG 级别的日志，但是会执行字符串拼接操作。若 symbol 是对象，则还会执行 toString() 方法，既浪费系统资源，也不会打印最终日志。

```
// 示例一：使用占位符打印日志
logger.info("Processing trade with id: {} and symbol : {} ", id, symbol);

// 示例二：日志级别的开关判断
if (logger.isDebugEnabled()) {
    logger.debug("Processing trade with id: " + id + " and symbol: " + symbol);
}
```

（2）在用户输入参数错误的情况下，可以使用 WARN 级别来记录日志，避免用户投诉时无所适从。如非必要，请不要在用户输入参数错误的情况下打印 ERROR 级别的日志，从而避免频繁告警。因为 ERROR 级别的日志是需要人工马上关注的，所以 ERROR 级别的日志只记录系统逻辑错误、异常或者其他重要的错误。

（3）为了减少误报、重复告警，并且提高日志打印效率，既不要打印重复的日志，也不要在循环过程中打印日志。建议只打印必要的参数，不打印整个对象。

2.5.2 使用 APM 工具进行全链路追踪

在微服务架构下，系统众多，系统之间的交互关系复杂，一些高并发服务每天都会输出几千万甚至上亿条日志，为了快速且高效地定位和解决问题，需要使用 APM（应用性能管理）工具对服务进行全链路追踪。

APM 工具用于追踪每个请求在各个服务和组件中从开始到结束的全链路信息，帮助开发团队和运维团队了解系统运行状况，识别性能瓶颈，优化用户体验。本节通过一个案例讲解如何使用 APM 工具来排查线上用户下单丢单的问题。

1. 线上用户下单丢单问题分析

某用户反馈自己在礼品商城中下单支付成功，系统也显示了订单信息，但一直未收到礼品。该礼品商城在下单流程中的服务调用关系如图 2-9 所示。

第 2 章　服务稳定性治理

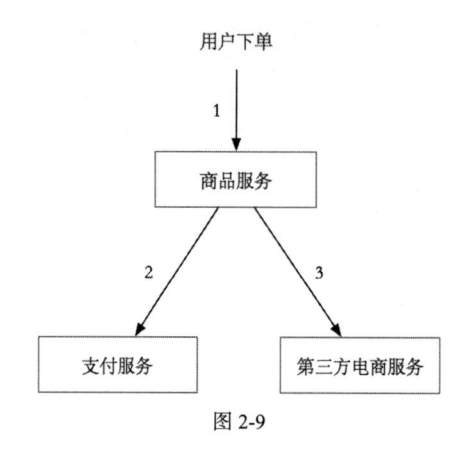

图 2-9

由于该问题只是个人用户的偶发问题，很难复现，所以开发者只能在日志中心根据用户 ID、下单时间和订单号进行分析。因为系统服务有基于调用链的服务治理，所以开发者第一时间找到了该用户下单时的调用链 Trace ID，然后根据 Trace ID 在 APM 工具中搜索调用链关系。奇怪的是，在这个调用链中居然没有调用第三方电商服务的记录，即在整个调用过程中有丢失 Trace ID 的情况。

2. 分布式链路追踪

在该案例中，系统采用了自研开发的分布式链路追踪工具，该工具的设计灵感来源于 Google Dapper，专门收集和整理服务之间的调用链信息。该工具完整的分布式请求流程如图 2-10 所示。

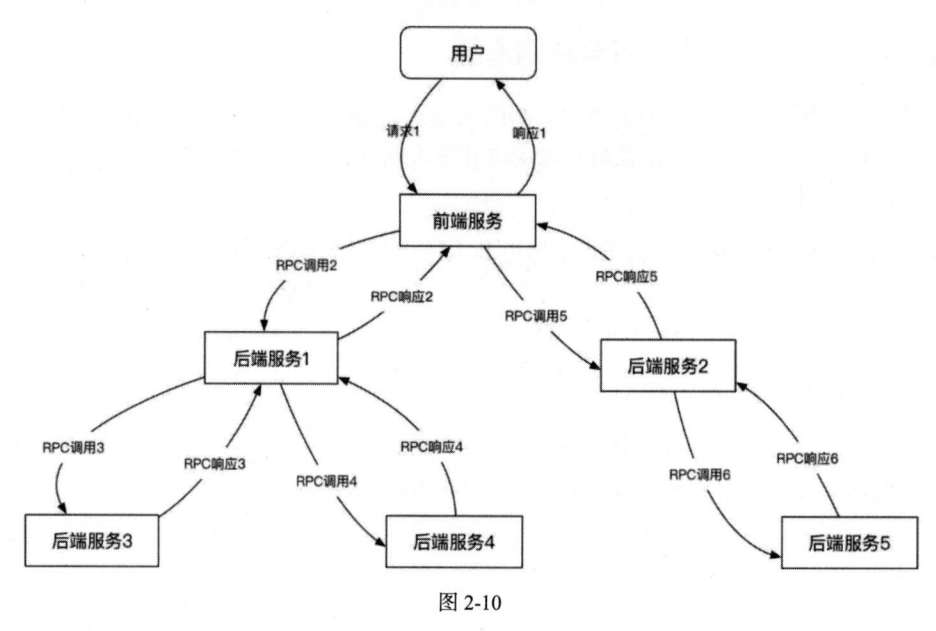

图 2-10

不难发现，要想直观、可靠地追踪多项服务的分布式请求，最需要关注每组客户端和服务端之间的请求响应及响应耗时。因此，该工具采用了对每个请求和响应都设置标识符和时间戳的方式来实现全链路追踪。其追踪树模型大概如图 2-11 所示。

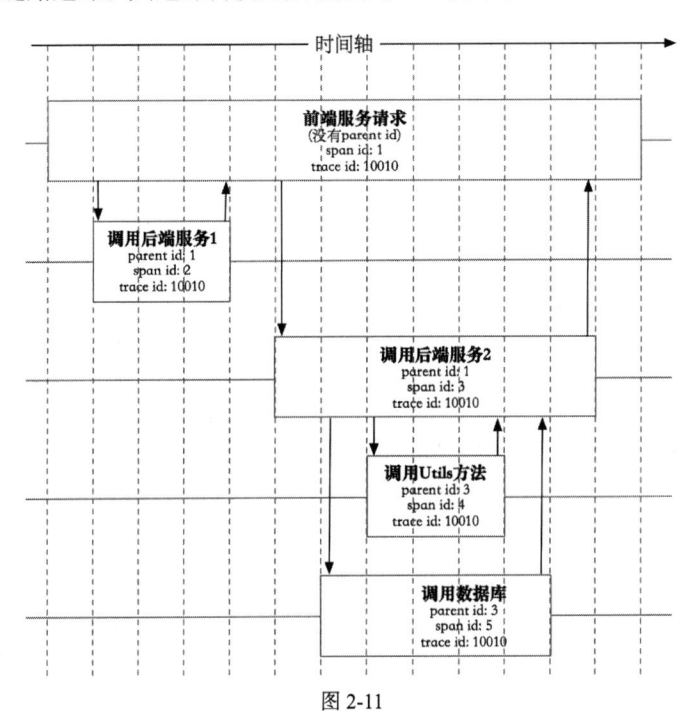

图 2-11

追踪树模型由 Span 组成，其中的每个 Span 都包含 span id、parent id 和 trace id 等字段。通过进一步分析追踪树模型中各个 Span 之间的调用关系可以发现，其中没有 parent id，并且 span id 为 1 代表根服务调用，span id 越小，服务在调用链的过程中离根服务越近，将模型中各个相对独立的 Span 联系在一起就构成了一次完整的链路调用记录。

3. 导致 Trace ID 丢失的原因及解决方案

回到该案例中，开发者通过查看代码，发现最近因为处理下单时调用第三方电商服务 PT95 耗时高的问题，把之前的同步调用方式改为了异步调用方式，代码示例如下：

```
public class OrderService {
    private ExecutorService executorService = Executors.newFixedThreadPool(10);

    public Future<Boolean> placeOrderAsync(String orderId) {
        return executorService.submit(() -> {
            boolean orderPlaced = false;
            try {
```

第 2 章　服务稳定性治理

```
            // 调用第三方电商平台的 API 下单
            orderPlaced = ECommercePlatformClient.placeOrder(orderId);
            // 打印日志，包含 Trace ID
            Log.info("Trace ID: " + TraceIdHolder.getTraceId() + " - Order placement for order id: " + orderId);
        } catch (Exception e) {
            // 打印日志，包含 Trace ID
            Log.error ("Trace ID: " + TraceIdHolder.getTraceId() + " - Order placement failed for order id: " + orderId);
        }
        return orderPlaced;
    });
    }
}
```

可以看出，因为 Trace ID 是被存储在线程的 ThreadLocal 对象中的，所以在异步处理或多线程环境中，Trace ID 的传递可能会中断。

在分布式系统中，通过 Trace ID 跟踪一次完整的请求处理流程是诊断问题的关键，当请求跨越多个线程或服务时，保持 Trace ID 的正确传递变得尤为重要。解决 Trace ID 在异步处理或多线程环境中的传递问题的方法和代码示例如下。

（1）线程本地存储：使用 ThreadLocal 对象存储 Trace ID，确保 Trace ID 在同一线程内部可被访问。当创建新的线程或使用线程池时，需要显式地将 Trace ID 从父线程传递到子线程。使用 ThreadLocal 的代码示例如下：

```
import java.util.concurrent.ExecutorService;
import java.util.concurrent.Executors;

public class TraceIdExample {
    private static final ThreadLocal<String> traceIdHolder = new ThreadLocal<>();

    public static void main(String[] args) {
        ExecutorService executor = Executors.newFixedThreadPool(1);

        // 显式地设置 Trace ID
        traceIdHolder.set("12345");
        // 提交任务到线程池
        executor.submit(new Runnable() {
            public void run() {
                // 在新线程中获取 Trace ID
                String traceId = traceIdHolder.get();
                Log.info("Trace ID in child thread: " + traceId);

                // 执行业务逻辑，此处省略代码
```

```
        }
    });

    // 清理Trace ID
    traceIdHolder.remove();
    executor.shutdown();
    }
}
```

在以上示例中，Trace ID 被设置在 traceIdHolder 对象中，它是一个 ThreadLocal 对象。当提交任务到线程池时，需要显式地从 traceIdHolder 中获取 Trace ID 并在新线程中使用它。

（2）上下文传递：使用上下文传递机制（如 Java 中的 InheritableThreadLocal 对象）来自动传递 Trace ID 到子线程。在异步编程模型中可以使用相关的库或框架提供的上下文传递功能。注意：在使用线程池时，线程复用可能会导致 InheritableThreadLocal 中的值不一定是最新的，因此在每次任务开始时都应重新设置 Trace ID。使用 InheritableThreadLocal 的代码示例如下：

```
import java.util.concurrent.ExecutorService;
import java.util.concurrent.Executors;

public class TraceIdExample {
    private static final InheritableThreadLocal<String> inheritTraceIdHolder = new InheritableThreadLocal<>();

    public static void main(String[] args) {
        ExecutorService executor = Executors.newFixedThreadPool(1);

        // 模拟多个请求，每个请求都有自己的Trace ID
        for (int i = 0; i < 3; i++) {
            final String traceId = "traceId-" + i;

            executor.submit(new Runnable() {
                public void run() {
                    try {
                        // 显式地为当前任务设置新的Trace ID
                        inheritTraceIdHolder.set(traceId);
                        // 业务逻辑，此处可以获取正确的Trace ID
                        Log.info("Trace ID in child thread: " + inheritTraceIdHolder.get());
                    } finally {
                        // 清理操作，避免Trace ID影响后续的任务
                        inheritTraceIdHolder.remove();
                    }
                }
            });
```

```
        });
    }

    executor.shutdown();
}
```

在这个示例中,我们在每次提交任务到线程池之前,都显式地设置了一个新的 Trace ID。这样即使线程被复用,每个任务在被执行前都会有正确的 Trace ID 设置。在任务执行完毕后,使用 finally 块来确保 Trace ID 被清除,这样就不会影响到下一个任务。这种方法可确保每个任务都有正确的上下文信息,即使在高并发环境中也可避免 Trace ID 的错误传递。

(3)装饰器模式:创建线程或线程池的装饰器,以便在执行任务之前设置 Trace ID,并在完成任务后及时清理 Trace ID。以下是一个使用装饰器模式来传递 Trace ID 的 Java 代码示例。

首先,定义一个装饰器类,它将包装 Runnable 对象:

```
public class TraceIdRunnableDecorator implements Runnable {
    private final Runnable task;
    private final String traceId;

    public TraceIdRunnableDecorator(Runnable task, String traceId) {
        this.task = task;
        this.traceId = traceId;
    }

    @Override
    public void run() {
        try {
            // 在执行任务之前设置 Trace ID
            TraceIdHolder.setTraceId(traceId);
            // 执行原始任务
            task.run();
        } finally {
            // 清理 Trace ID
            TraceIdHolder.clear();
        }
    }
}
```

然后,定义一个存储 Trace ID 的辅助类,它使用 InheritableThreadLocal 来允许 Trace ID 在父、子线程之间传递:

```
public class TraceIdHolder {
    private static final InheritableThreadLocal<String> traceId = new
```

```
InheritableThreadLocal<>();

    public static void setTraceId(String id) {
        traceId.set(id);
    }

    public static String getTraceId() {
        return traceId.get();
    }

    public static void clear() {
        traceId.remove();
    }
}
```

最后,创建一个线程池,并使用装饰器提交任务:

```
import java.util.concurrent.ExecutorService;
import java.util.concurrent.Executors;

public class TraceIdExample {
    public static void main(String[] args) {
        ExecutorService executor = Executors.newFixedThreadPool(1);

        for (int i = 0; i < 3; i++) {
            final String traceId = "traceId-" + i;
            Runnable task = new Runnable() {
                public void run() {
                    // 执行业务逻辑,此处可以获取正确的 Trace ID
                    Log.info("Trace ID in child thread: " + TraceIdHolder.getTraceId());
                }
            };

            // 使用装饰器提交任务
            executor.submit(new TraceIdRunnableDecorator(task, traceId));
        }

        executor.shutdown();
    }
}
```

在这个例子中,每次提交任务都会创建一个新的 TraceIdRunnableDecorator 实例,它将在执行任务前设置正确的 Trace ID,并确保在执行任务后清理这个 Trace ID。这样做的好处是,我们可以在不修改原始任务代码的情况下,确保 Trace ID 的正确传递和管理。这种模式在处理异步编程和多线程环境中的上下文传递问题时非常有用。

2.5.3 可观测性指标体系建设

仅有日志记录和服务调用链路追踪不足以全面观测服务的整体稳定性，需要建设服务的可观测性指标体系。可观测性指标可以实时反映系统的运行状况，帮助开发团队和运维团队及时发现和解决问题，确保系统稳定运行。此外，可观测性指标对于故障诊断、性能监控、趋势分析、容量规划和自动化运维非常重要。

接下来讲解基础监控指标、服务稳定性指标、业务指标和研发质量指标。

1. 基础监控指标

基础监控指标通常用于评估对服务资源和环境的监控效果，非常有利于评估系统的健康状况。表 2-3 所示是一些常见的基础监控指标及其意义。

表 2-3

指　　标	意　　义
CPU 占用率	表示 CPU 在单位时间内的占用比例
内存占用率	表示内存在单位时间内的占用比例
磁盘 I/O	表示磁盘读写操作的频率和数量
网络吞吐量	表示网络接口的数据传输速度，包括上传和下载速度
磁盘占用率	表示磁盘空间的占用情况，通常以百分比表示
系统负载指标	表示系统的当前工作量和处理能力，通常与 CPU、内存等的占用情况有关
进程数	表示系统中正在运行的进程数量，用于评估系统的工作负荷

2. 服务稳定性指标

服务稳定性指标用于全面评估服务稳定性，可帮助团队监控和维护系统的健康状况。表 2-4 所示是一些常见的服务稳定性指标及其意义。

表 2-4

指　　标	意　　义
SLA	服务水平协议，定义了服务提供商承诺达到的服务质量标准，通常包括可用性、性能等指标
可用性	表示服务在一定时间内正常运行的比例，通常以百分比表示
吞吐量	表示单位时间内系统能处理的请求数量或事务数量
响应时间	表示从发送请求到收到响应所需的时间
错误率	表示请求失败的比例，通常以百分比表示
TP50	表示所有请求中有 50% 的响应时间低于该值，即中位数响应时间
TP95	表示所有请求中有 95% 的响应时间低于该值，用于衡量高延迟下的系统表现
TP99	表示所有请求中有 99% 的响应时间低于该值，用于衡量系统在极端情况下的性能
慢查询	表示执行时间超过预定阈值的数据库查询，用于反映潜在的性能瓶颈

续表

指　标	意　义
故障恢复时间	表示平均故障恢复时间，即系统从故障发生到恢复正常所需的平均时间
故障间隔时间	表示平均故障间隔时间，即系统在两次故障之间正常运行的平均时间

3. 业务指标

业务指标用于评估系统服务是否健康，通常与公司的核心业务活动直接相关，反映了业务运行状况。表 2-5 所示是一些常见的业务指标及其意义。

表 2-5

指　标	意　义
订单量	表示在特定时间段内接收到的订单数量，用于衡量销售活动和业务增长情况
用户数	表示使用服务或产品的用户数量，可以进一步细分为活跃用户数、新增用户数等。
营收	表示在特定时间内通过销售商品或服务产生的总收入，是衡量公司财务状况的关键指标
用户留存率	表示在一定时间后仍然使用服务的用户比例，用于衡量用户的忠诚度和产品的吸引力
转化率	表示访问者转变为付费用户的比例，用于评估营销活动和用户体验的效果
客单价	表示每个用户的平均购买额度，反映用户的购买力和产品的市场定位
退货率	表示退货订单与总订单的比例，用于衡量产品的质量和用户的满意度
点击率	表示用户点击广告或链接的频率，用于在线营销分析
活跃度	表示用户对产品或服务的使用频率和参与程度，通常通过日活跃用户数（DAU）或月活跃用户数（MAU）来衡量
会话时长	表示用户在应用或网站上的平均停留时间，反映用户对内容或服务的感兴趣程度

4. 研发质量指标

研发质量指标是衡量软件开发过程中质量控制程度和产品质量的关键指标，可帮助研发团队及时发现和解决软件质量问题。表 2-6 所示是一些常见的研发质量指标及其意义。

表 2-6

指　标	意　义
线上缺陷数	表示将软件发布到生产环境中后所发现的缺陷数量，用于衡量发布版本的质量
千行代码缺陷率	表示每千行代码中存在的缺陷数量，用于衡量代码质量和复杂度
缺陷遗留率	表示在一个开发周期结束时未解决的缺陷比例，用于衡量项目的质量风险
缺陷重开率	表示那些本已关闭但问题未得到解决而不得不重新打开的缺陷所占的比例,反映了缺陷管理和质量控制的有效性
代码重用率	表示在新开发过程中重复使用现有代码的比例，用于衡量代码库的可维护性和效率
代码审查覆盖率	表示进行代码审查的代码量占总代码量的比例，用于确保代码的质量和一致性
首次通过率	表示提交代码后在无须进一步修正的情况下通过所有测试的比例，用于评估开发质量

续表

指标	意义
测试用例通过率	表示所有测试用例中通过测试的比例，用于衡量软件的性能是否符合预期
测试用例有效性	表示通过测试用例能否有效检测出软件中的缺陷，用于评估测试用例的设计质量
代码变更的缺陷引入率	表示在新加入的代码变更中引入缺陷的比例，用于衡量变更控制的效果

2.5.4 搭建 Prometheus 监控系统

在 Spring Boot 应用程序中集成 Prometheus 插件，可以让用户监控 Spring Boot 应用程序的性能指标，例如 HTTP 请求、JVM 内存占用情况、垃圾回收信息等。具体集成步骤如下。

（1）在 Spring Boot 的 pom.xml 文件中添加对 Prometheus 插件的相关依赖，具体配置示例如下：

```xml
<dependencies>
    <!-- 用于监控的 Spring Boot 执行器 -->
    <dependency>
        <groupId>org.springframework.boot</groupId>
        <artifactId>spring-boot-starter-actuator</artifactId>
    </dependency>
    <!-- 用于度量指标的 Micrometer Prometheus 注册库 -->
    <dependency>
        <groupId>io.micrometer</groupId>
        <artifactId>micrometer-registry-prometheus</artifactId>
    </dependency>
</dependencies>
```

（2）在 application.properties 或 application.yml 文件中配置 Prometheus 端点。Spring Boot Actuator 提供了 "/actuator/prometheus" 端点来暴露 Prometheus 格式的指标数据，具体配置示例如下：

```
# 启用 Prometheus 端点
management.endpoints.web.exposure.include=prometheus
management.endpoint.prometheus.enabled=true
```

（3）启动 Spring Boot 应用程序，Prometheus 端点将在图 2-12 所示的页面（假设应用程序运行在 8080 端口）可用，可以通过访问其 URL 来查看暴露的指标。

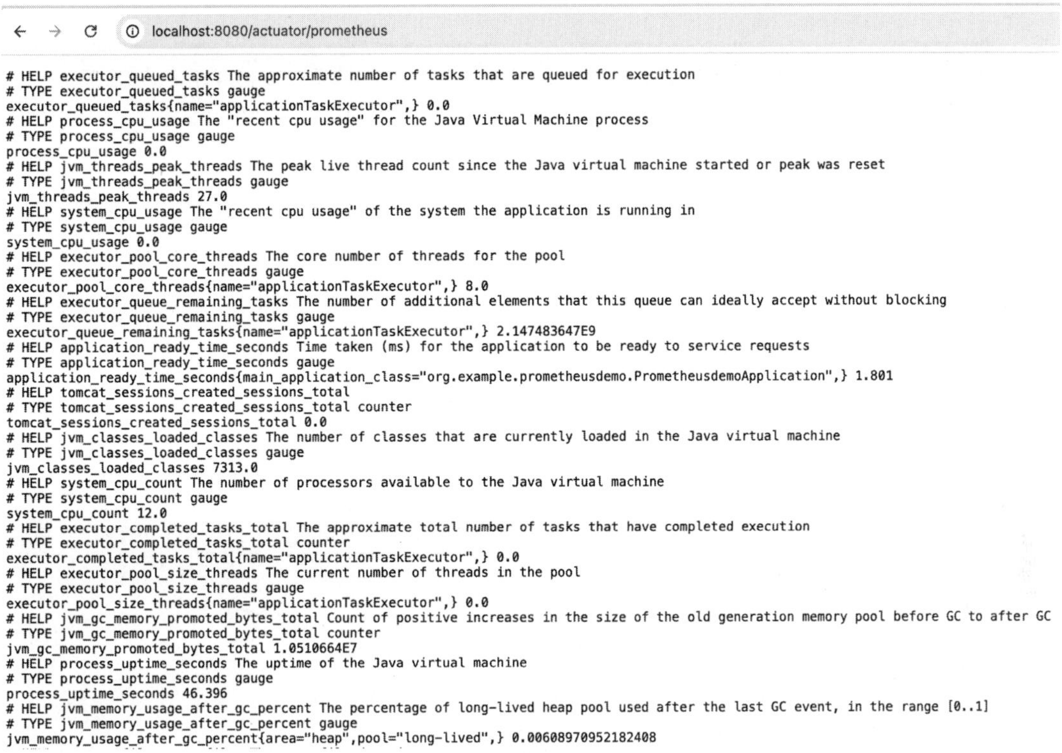

2.5 服务稳定性可观测能力建设

```
← → C  ⓘ localhost:8080/actuator/prometheus

# HELP executor_queued_tasks The approximate number of tasks that are queued for execution
# TYPE executor_queued_tasks gauge
executor_queued_tasks{name="applicationTaskExecutor",} 0.0
# HELP process_cpu_usage The "recent cpu usage" for the Java Virtual Machine process
# TYPE process_cpu_usage gauge
process_cpu_usage 0.0
# HELP jvm_threads_peak_threads The peak live thread count since the Java virtual machine started or peak was reset
# TYPE jvm_threads_peak_threads gauge
jvm_threads_peak_threads 27.0
# HELP system_cpu_usage The "recent cpu usage" of the system the application is running in
# TYPE system_cpu_usage gauge
system_cpu_usage 0.0
# HELP executor_pool_core_threads The core number of threads for the pool
# TYPE executor_pool_core_threads gauge
executor_pool_core_threads{name="applicationTaskExecutor",} 8.0
# HELP executor_queue_remaining_tasks The number of additional elements that this queue can ideally accept without blocking
# TYPE executor_queue_remaining_tasks gauge
executor_queue_remaining_tasks{name="applicationTaskExecutor",} 2.147483647E9
# HELP application_ready_time_seconds Time taken (ms) for the application to be ready to service requests
# TYPE application_ready_time_seconds gauge
application_ready_time_seconds{main_application_class="org.example.prometheusdemo.PrometheusdemoApplication",} 1.801
# HELP tomcat_sessions_created_sessions_total
# TYPE tomcat_sessions_created_sessions_total counter
tomcat_sessions_created_sessions_total 0.0
# HELP jvm_classes_loaded_classes The number of classes that are currently loaded in the Java virtual machine
# TYPE jvm_classes_loaded_classes gauge
jvm_classes_loaded_classes 7313.0
# HELP system_cpu_count The number of processors available to the Java virtual machine
# TYPE system_cpu_count gauge
system_cpu_count 12.0
# HELP executor_completed_tasks_total The approximate total number of tasks that have completed execution
# TYPE executor_completed_tasks_total counter
executor_completed_tasks_total{name="applicationTaskExecutor",} 0.0
# HELP executor_pool_size_threads The current number of threads in the pool
# TYPE executor_pool_size_threads gauge
executor_pool_size_threads{name="applicationTaskExecutor",} 0.0
# HELP jvm_gc_memory_promoted_bytes_total Count of positive increases in the size of the old generation memory pool before GC to after GC
# TYPE jvm_gc_memory_promoted_bytes_total counter
jvm_gc_memory_promoted_bytes_total 1.0510664E7
# HELP process_uptime_seconds The uptime of the Java virtual machine
# TYPE process_uptime_seconds gauge
process_uptime_seconds 46.396
# HELP jvm_memory_usage_after_gc_percent The percentage of long-lived heap pool used after the last GC event, in the range [0..1]
# TYPE jvm_memory_usage_after_gc_percent gauge
jvm_memory_usage_after_gc_percent{area="heap",pool="long-lived",} 0.00608970952182408
```

图 2-12

（4）在 Prometheus 服务器上首先添加一个抓取目标来收集 Spring Boot 应用程序的指标数据。编辑 Prometheus 的配置文件 prometheus.yml，并添加以下内容：

```
scrape_configs:
  - job_name: 'spring_boot_app'
    static_configs:
      - targets: ['localhost:8080']  # 请替换为自己的应用程序的主机和端口
    metrics_path: '/actuator/prometheus'  # 指定抓取路径
```

重启 Prometheus 服务器，它将开始抓取和存储 Spring Boot 应用程序的指标数据，如图 2-13 所示。

至此，我们已经实现了在 Spring Boot 应用程序中集成 Prometheus 插件。为了使收集到的指标数据更易于查看和分析，接下来使用 Grafana 等工具可视化这些指标数据，并进行分析。详细步骤如下。

（1）添加数据源。在 Grafana 中将 Prometheus 添加为数据源，如图 2-14 所示。

第 2 章　服务稳定性治理

图 2-13

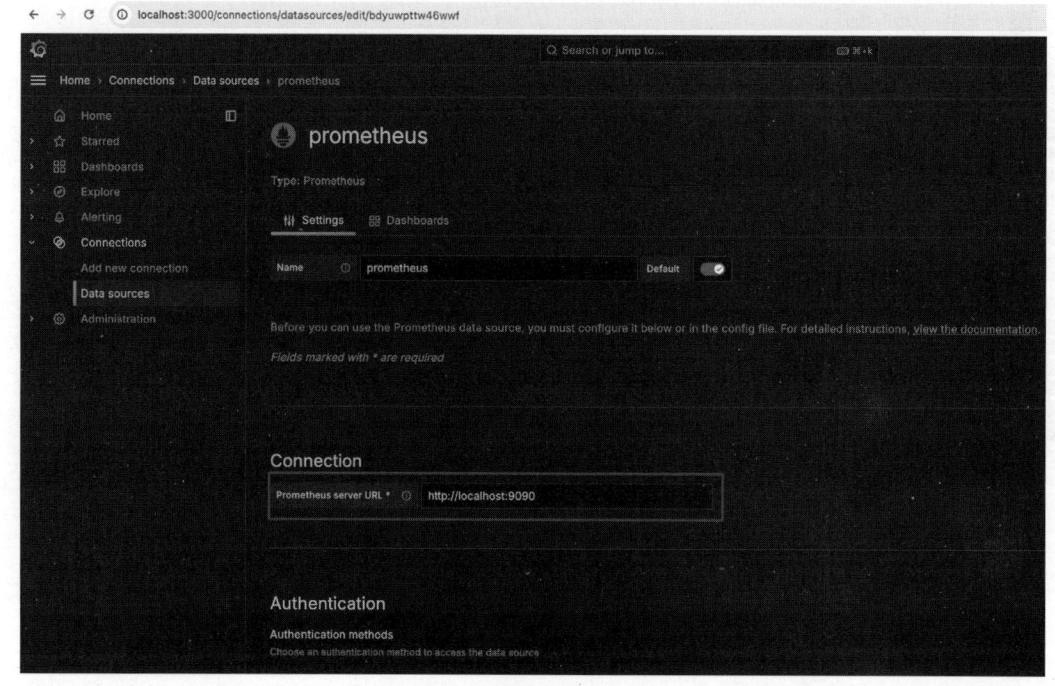

图 2-14

（2）创建可视化仪表盘。根据监控指标类型创建仪表盘，从而可视化地展示 Spring Boot 应用程序的性能和健康状态。例如，在 Grafana 的指标中搜索"jvm memory"相关的监控指标来创建能展示 JVM 内存占用状况的仪表盘，效果如图 2-15 和图 2-16 所示。

2.5 服务稳定性可观测能力建设

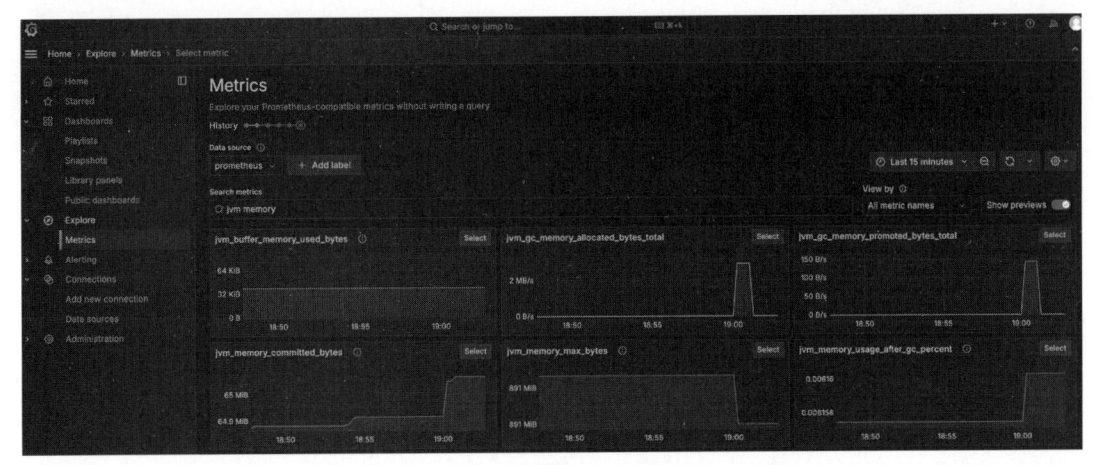

图 2-15

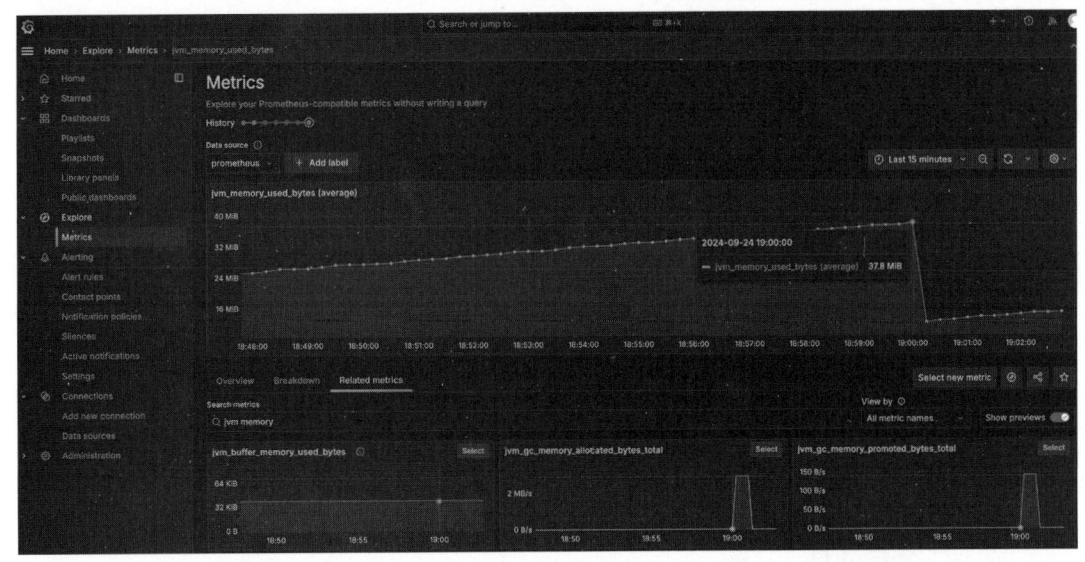

图 2-16

通过以上步骤，我们成功构建了一个简单的 Prometheus 监控系统，该系统能够提供实时监控和性能分析功能，并且支持配置预警机制。这将帮助我们更好地理解应用程序的运行状况，在问题发生时快速响应和处理。

第 3 章
资损风险分析与治理

3.1 为什么资损事故频发

资损（资产损失）通常发生在产品设计存在缺陷、系统运行出现问题、操作失误或安全漏洞被利用时，可能导致公司或企业、用户、供应商和合作伙伴等遭受直接或间接的经济损失，如图 3-1 所示。

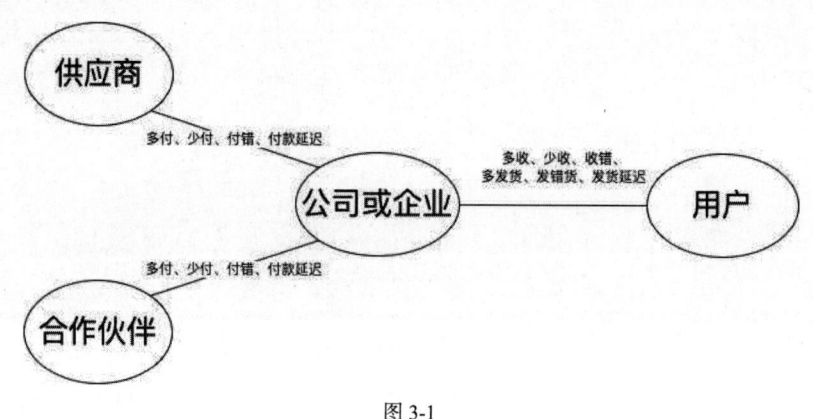

图 3-1

金融机构和支付平台频繁发生资损事故的原因主要如下。

- ◎ 业务复杂：系统涉及许多复杂的业务流程和规则，开发者可能无法完全理解这些流程和规则，导致在进行系统设计和实现的过程中出现问题。
- ◎ 开发过程复杂：软件开发涉及需求分析、设计、编码、测试等多个环节，任何一个环节出现问题，都可能导致系统出现问题。
- ◎ 技术难度大：因为要应对大量数据和用户请求，所以需要应用一些有难度的技术，系统出现问题的可能性也相应增加。

◎ 人为因素：开发者的技术水平、经验等都会影响系统的质量。

一些常见的资损场景如表 3-1 所示。

表 3-1

场景分类	相应的案例
产品设计存在缺陷	许多收银系统在结账时都会通过抹零来简化账单，即去掉账单中的小数部分（例如将 250.6 元简化为 250 元）。然而，一些收银系统在设计时采用了四舍五入的方式进行抹零，这可能导致用户被多收费用
系统运行出现问题	系统在与第三方短信平台对接的过程中，错误地将数量信息当作金额信息发送给了支付平台，导致商家被多扣了短信费用
人为操作失误	在设置营销活动时，运营人员误将折扣券设置成了无门槛代金券，给公司带来数千万的经济损失
系统存在安全漏洞	某游戏平台使用明文保存用户的账号和密码，导致大量用户的账号信息被盗卖

3.2 资金安全相关的合规问题及要求

一切涉及公司或企业、用户、供应商和合作伙伴等的资金及其等价物均属于资金安全范畴，我们可以从对象、资金和安全这三个维度来理解什么是资金安全，如图 3-2 所示。

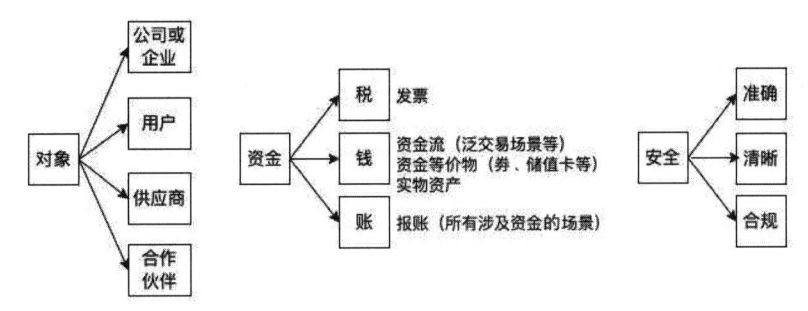

图 3-2

简而言之，资金安全就是确保用户的资金信息准确、清晰，并且完全符合法规要求。

◎ 准确：在经济活动中确保资金信息及其相关数据的准确性，有助于保持业务、财务和税务信息的一致性，确保资金流动（包括收款、付款和调整）及财务报表（包括对外报告和内部管理报告）的准确性。

◎ 清晰：将用户的资金与平台的资金分开管理，确保业务的真实性和透明度，提高资金管理和使用的效率，确保财务报表中现金流量表的准确性。

第 3 章　资损风险分析与治理

◎ 合规：在业务、财务和税务方面遵守相关法规，例如规避二清合规问题和满足三流合一的要求。

3.2.1　二清合规问题

想从事资金清算业务的机构必须取得支付业务许可证（以下简称"支付牌照"）。只有持有支付牌照的机构，方可从事资金结算和资金清算业务。在资金清算业务中，银行和第三方支付机构等持证机构被称为"一清机构"，在其持牌资质范围内进行的资金清算行为被称为"一清行为"，如图 3-3 所示。

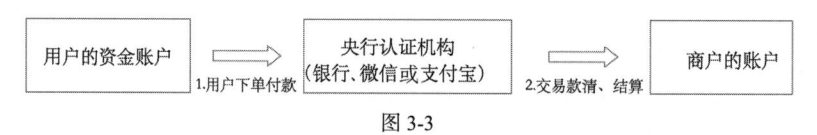

图 3-3

许多电商平台在未取得支付牌照的情况下，以平台或"大商户"模式接入了有资金清、结算资质的机构，在有资金清、结算资质的机构将资金结算给这些电商平台后，电商平台再将资金清、结算给其商户，这就出现了二清合规问题，如图 3-4 所示。

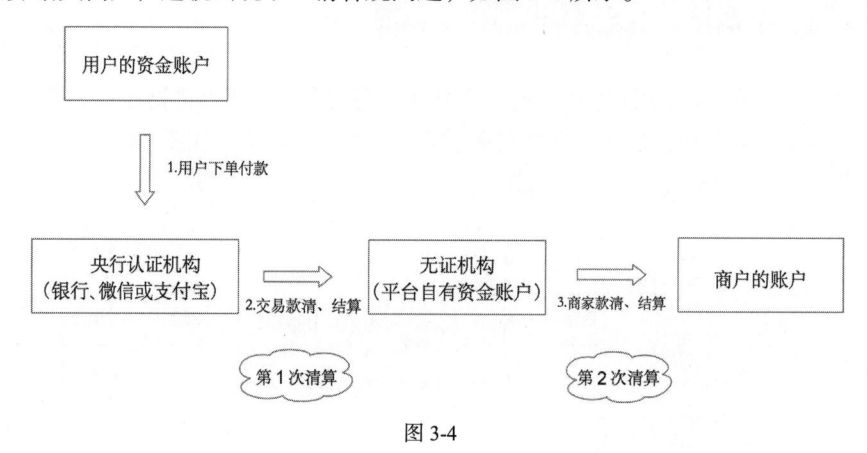

图 3-4

从用户下单到清、结算的整个过程如下。

（1）用户在电商平台购买商品并下单付款，资金进入银行、微信或支付宝。

（2）银行、微信或支付宝次日将资金结算给电商平台，此为第 1 次清算，是合规的。

（3）资金在电商平台的自有账户中形成了资金池，这部分资金有金融风险，因为电商平台随时可以携款"跑路"。

（4）电商平台将资金从自有账户清算后结算给平台的商家，此为第 2 次清算，存在二清合规问题。

3.2 资金安全相关的合规问题及要求

若这些存在二清违规问题的电商平台在经营上出现问题，资金又没有受到第三方的监管，那么这些资金很容易被电商平台卷走，无论是对商家还是对用户而言，都是不安全的。所以，二清合规在本质上是无证从事资金清、结算的违法行为。

要想解决二清合规问题，最主要的是首先有支付牌照，然后提供合规的支付交易功能（合规地收钱）、资金监管账户体系（合规地管钱）、清分和清算（合规地分钱）功能等。该过程主要涉及资金流和信息流的合规，我们可以通过从用户下单、付款、收货到商家提现的整个过程，来详细讲解在此期间产生的信息流和资金流，如图 3-5 所示。

信息流如下。

（1）用户在电商平台下单，在支付系统中付款成功，生成支付信息。

（2）支付系统推送订单和支付信息到清算系统，清算系统随后处理商家的结算事宜，并与电商平台进行收益分成。

（3）清算系统调用清分系统分配商家和电商平台的资金，向监管机构发起清分请求。

（4）清分系统同时调用财务系统完成财务记账。

（5）商家对钱包余额发起提现，电商平台请求监管机构出款。

资金流如下。

（1）在用户付款成功后，平台的银行卡、微信或支付宝等渠道在 $T+1$ 日将资金结算给电商平台账户。

（2）资金被从电商平台账户归集到监管账户并被记账到担保账户。

（3）电商平台发起清分请求，资金被从担保账户转账到商家的子账户。

（4）商家发起提现申请，资金被从监管账户出款到商家的银行卡账户。

可以看出，在整个交易过程中可能产生的二清合规问题主要为资金二清合规问题和信息二清合规问题。

◎ 资金二清合规问题：无证机构通过平台或者"大商户"模式留存了原本应该直接结算给二级商户的资金，实质性地控制了整体的结算资金，导致资金存在被电商平台卷走或挪用的风险。

◎ 信息二清合规问题：无证机构虽然在交易过程中使用了合规的商业银行和支付机构，但仅仅充当了支付通道，仍然依赖无证机构掌握的原始交易数据和提供的商户资金结算报表为商户入账。在该过程中不能较好地进行交易监管，有可能产生虚假交易信息。

因此，在业务系统的开发过程中，对于资金链路相关的业务流程，必须及时与法务、内控和财务的专业人员沟通，避免产生二清合规问题。

第3章 资损风险分析与治理

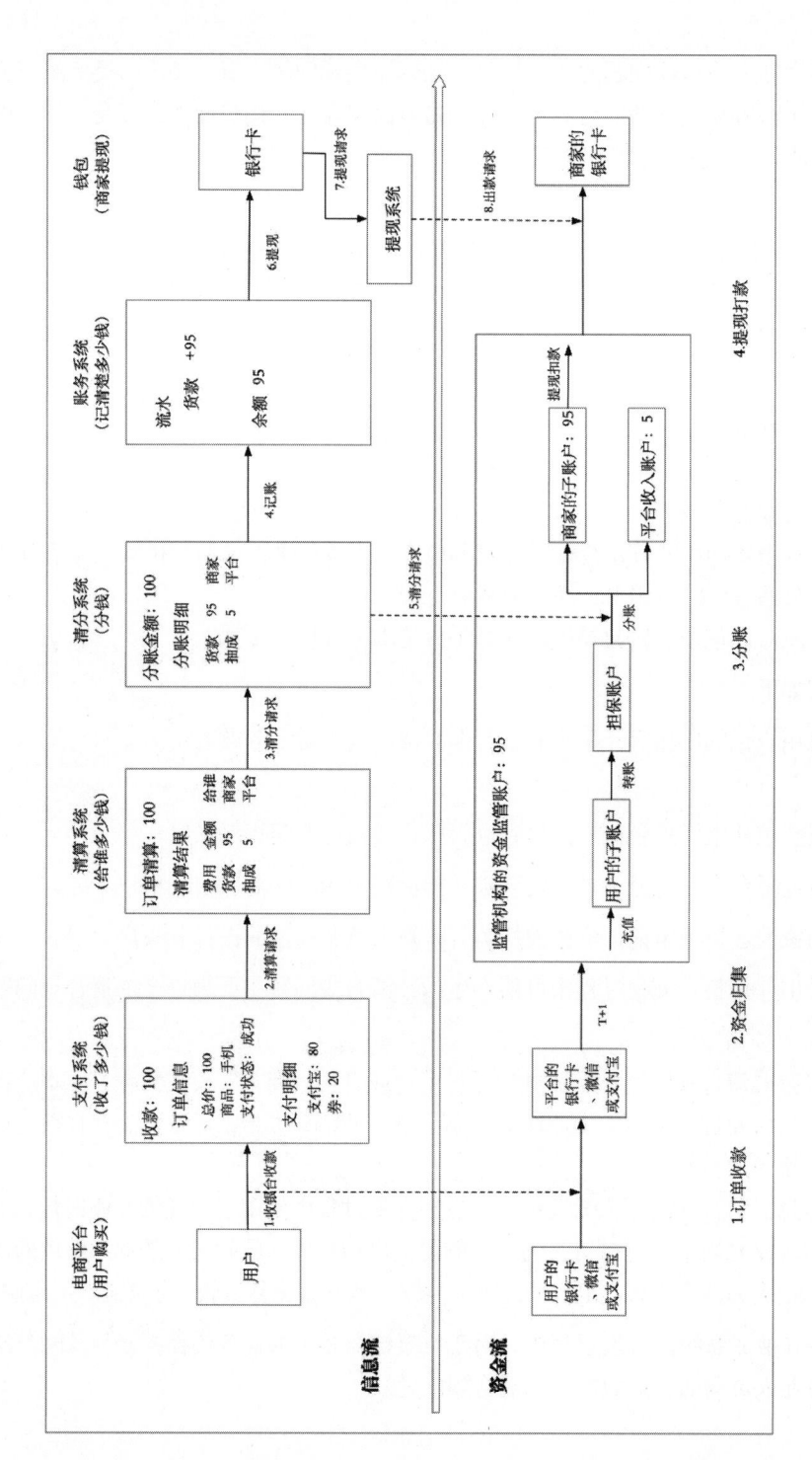

图 3-5

3.2.2 三流合一

三流合一指在商业交易过程中，合同流、发票流和资金流必须保持一致，以确保交易的真实性、合法性和合规性。

- ◎ 合同流：指在合同中规定的交易双方，即合同的签署方。
- ◎ 发票流：指在发票上显示的开具方和接收方，即发票的卖方和买方。
- ◎ 资金流：指实际发生资金转移的双方，即付款方和收款方。

简而言之，三流合一指合同上的主体（合同流）与发票上的主体（发票流）及对公账户的名称（资金流）要一致，即跟谁合作、给谁开票、向谁付款。这样做可避免出现洗钱、逃税等非法行为，确保交易记录的准确性和完整性，便于税务审计和财务监管。

3.3 资损的核心指标

如何衡量一个企业的资金安全保障是否做得足够好，以及在行业中处于什么水平呢？为了回答这个问题，这里先讲解资损的一些核心指标。

3.3.1 理论资损金额

理论资损金额在资金安全保障中是非常重要的概念，用于判断是否发生过资损事故。衡量理论资损金额的核心指标为理论资损金额率，如表3-2所示。

表 3-2

指标描述	理论资损金额指在事故发生时产生的全部潜在损失，包括实际的货币损失和等价物损失，例如误付的款项或因错误发货而多出的运费等。无论能否追回损失，理论资损金额都是固定的，它代表了事故发生后尝试追回损失之前所产生的资损总额
判断标准	是否造成资损。若造成了资损，则不管后续能否追回，都算是造成资损，若没有造成资损，则不纳入计算范畴
计算公式	理论资损金额率=在事故发生过程中产生的理论资损总额/订单交易总额
统计口径	涉及的金额范围。不管是商家还是公司或企业的资损金额，都需要计算在内

3.3.2 实际资损金额

实际资损金额是相对于理论资损金额而言的，有可能产生了理论资损金额，但没有实际上的金额或等价物金额产生。衡量实际资损金额的核心指标为实际资损金额率，如表3-3所示。

第 3 章 资损风险分析与治理

表 3-3

指标描述	理论资损总额减去通过系统或人工努力追回的金额,剩下的就是实际资损金额。这部分金额代表了事故发生后,即使采取了补救措施也无法挽回的损失
判断标准	造成了资损且无法追回
计算公式	实际资损金额率=(理论资损总额−追回的金额)/订单交易总额
统计口径	不可追回的资损范围。在计算实际资损时,不管是商家还是公司或企业的资损金额,都需要计算在内

3.3.3 财务差异金额

在资金安全保障过程中,除了需要关注商家、用户、公司或企业和合作伙伴的资损,还需要关注财务差异金额。衡量财务差异金额的核心指标为财务差异金额率,如表 3-4 所示。

表 3-4

指标描述	财务差异金额指系统运行错误导致的财务报表(包括资产负债表、现金流量表和损益表)或重要管理报告产生的差异金额的总和。例如,若损益表中的收入被少算了 200 万,那么财务差异金额就是 200 万
判断标准	有造成财务报表差异。主要关注是否产生财务差异金额,不管后续能否修复。若没有产生财务差异金额,则不纳入计算范畴
计算公式	财务差异金额率=在事故发生过程中产生的财务差异总额/订单交易总额
统计口径	账务差异范围。计算相应影响范围的总额,不单独计算公司或企业与商家的财务差异金额

例如,小明、小强和小花一起去旅游,小强负责买机票,小明负责订酒店,小花负责花销。本次旅游总共花了 20 000 元,但是小明发现自己多支付了 2 000 元,这 2 000 元就是理论资损金额;小明积极联系商家,最终追回 1 500 元,还剩 500 元无法追回,这 500 元就是实际资损金额;小花发现小强把小明应支付的 700 元误算给自己了,导致自己多支付了 700 元,小明则少支付了 700 元,虽然这 700 元对于本次旅游而言不算什么损失,但属于财务差异金额。

3.4 资损的核心指标计算规则

资损的核心指标计算规则如下。

- 计算规则 1:若真的导致资损或者产生财务差异金额,则计算,否则不计算。
- 计算规则 2:若真的导致资损或者产生财务差异金额,则既要计算公司或企业的损失或者财务差异金额,又要计算用户或者商户的损失或者财务差异金额。
- 计算规则 3:在进行具体计算时,对于有明确资损或者财务差异金额标准的场景,按照明确的损失标准进行计算,否则按照约定的换算比例进行计算。

不同公司或企业的资损金额计算方法可能都不一样，这里介绍工作中的一些常见资损场景，以及关于这些场景的资损金额计算方法，如表 3-5 所示。

表 3-5

场　　景	资损金额计算方法
商品场景	商品金额错误案例：将 X 元的商品按 Y 元进行销售。 资损金额计算方法：Math.abs($X-Y$)×销售商品数量
交易场景	订单损失案例：某电商系统在某天发生故障，导致用户无法下单。 资损金额计算方法：首先根据前一天同一时段的订单数量评估订单影响数量，然后将评估出来的订单影响数量乘以平均订单价格进行计算
营销场景	营销券配置错误案例：某商家把折扣券错误地配置成无门槛代金券。 资损金额计算方法：实际发放的促销费用总额×对应活动已经产生的核销率
结算场景	计算错误案例：某采购系统给其供应商多打了款或者少打了款，多打或少打的具体金额就是资损涉及金额。 延迟打款案例：某采购系统向其供应商延迟打款不一定会造成资损，但是延迟到一定时间就会变成少打款的资损问题。其中的"一定时间"就是采购系统承诺其供应商的最后打款时间。例如，采购系统承诺其供应商于 7 月打 6 月的款，但是延迟到 8 月才打款，这就算资损，将合同约定的违约赔偿金额作为资损涉及金额。 错打款案例：若错打款到商家同户名的其他银行卡，则不算资损涉及金额，因为没有产生实际资损。若错打款给其他人，就将错打的款作为资损涉及金额。 资损金额计算方法：直接为资损涉及金额
发票场景	税损案例：供应商本应按照合同约定中 13% 的税率开发票，但是错误地按照 6% 的税率开了发票，导致公司或企业产生税损（税务方面的损失）。 损失金额计算方法：实际金额×税率差
……	……

3.5　如何确保业务逻辑正确

业务逻辑正确指系统中的业务流和资金流精确无误，主要包括金额计算无误、额度控制得当、资金流满足平衡性约束、流程状态符合逻辑，以及交易的有效期和时效性处理得当等。

3.5.1　如何确保金额计算无误

对于交易系统而言，确保金额计算无误是至关重要的，这主要涉及三方面：金额计算的准确性、金额数据传输的一致性及金额数据存储的安全性。

（1）金额计算的准确性。确保金额计算的准确性对于交易系统至关重要，这要求我们深入

第 3 章　资损风险分析与治理

理解业务逻辑且精确计算,例如:商品定价时的优惠分摊;优惠券的使用限制;订单优惠金额的计算。图 3-6 展示了一个清晰的商品和优惠分摊金额计算过程。

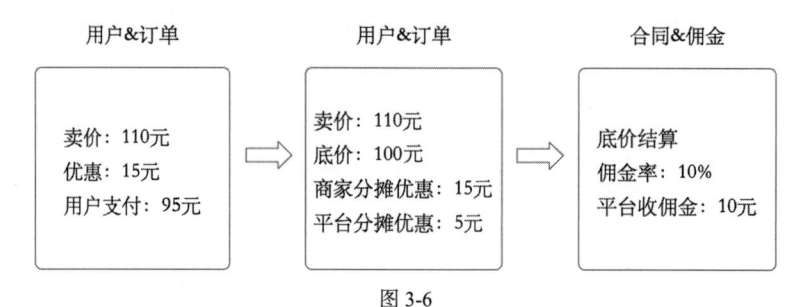

```
用户&订单                用户&订单                合同&佣金

卖价:110元              卖价:110元              底价结算
优惠:15元               底价:100元       ⇒     佣金率:10%
用户支付:95元           商家分摊优惠:15元        平台收佣金:10元
                        平台分摊优惠:5元
```

图 3-6

在进行金额计算时,必须精确处理货币单位、汇率和数值精度。对于无法整除的小数,我们通常采用四舍五入、向下取整或向上取整的方法来处理,但可能会产生尾差,导致财务报表出现差几分钱的情况。为此,我们需要对尾差做"倒减"处理,如图 3-7 所示。

```
平均分摊金额=35/3              平均分摊金额=35/3

四舍五入计算=11.67             第 1 份向下取整计算=11.66
向下取整计算=11.66             第 2 份向下取整计算=11.66
向上取整计算=11.67             第 3 份尾差倒减计算=11.68
```

图 3-7

(2)金额数据传输的一致性。确保金额数据在系统服务之间或前端与后端之间传输时的一致性和安全性至关重要。建议采用字符串(String 或 BigDecimal)类型来传输含小数的金额数据,以防精度丢失。同时,确保系统中的所有服务在处理货币单位时都采用统一的单位(如元或分),以减少错误的发生。

(3)金额数据存储的安全性。为了防止金额数据泄露,我们必须确保金额数据存储的安全性。建议采用字符串(String 或 BigDecimal)类型来存储含小数的金额数据,以防精度丢失。此外,在存储金额数据时还应包括币种信息,这不仅有助于确保金额数据的完整性,也便于未来的业务扩展,例如进入海外市场。

表 3-6 所示为金额有误的典型案例。

表 3-6

案例分类	表现	原因
金额计算的准确性	一位用户在餐厅结账时,发现账单经过了抹零处理,他被额外多收了 5 毛钱,因此投诉了商家	对业务中抹零规则的理解有误,在计算金额时错误地使用了四舍五入法,而不是正确地向下取整

续表

案例分类	表 现	原 因
	某平台在向开发者支付工资时，错误地支付了近7倍的工资，给公司或企业造成了重大经济损失	该平台在进行多币种结算时出错：将美元（USD）误识别为人民币（CNY）并支付，在进行汇率换算后，开发者实际收到的薪资是预期工资的近7倍
金额数据传输的一致性	公司或企业在进行财务对账时，发现有几笔订单的金额总是相差一分钱，导致对账错误	由于业务系统和财务对账系统在处理小数位数时存在差异，所以在数据传输过程中出现了小数位数的不匹配

金额数据存储的安全性	系统显示的采购订单总额有误，与每笔订单金额的实际总和有细微的出入	在存储订单金额时采用了 Double 类型而非 BigDecimal 类型，导致程序在处理金额时出现精度丢失的问题。以下是相关代码示例：
		private void test() {
		// 该 totalAmount 来自数据库
		double totalAmount = 0.09;
		// 该 feeAmount 来自数据库
		double feeAmount = 0.02;
		BigDecimal tradeAmount = new BigDecimal(totalAmount).subtract(new BigDecimal(feeAmount));
		// 输出结果精度丢失
		System.out.println(tradeAmount);
		}

3.5.2 如何确保额度控制得当

业务系统在处理有额度和库存限制的交易时，可能会面临超额或超库存的风险，例如：在秒杀活动中商品被超卖；在限购活动中用户超限购买代金券；新用户重复参与营销活动。此外，预算控制不严的活动在极端情况下可能导致资损。例如，餐厅订单在多重优惠后总额变为负数，导致用户用餐后不仅无须支付费用，反而可能获得退款（即支付金额为负数）。

因此，我们必须密切关注库存限制、扣减、加回等额度控制的准确性，在处理边界和临界值的场景中采取防御性措施。表 3-7 所示为额度控制不当的典型案例。

表 3-7

问题分类	表 现	原 因
超卖	某电商平台推出了一项促销活动，以 99 元的特价限购某商品 100 把，但在短短两小时内，该商品被订购了数万把	在多线程和高并发环境中没有对促销商品的数量进行有效的分布式锁定和扣减，导致限购商品被过度销售

续表

问题分类	表现	原因
限额	在一家公司的采购系统中,一个部门为营销活动申请了80万元的预算,但在进行财务结算时发现花销超出预算,多用了6万元	采购预算管理流程较为复杂,涉及申请、占用、转占、耗用和退回等多个环节。在调整采购订单的过程中,在某些超时情况下预算被错误地重复退回,导致总预算异常增加
边界	某会员系统在结账时出现异常,在账单上显示需要实际支付−15元,即不仅用户不需要支付费用,还需要商家退款15元	在进行优惠抵扣等促销活动时,系统没有实施负数金额的防御机制,导致在多项优惠叠加后,用户的实际支付金额为负数

3.5.3 资金的流动满足平衡性约束

业务交易的核心在于资金的流动,资金既不会无中生有,也不会凭空消失。若关于订单或流水的资金处理不平衡,则可能导致多收、少收、多退或少退等资损问题。因此,我们必须密切关注资金在不同对象和主体之间的流动是否保持平衡,以及会计恒等式是否保持平衡。交易过程中的一些常见勾稽关系如表3-8所示。

表3-8

维度	勾稽关系
订单维度	用户实际支付金额+平台优惠金额+商家优惠金额=商家实际收入金额+平台实际收入金额
	实际支付金额=商品总价−优惠金额−已支付或预付金额
	未消费可退金额≤支付金额−核销金额−历史未消费已退金额
	订单商品总数=已验收数量+未验收数量+已退货数量
流水维度	订单第三方支付流水金额=订单实际支付金额
财务维度	资产+费用=负债+所有者权益+收入(会计恒等式)

若不了解会计恒等式,则可以学习复式记账法。

复式记账法是一种基于资产和权益平衡原则的记账方法,要求每笔交易都要以相同的金额在至少两个相关联的账户中进行记录。这种方法可以系统地展示资金流动和变化的完整过程。

在确保资金流动保持平衡的场景中,我们必须认真监控正向资金流程(如下单、支付、消费)和逆向资金流程(如退款、核销)的平衡性。这涉及多个维度的验证,包括订单、流水、业务、财务及资金主体等。表3-9所示为资金流动不满足平衡性约束的典型案例。

表3-9

问题分类	表现	原因
漏扣费	在最近一次系统更新后,用户反映下单时用到的优惠与商品描述中的优惠不符,	在系统中设定的资金平衡规则是"订单金额=用户实际支付金额+商家营销费用+平台营销费用"。然而,由于代码逻辑

续表

问题分类	表现	原因
	支付了比预期更多的金额	错误，系统在计算时未扣除商家营销费用，导致用户的实际支付金额增加
对账出错	在财务对账平台上显示的某商家本月现金收入金额有误，导致实际支付给商家的金额少于应付金额	月结时，对账平台采用的复式记账法显示会计恒等式不平衡，原因是系统错误，导致在商家的收入中有三笔账单未被正确记录

3.5.4 如何确保流程状态正确

在业务交易的每个环节，状态的转换都必须按预定的流程进行，以免因状态错误而引发资金流转问题。例如，只有在完成支付后才能发货，不能核销已经全额退款的优惠券。

同时，在进行状态转换时必须考虑额度控制，确保涉及的转移金额不超过允许的操作金额，例如：核销的金额不能超过实际支付金额，未消费的退款金额不能超过可退金额（可退金额=支付金额−核销金额−历史未消费退款金额）。若资金校验失败，则可能意味着数据异常，状态转换可能导致资损。表 3-10 所示为流程状态不正确的典型案例。

表 3-10

问题分类	表现	原因
未收到货就付款	在某采购系统中，用户并未收到货，但是供应商提前发起了请款，并且意外地收到了用户的付款	在请款流程中，系统通过调用第三方物流系统来查询货物的签收状态，但代码判断逻辑出错，导致即使货物未被签收，付款操作也能通过
多退款	在一次用餐结账的过程中，用户进行了多次支付和退款操作，并在每次支付时都使用了优惠券。订单金额计算出错，导致商家收到的金额少于应收金额	系统代码的计算逻辑存在缺陷，导致订单金额计算不准确。特别是在处理多次退款后再参与组合营销活动的订单时，系统错误地在计算公式中重复扣除了之前的支付金额，导致商家收到的金额少于应收金额

3.5.5 如何确保时效性

在某些交易场景中，资金操作是有时效性的，例如：限购商品和促销活动只在有效期内有效；对用户发起的退款需要在规定的时间内处理；信用卡逾期会产生额外的费用。对于这些有时效性的场景，我们必须确保业务流程在正向和逆向操作中都符合预期，并且验证有时效性的业务是否在有效期内有效。表 3-11 所示为时效性相关的典型案例。

第 3 章 资损风险分析与治理

表 3-11

问题分类	表现	原因
过期的优惠券还能继续使用	在某餐饮收银系统中，用户在手机上点了餐并在结算时使用了一张过期的优惠券，导致商家遭受了不必要的损失	商家在后台设定了使用优惠券的截止日期，但系统由于定时任务积压，未能及时将过期的优惠券标记为无效
活动未按时结束	某电商平台在进行"双十一"促销活动时，推出了限时抢购活动，规定在活动开始后前 30 分钟内下单的用户可以享受额外的折扣。然而，商家发现部分用户在活动结束后仍然可以享受该折扣，导致商家损失了数千元	该电商平台的促销系统发生故障，订单时间验证代码有逻辑错误，导致系统无法正确识别订单是否在促销期间生成

3.6 如何确保技术方案正确

技术方案的正确性涉及多个方面，包括异常处理、熔断降级、重复提交、回滚方案等，关键在于防重、幂等、并发分布式锁及第三方平台异常兜底方案的正确设计，主要应用场景包括上下游数据的一致性、数据库与缓存数据的一致性、消息队列中消息处理的正确性，以及定时任务处理的正确性。

3.6.1 上下游数据的一致性

资金类系统之间的交互协议通常较为复杂，不同系统的关注点和业务含义也可能不同，若出现交互缺失、参数传递错误或交互超时等问题，则可能导致业务逻辑出错、下游幂等性操作失效、并发锁失效，从而引发多算、漏算或算错等资损问题。图 3-8 所示为多个服务之间可能出错的情况。

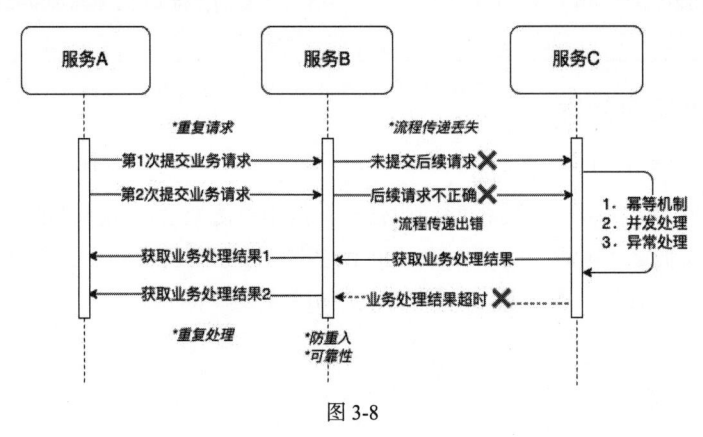

图 3-8

从图 3-8 可以看出，在上下游服务之间经常会出现数据不一致的情况，因为在业务流转过程中存在一系列逻辑处理和状态变化情况，所以业务终态可能不一致（如上游处理失败而下游处理成功）、金额不一致（如数值大小、精度和币种不一致），进而引发库存异常、资金换算错误、业务单据流程异常甚至资损问题。例如，系统在某用户购买 VIP 会员后未向该用户发放相应的优惠券。

在处理上下游数据不一致的问题时，需要特别关注接口的重复请求、请求丢失、请求信息错误，以及上下游链路中的业务逻辑是否符合预期。表 3-12 所示为上下游数据不一致的典型案例。

表 3-12

问题分类	表现	原因
重复打款	某供应商管理系统（SRM）在进行供应商结算时出错，导致向一个供应商重复支付了一百多万元，给公司带来了重大损失	系统不支持分布式幂等性操作，在调用打款接口超时后，发起了重试操作，导致重复打款
自动售卖机出货失败	用户在使用某公司的自动售货机购买商品时，虽然通过微信支付成功，但商品并未出货，给用户带来资损	用户在使用微信支付购买商品时，耗时过长，导致订单锁定超时。系统因为在收到支付成功的消息后未找到相应的订单，所以没有发放商品。同时，因为资金逆向流程存在问题，所以未能自动退款给用户
重复下单	某用户在公司的采购系统中提交订单后，意外收到了两份相同的商品，导致公司多购买了一份商品	由于下游系统不支持幂等性操作，所以上游系统采用了用户级别的分布式锁来防止重复处理。然而，由于下游系统的响应延迟超出了分布式锁的时限，所以用户在未收到系统反馈的情况下重复单击了"下单"按钮，导致订单被重复生成

3.6.2 数据库与缓存数据的一致性

数据库与缓存数据不一致的问题往往不易察觉，有时只有在特定情况下才会暴露。然而，若资损问题长时间未被发现，则其带来的风险和损失会随之增加。特别是在采用了异地部署方式的系统中，这类问题的负面影响会更大。因此，我们必须在串行业务场景中注意读写顺序，即确保"写后读"的一致性。图 3-9 所示为数据库与缓存之间数据不一致的原因。

当数据库与缓存数据不一致时，我们必须特别注意核心交易流程中并发操作可能导致的分布式数据存储或缓存的不一致风险，并验证系统在这种情况下的行为是否符合预期。表 3-13 所示为数据库与缓存数据不一致的典型案例。

第 3 章　资损风险分析与治理

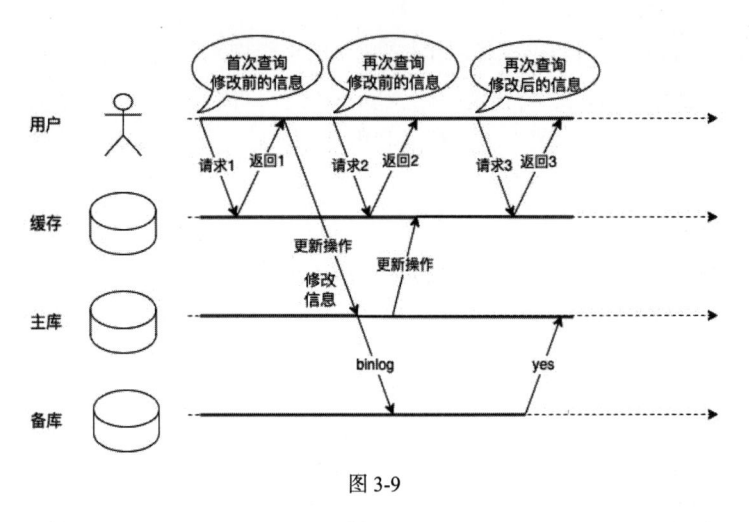

图 3-9

表 3-13

问题分类	表　现	原　因
主从延迟	某商家管理系统未对所有应结算的商家进行结算，导致商家投诉	系统在查询交易订单资金明细时遇到了数据库的主从延迟问题，导致在生成结算清分流水时缺失了部分支付信息，在结算时遗漏了一些商家
缓存不一致	某商家在使用会员系统时，未能及时更新并上线周年庆的促销活动，导致用户不满和投诉	在系统上线新活动时，缓存数据未能同步更新，导致在缓存中仍然显示活动未生效，用户在查询活动报名信息时无法找到该活动

3.6.3　消息队列中消息处理的正确性

常见的消息处理问题包括消息顺序错乱、消息遗失及消息被重复处理等。例如，在用户完成支付后立刻发起退款的情况下，由于网络延迟等因素，系统可能会先收到退款消息，然后才收到支付消息，如图 3-10 所示。

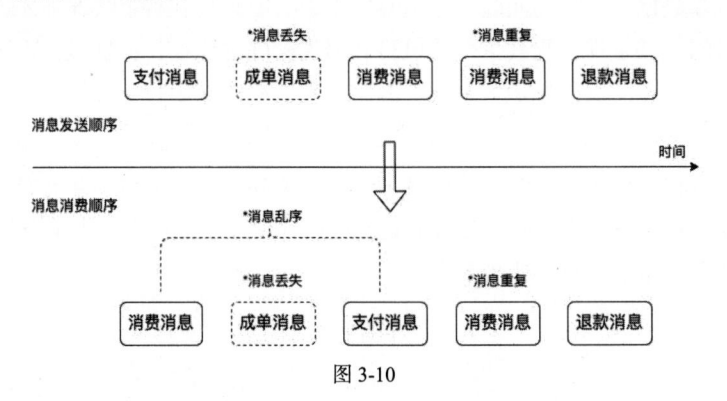

图 3-10

因此，我们必须密切关注系统在面对消息乱序、丢失和重复等情况时是否具备容错和自动恢复能力。表 3-14 所示为消息处理不正确的典型案例。

表 3-14

问题分类	表现	原因
消息重复	某用户在一次用餐后，通过扫码向餐厅支付了 100 元。然而，餐厅老板在核对账单时意外发现账户余额增加了 200 元，尽管用户并未支付额外的费用	支付系统在收到第三方支付成功的回调信息后，通过消息队列向结算系统发送了一条消息。但是，结算系统在更新过程中出现了故障，导致该消息被错误地发送了两次。结果，该笔交易在清算过程中被错误地处理了两次
消息乱序	用户在某电商平台购买商品后收到了确认短信，但随后发现订单状态更新异常，先是显示"已发货"，几分钟后才显示"已支付"	由于消息积压，开发者为了加快处理速度，临时设置了多个消息消费者同时工作，但因为缺少恰当的同步措施，所以消息处理顺序混乱

3.6.4 定时任务处理的正确性

定时任务通常用于执行批量数据处理、延时任务等操作，但可能出现处理时间不当、处理范围不正确、处理逻辑错误，或者处理能力不足导致任务堆积等问题。例如：在任务之间存在依赖关系时，若前面的任务未完成，则可能导致后面的任务执行异常；任务调度间隔过短，可能导致并发执行和数据被重复处理；批量退款操作中的数据范围选择错误，可能导致某些订单退款不当。表 3-15 所示为定时任务处理不正确的典型案例。

表 3-15

问题分类	表现	原因
任务积压	某平台计划在午夜发放优惠券，但未能如期完成发放，导致许多用户未能收到他们期待的优惠券，纷纷向客服投诉，给客服团队带来了巨大的压力	发放优惠券的定时任务执行时间过长，导致任务积压严重，未能在预定的时间内成功发放所有优惠券
任务被重复执行	用户在某视频平台上开通了一项自动续费服务，当时应该只扣除一次续费所需的费用，但被重复扣费，导致账户余额异常减少	为了提升任务处理的并发性，运维人员对获取数据的分片规则进行了调整。但系统在自动续费任务执行前并没有检查当前的数据执行状态，也没有确认是否有其他任务实例在执行相同的操作

3.7 如何避免人为操作风险

要避免人为操作风险，关键在于加强系统的安全性和风控能力，包括实施严格的权限管理、区分测试与生产环境，以及建立关键变更审核流程等。通过这些措施，可以有效地避免配置错

第 3 章　资损风险分析与治理

误、数据污染和误操作等人为操作风险。

1. 避免不安全的资金操作

资金安全至关重要，不仅要防范来自黑产的盗刷和数据伪造等外部风险，还要警惕内部人员的违规操作，例如非法访问系统或擅自修改数据库等。所有资金操作都应该是可追踪和可审核的，系统必须详细记录操作者的身份、操作环节、对象和具体变化，如图 3-11 所示。

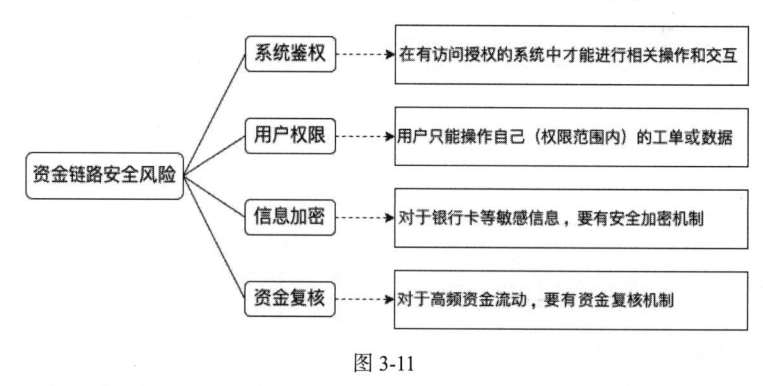

```
                          ┌─ 系统鉴权 ----→ 在有访问授权的系统中才能进行相关操作和交互
                          │
                          ├─ 用户权限 ----→ 用户只能操作自己（权限范围内）的工单或数据
资金链路安全风险 ─────────┤
                          ├─ 信息加密 ----→ 对于银行卡等敏感信息，要有安全加密机制
                          │
                          └─ 资金复核 ----→ 对于高频资金流动，要有资金复核机制
```

图 3-11

2. 避免线上测试风险

在线上测试阶段，除了要验证常规业务流程，还要警惕因操作不规范带来的风险。例如，在线上环境中构造测试数据时，由于经验不足或操作失误，可能泄露测试数据，甚至引发资损问题。同样，在进行线上压力测试、故障模拟或流量录制时，若操作不规范，则可能导致服务中断或对线上流量及数据造成干扰，严重时可能影响用户下单和导致账务混乱。

所以，在进行线上测试时，要重点关注权限管控、影响范围、金额额度、使用频次等。在进行线上压测、故障演练、流量录制等时，也要严格遵守对应的安全规范。

3.8　如何及时发现资损风险

资金安全体系主要涵盖资损预防、资损发现、资损演练及资损运维等方面，如图 3-12 所示。

◎ **资损预防**：在风险发生前，通过需求分析、技术设计、程序开发和验收测试等环节，规范流程，提高工作人员的风险意识，增加资金链路测试用例覆盖率，确保业务逻辑和技术方案的正确性，避免人为误操作，尽可能降低风险。

◎ **资损发现**：在风险发生时，迅速识别、阻断并限制风险扩散，使资损最小化。具体操作包括布设风险监控点、实施预警系统、在关键环节设置拦截点及自动启动故障降级预案。在此过程中，我们要使用多种资金监控工具，制定核对规则，并建立自动化的

3.8 如何及时发现资损风险

实时或离线核对机制。
- ◎ 资损演练：在实际资损发生前，通过定期模拟攻击来验证防御措施的有效性，并提升防御手段的有效性及资金监控的全面性，这可以帮助我们提前发现并强化潜在的薄弱环节。
- ◎ 资损运维：在资金安全管理过程中，将在实际案例中总结的经验和教训反馈到预防、发现和演练这三个关键环节。这意味着将实践中的宝贵经验融入研发、测试、安全防控、演练和应急响应等流程中。每次发生风险，都表明现有理论和流程需要改进，只有不断根据过往的故障经验迭代、更新，才能逐步减少风险，完善资金安全体系。

其中，资损预防和资损演练属于事前防御阶段，资损发现属于事中紧急处理阶段，资损运维属于事后复盘总结阶段。接下来重点介绍如何在事发时及时发现资损风险。

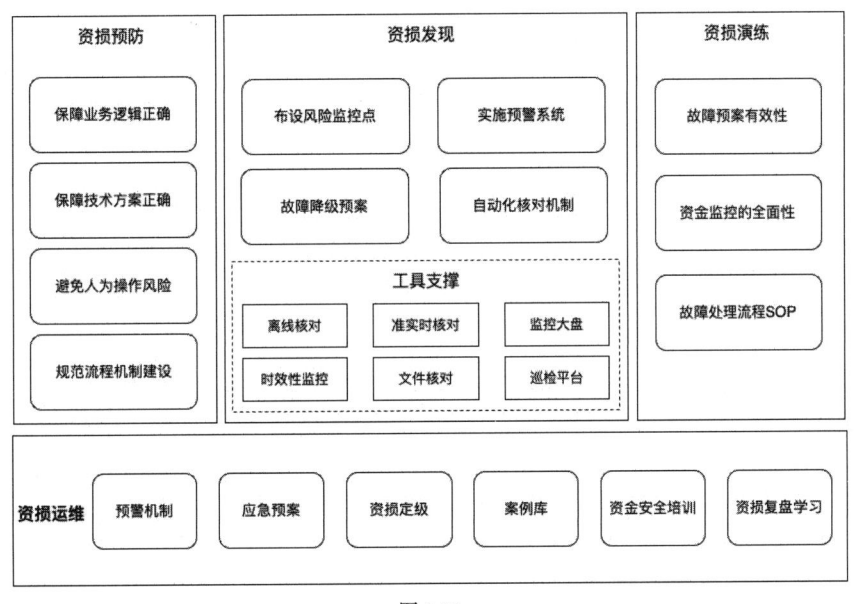

图 3-12

3.8.1 梳理资损链路风险

要确保系统中资金流动的安全性，就需要对整个资金链路进行彻底审查，以识别潜在的资损风险，其挑战在于如何全面且无遗漏地梳理和识别风险点。针对不同的风险场景，建议通过用例图整理资金相关的用例场景，并据此列出所有的资金流动路径和相关数据模型。下面以会员系统为例，详细讲解如何梳理现有的资损链路风险。

首先，整理出资金相关的用例图。以会员系统为例，涉及资金的用例主要包括充值、支付、结算、订单处理、会员折扣、优惠券使用和发票管理等，如图 3-13 所示。

第 3 章 资损风险分析与治理

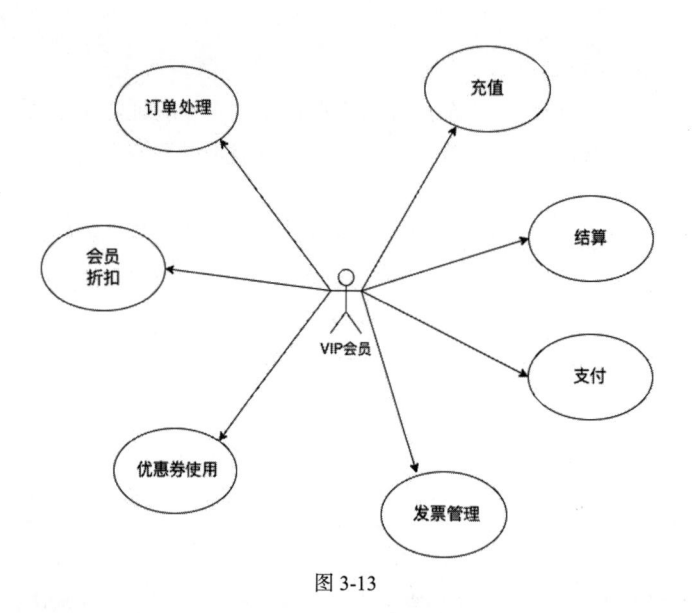

图 3-13

然后，根据资金相关的用例图，结合对资金安全的定义，从资金、税务和账目的准确性与合规性的角度，对资金链路的业务流程进行细致梳理。可以参考图 3-14 所示的模型进行全面梳理。

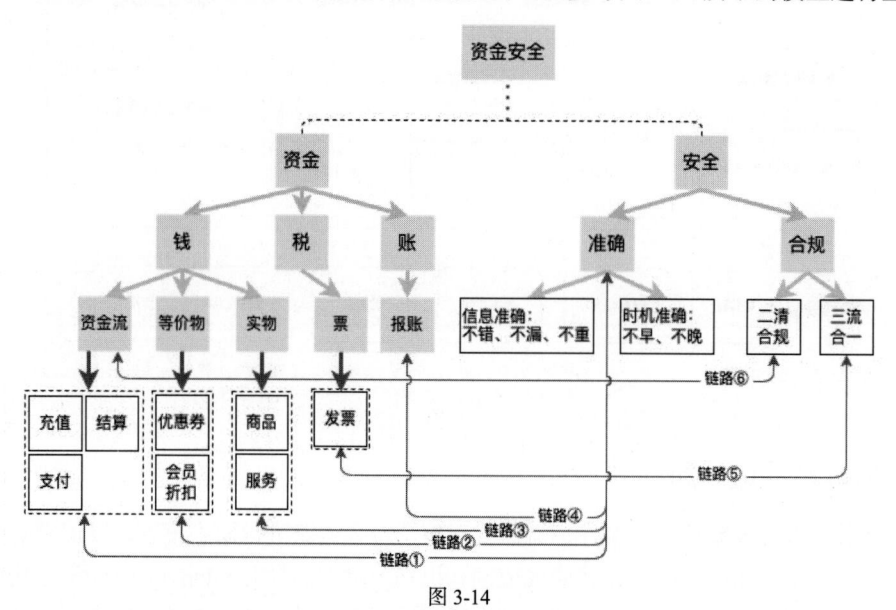

图 3-14

这样便可以全面梳理系统中涉及资金链路的业务流程。之后可以对每一条资金链路的业务流程都进行详尽的分析，以便发现潜在的风险点。例如，在分析"资金流-充值"这一业务流程的准确性时，可以得到图 3-15 所示的业务流程图。

3.8 如何及时发现资损风险

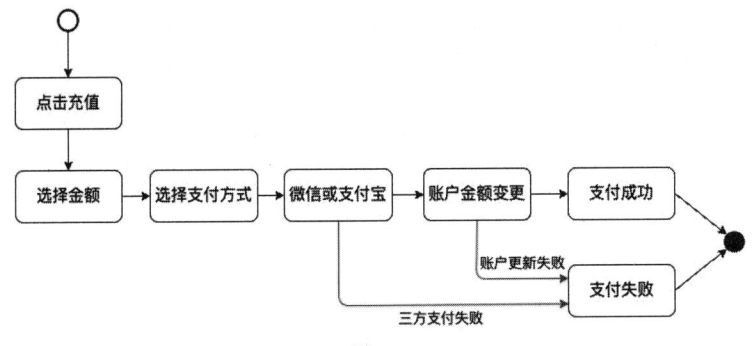

图 3-15

我们除了要确保"资金流-充值"业务流程的准确性，还要确保其合规性，例如，检查是否存在二清合规问题等。通过全面且细致地梳理系统，我们最终将得到一份详尽的资损风险清单，如表 3-16 所示。

表 3-16

风险编号	业务场景	风险类型	风险描述	风险解决方案	是否需要核对	风险跟进人
FX-01	资金流-支付-三方支付场景	一致性	用户通过微信或支付宝支付的金额与在账户中增加的金额要一致，不能多也不能少	增加实时或离线的核对机制	是	小明
		时效性	在用户支付成功后能立即查看账户金额的变更情况，不能出现延迟很久的问题	……	否	小明
		正确性	用户账户的金额计算正确，例如充值 200 元送 20 元	增加实时或离线的核对机制	是	小明
FX-02	等价物-优惠券-结算场景	幂等性操作	优惠券不能被重复核销	将优惠券编号作为唯一标识符，保障核销接口具备幂等性操作	否	小强
		一致性	在扣减账户余额和优惠券时，需要保证同时成功或同时失败	使用 TCC 分布式事务机制，保障支付和账户金额变更事务的一致性	是	小明
		算法的正确性	在使用优惠券折扣后订单总额不能为负数。例如，有一张 20 元的抵扣券，订单总额为 15 元，最多应付 0 元，不能应付-5 元	增加实时或离线的核对机制	是	小强

101

第 3 章　资损风险分析与治理

在完成全部有安全风险的资金链路的业务流程梳理后，我们还需要对涉及的数据模型进行审查，特别是金额、数量、汇率等资金相关的字段。我们要识别这些字段在 MySQL 表、ElasticSearch 索引、Hive 表等中的名称、类型，并分析是否存在小数位丢失或单位不明确等潜在的风险。基于这些分析，我们将构建一个数据模型，并对其中的风险字段进行明确标注，如图 3-16 所示。

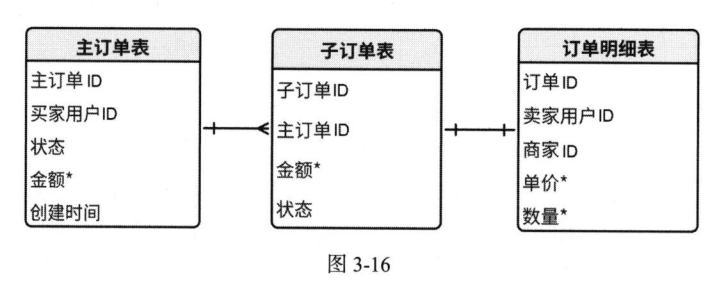

主订单表	子订单表	订单明细表
主订单ID	子订单ID	订单ID
买家用户ID	主订单ID	卖家用户ID
状态	金额*	商家ID
金额*	状态	单价*
创建时间		数量*

图 3-16

在图 3-16 中，用星号（*）标记的字段代表潜在的风险。在梳理完潜在的风险后，我们就能针对这些风险采取预防措施，例如，对业务逻辑的正确性、接口缺失幂等性操作、数据的一致性及分布式事务等进行有效管理。

3.8.2　监控核对机制

本节讲解关键的资金安全保障机制——监控核对机制。通过建立实时或离线的核对能力，对各种场景进行监控，我们可以在资损发生前及时采取措施，将企业的损失降至最低。

核对的概念与会计学中对账的概念类似。会计学中的对账指核对账目，即在会计核算过程中，为保证账簿记录正确、可靠，对账簿中的有关数据进行检查和核对。账簿记录是对公司或企业日常经济活动的记录，类似于我们使用记账软件来记录日常开销，记账软件中的每条记录都是账簿记录。

资金安全保障机制中的核对，不仅包括对账簿记录的检查和核对，还包括业业核对、业会核对、会会核对、账实核对等，如图 3-17 所示。

3.8 如何及时发现资损风险

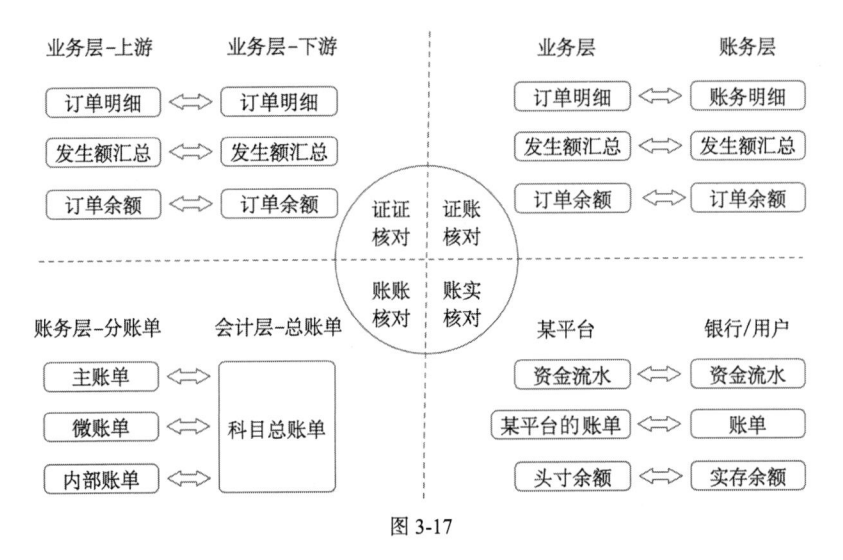

图 3-17

对在核对过程中涉及的名词讲解如下。

（1）业务系统定义：业务数据的生产系统，例如 CRM 系统、ERP 系统等。

（2）财务系统定义：用于记录财务数据的系统，例如 SAP 或 EBS 等，能够存储和处理公司或企业的财务信息。

（3）财务系统余额：业务系统中将各交易过程记录在财务系统中后形成的科目余额。

（4）业务系统余额：截至某个时间点，业务系统中用于后续业务控制的未结单据或账户余额等，主要涉及以下场景。

◎ 若在业务系统中有商家或用户的可视账户或余额概念，则取业务系统余额（附加会计口径调整）。

◎ 若在业务系统中没有可视账户或余额概念，则优先选用非发生额累计口径出具的余额进行交叉验证（例如未结单据或者处于某种状态的单据）。

◎ 若业务系统在实际业务中采用了发生额累计进行业务控制，则可采用发生额累计的金额进行余额核对。

3.8.3 什么是业业核对

业业核对指在业务系统与业务系统之间进行的核对，数据在各个业务生产系统中流转时，各业务生产系统必须对上下游系统之间的一致性进行核对，重点为业务系统内部与业务系统之间的一致性。业业核对是保证当前经济活动可靠的前提，也是进行业会核对的基础。业业核对可以基于一致性、业务正确性、时效性和风险额度等进行核对，如图 3-18 所示。

第3章 资损风险分析与治理

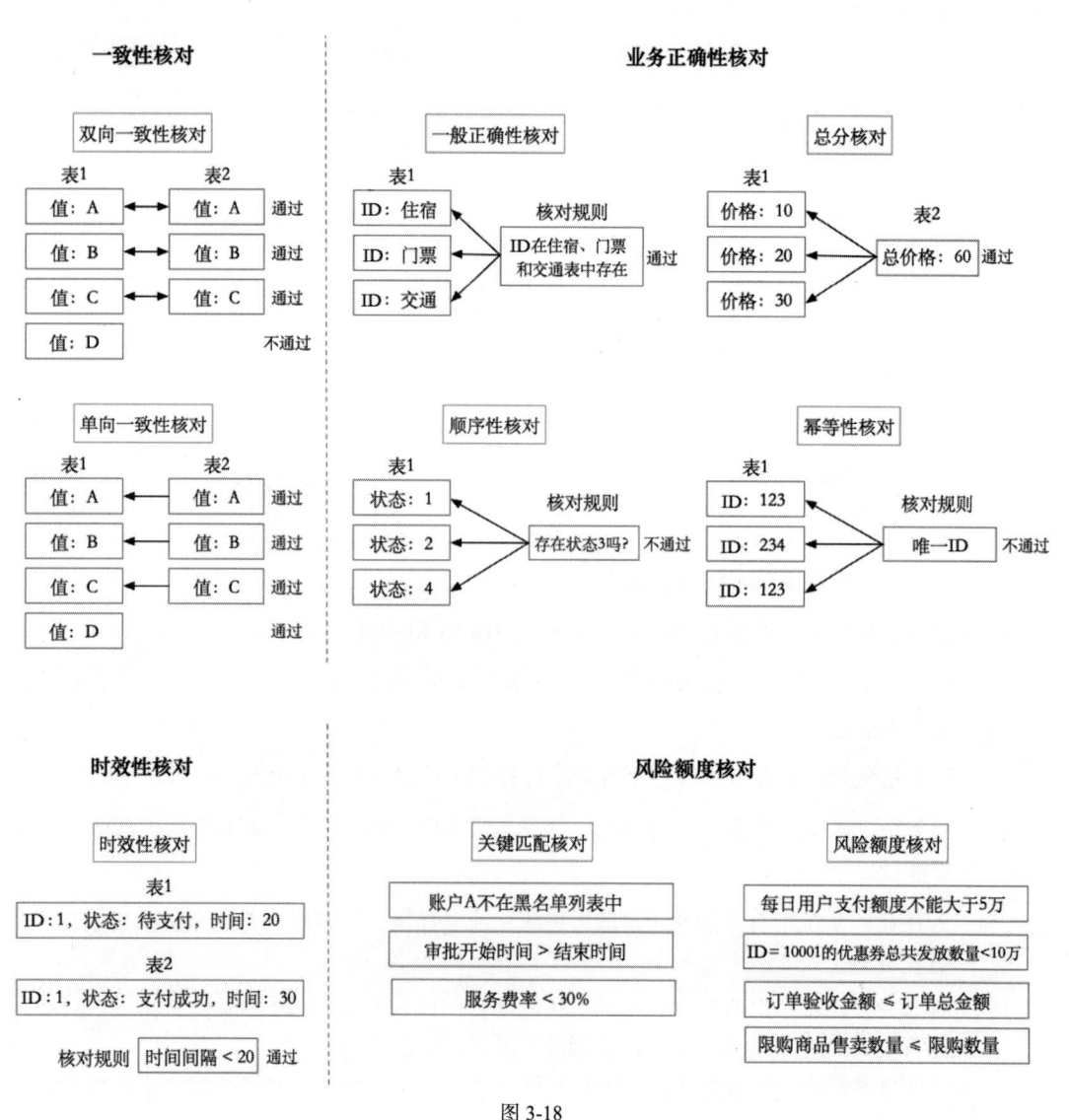

图 3-18

1. 一致性核对

一致性核对指上下游系统、内外部系统,以及离、在线数据等之间的一致性核对,如图 3-19 所示。

3.8 如何及时发现资损风险

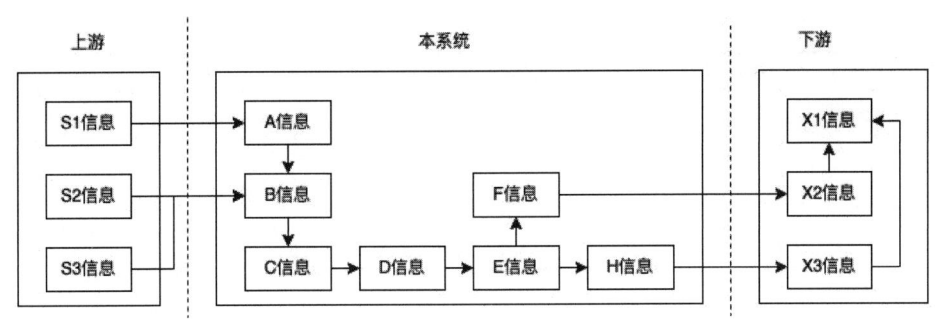

图 3-19

一致性核对是日常工作中使用最多的核对方式,可以是单向核对、双向核对或滚动核对。

- 单向核对:只做左核对或右核对,只以一侧的表为准做核对,看另一侧的数据是否存在,需要保证对应的关键字字段符合约束条件,例如主键 ID 相等。
- 双向核对:同时做左核对和右核对,不仅以一侧的表为准看另一侧的数据是否存在,还以另一侧的表为准反过来看这一侧的数据是否存在(可理解为做了两次单向核对)。需要保证对应的关键字字段符合约束条件,例如主键 ID 相等。
- 滚动核对:主要解决跨临界点的数据核对问题,对于上一核对周期未核对的数据,需要将其与下一核对周期的数据继续进行核对。

表 3-17 所示为业务订单系统中的订单表,表 3-18 所示为财务报账系统中的订单表。

表 3-17

订 单 号	订单数量	订单金额	时　　间
001	20	1998	2023.9.1 11:21:21
002	15	2011	2023.9.1 14:11:21
004	17	898	2023.9.1 24:59:15
005	2	250	2023.9.2 4:25:18

表 3-18

订 单 号	订单数量	订单金额	时　　间
001	20	1998	2023.9.1 11:30:10
002	15	2001	2023.9.1 14:40:15
004	17	898	2023.9.2 00:00:45
007	2	250	2023.9.2 10:20:10

因为财务报账系统中的数据通常以业务订单系统中的数据为准,所以这里首先采用左核对的方式进行单向核对。表 3-17 为左表,表 3-18 为右表,核对结果如表 3-19 所示。

第3章 资损风险分析与治理

表 3-19

左表订单号	左表订单数量	左表订单金额	右表订单号	右表订单数量	右表订单金额	核对结果
001	20	1998	001	20	1998	完全一致
002	15	2011	002	15	2001	存在数据异常：订单金额不一致
004	17	898	004	17	898	最终一致：虽然时间不一致，但在下一核对周期中就能核对一致，即在滚动核对时一致
005	2	250	NULL	NULL	NULL	存在数据异常：在右表中不存在数据

这里明显有个问题，就是右表中的 007 数据没有被核对出来，导致本来不该报账的数据被报账了。这时就需要进行双向核对。前面已经做了左核对，接下来只需做单向存在性核对（右核对），不用再做约束性条件核对了，如表 3-20 所示。

表 3-20

左表订单号	左表订单数量	左表订单金额	右表订单号	右表订单数量	右表订单金额	核对结果
001	20	1998	001	20	1998	在两个表中都存在数据
002	15	2011	002	15	2001	在两个表中都存在数据
004	17	898	004	17	898	在两个表中都存在数据
NULL	NULL	NULL	007	10	489	存在数据异常：在左表中不存在数据

这样通过双向核对，就核对出所有的异常数据了，如表 3-21 所示。

表 3-21

左-订单号	左-订单数量	左-订单金额	右-订单号	右-订单数量	右-订单金额	核对结果
002	15	2011	002	15	2001	异常：订单金额不一致
005	2	250	NULL	NULL	NULL	异常：在右表中不存在数据
NULL	NULL	NULL	007	10	489	异常：在左表中不存在数据

在进行滚动核对时，只需把前一个周期的异常数据记录下来，在下一个核对周期中继续核对即可。

单向核对（左核对）的核心代码如下：

3.8 如何及时发现资损风险

```
SELECT
  a.no as left_no,
  a.count as left_count,
  a.money as left_money
  b.no as right_no,
  b.count as right_count,
  b.money as right_money,
  CASE
    WHEN left_count <> right_count THEN '异常：订单数量不一致'
    WHEN left_money <> right_money THEN '异常：订单金额不一致'
    WHEN (left_count <> right_count and left_money <> right_money) THEN '异常：订单数量和金额都不一致'
    WHEN right_no IS NULL THEN '异常：在右表中不存在数据'
  END AS err_msg
FROM (
    SELECT *
    FROM buisness_order
    WHERE dt ='{yyyymmdd-1}'  --yyyymmdd 为核对周期，每次都核对动态传入的参数
  ) a
LEFT JOIN (
    SELECT *
    FROM order_record
    WHERE ds ='{yyyymmdd-1}'  --yyyymmdd 为核对周期，每次都核对动态传入的参数
  ) b
on a.no = b.no
where a.count <> b.count or a.money <> b.money or b.no IS NULL;
```

双向核对的核心代码如下：

```
SELECT
  a.no as left_no,
  a.count as left_count,
  a.money as left_money
  b.no as right_no,
  b.count as right_count,
  b.money as right_money,
  CASE
    WHEN left_count <> right_count THEN '异常：订单数量不一致'
    WHEN left_money <> right_money THEN '异常：订单金额不一致'
    WHEN (left_count <> right_count and left_money <> right_money) THEN '异常：订单数量和金额都不一致'
    WHEN right_no IS NULL THEN '异常：在右表中不存在数据'
  END AS err_msg
FROM (
    SELECT *
```

```
    FROM buisness_order
    WHERE dt ='{yyyymmdd-1}'
 ) a
LEFT JOIN (
    SELECT *
    FROM order_record
    WHERE ds ='{yyyymmdd-1}'
 ) b
on a.no = b.no
where a.count <> b.count or a.money <> b.money or b.no IS NULL
UNION ALL  --通过UNION ALL合并两次单向核对的结果
SELECT
 a.no as left_no,
 a.count as left_count,
 a.money as left_money
 b.no as right_no,
 b.count as right_count,
 b.money as right_money,
 CASE
    WHEN left_no IS NULL THEN '异常：在左表中不存在数据'
 END AS err_msg
FROM (
    SELECT *
    FROM buisness_order
    WHERE dt ='{yyyymmdd-1}'
 ) a
right JOIN (  --由之前的left JOIN改为right JOIN
    SELECT *
    FROM order_record
    WHERE ds ='{yyyymmdd-1}'
 ) b
on a.no = b.no
where a.no IS NULL;    --这里只需做存在性核对
```

2. 业务正确性核对

业务正确性指根据业务逻辑进行持久化存储的数据要符合业务预期，例如交易金额计算的正确性、库存扣减的正确性等。常见的业务正确性核对方式如下。

◎ 规则正确性核对：根据业务需求给定的条件设计核对规则。例如，某个活动只在双十一当天生效，若提前生效，就不符合业务预期了。

◎ 总分核对：明细表中多条记录的总额等于汇总表中对应的金额。例如，某酒店某日订单的计费信息应当等于各个房间的计费信息总和。

- ◎ 顺序性核对：一些明细表必须具备某种状态的数据。例如，在离店结算指令之前必须有一条入住办理指令。
- ◎ 幂等性操作核对：数据在被写入数据库时必须为幂等性操作，即幂等 ID 状态相同的数据有且只能有一条。例如，在订单支付流水表中，同一个订单 ID 处于支付成功状态的流水只能有一条。

3. 时效性核对

对于有时效性要求的业务，需要实时发现状态流转不符合预期的数据。例如，在为供应商结算的业务中，若逾期支付，则可能会产生违约金等。

4. 风险额度核对

所有资金流动都有上下限控制，尤其是上限控制，需要从周期和汇总两个维度进行核对。例如，一个用户的退款操作次数在一周内不能超过 5 次，否则可能有潜在的资损风险（可能存在恶意刷单等情况）。

3.8.4 什么是业会核对

业会核对指在业务系统和会计系统之间进行的核对，主要考查财务侧是否按照业务侧不重、不漏、不错地正确记账（业会核对不能解决一些业务本身的问题，例如，商家将应结算金额计算错误等）。业会核对的方法是从各个业务系统中获取发生额或余额数据与财务系统中对应的业务发生额或余额数据进行核对，主要核对方式如下。

- ◎ 业会余额核对：指在特定的场景中，将业务系统中的余额与财务系统中的余额按照某一固定频率实现的端到端的自动核对机制，主要解决业务系统中的余额和财务系统中的余额不一致的问题。
- ◎ 业会发生额核对：指在特定的场景中，将一段时间内借方和贷方所发生的往来资金的总和进行核对的方法。

在进行业会核对时，既可以核对发生额，也可以核对余额，但因为仅核对发生额不能代表余额口径的正确性，所以在通常情况下都需要进行核对。举个例子：假设昨天的支付宝余额是 200 元，今天的支付宝余额是 300 元，则可得知今天的余额增加了 100 元（发生额）。若看转账记录，收到 300 元，转去 200 元，则可得知账户增加 100 元（发生额）。在此基础上，若知道昨天的余额，就可以将昨天的余额加上今天的发生额计算出今日的余额。我们把这两种发生额对比叫作发生额核对，把余额对比叫作余额核对。以上余额核对与发生额核对的过程如图 3-20 所示。

第 3 章　资损风险分析与治理

	业务口径	会计口径
第一天	小明在第一天23:59:59看到自己的支付宝余额为200元	
第二天	小明在第二天23:59:59看到自己的支付宝余额为300元	小明在第二天上午收到转账200元 小明在第二天上午买东西消费100元
	已知小明两天的支付宝余额,可以将其相减,得到小明的发生额为100元 小明第二天的期末余额是已知的,为300元	已知小明一天的消费记录,可以直接累加,得到小明的发生额为100元。 此时只需给定小明第一天的支付宝余额(期初余额初始化)是200元,那么小明每天的支付宝余额都可以算出来

每日对比两个计算口径下的发生额和余额是否一致

图 3-20

对其中的相关概念讲解如下。

◎　期初余额：指期初已存在的账户余额。
◎　期末余额：指期末已存在的账户余额。
◎　业务发生额：指一段时间内借方和贷方所发生的往来资金的总和。
◎　余额初始化：通常指初始化期初余额的数字。

如何知道业务系统中的余额呢？业务系统中的余额并不能像支付宝中的余额一样可被直接看到，需要通过复杂的 SQL 语句从业务的数据库中查询才能看到。

如何知道财务系统中的发生额呢？业务系统会向结算平台不停地发送结算凭证，这个结算凭证相当于上文中支付宝的转账和消费记录，因此可以通过累计结算凭证来计算财务系统中的发生额。

接下来继续讲解业会核对的具体方法和流程。以业会核对中会计科目-应付账款的余额核对为例，其中的"应付"指应付但未付给商家的金额。

那么应付账款的余额核对是怎么进行的呢？离不开四个口径：业务口径、财务口径、业务明细口径和财务明细口径。若业务口径与财务口径有差异，则说明业会核对有差异，当我们需要定位原因时，就要去对比业务明细口径和财务明细口径了，因为业务口径和财务口径只有一个汇总数据，没有详细的明细数据，所以无法定位问题。应付账款的余额核对示例如图 3-21 所示。

3.8 如何及时发现资损风险

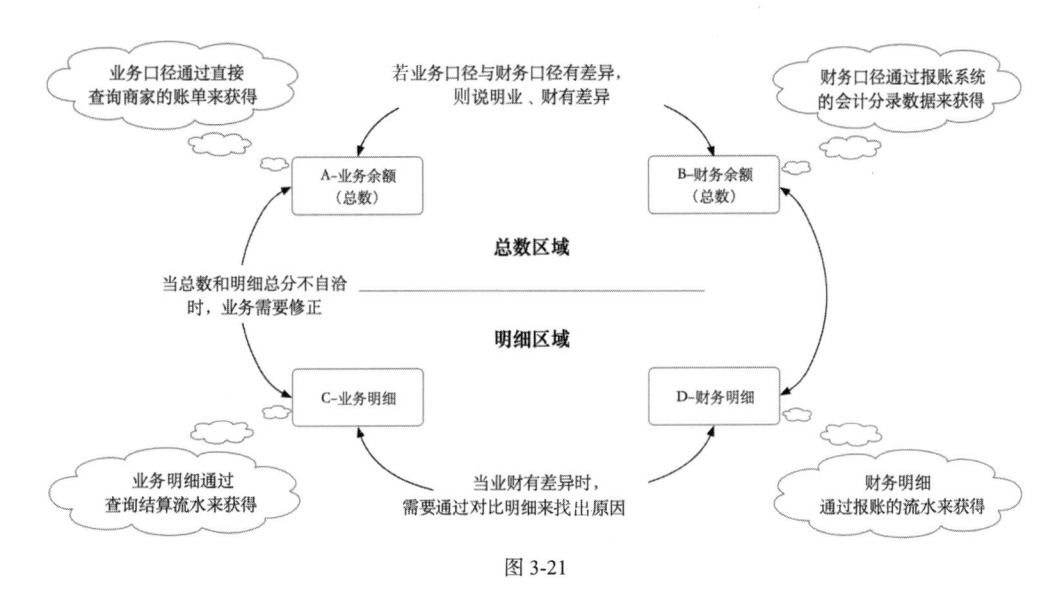

图 3-21

对其中的数据和来源说明如下。

◎ 业务系统中的余额：业务系统中的"应付"其实体现在账单上，因为在账单上会展示应该付给商家的金额，对账单按某个维度进行汇总就可以直接得到应付数据，所以通过一个 SQL 查询语句就可以得到应付数据。

◎ 业务系统中的明细数据：业务系统产生的应付相关的所有结算流水。

◎ 财务系统中的余额：对财务系统中的"应付"可以取公司或企业报账系统中的会计分录数据，该数据是由对应报账系统中的报账数据聚合起来的，可将其理解成一种复杂的汇总计算。

◎ 财务系统中的明细数据：报账系统中应付相关的所有明细流水。

接下来介绍如何核对和发现差异，步骤如下。

（1）将 A 和 B 进行余额核对，因为 A 和 B 是端到端的两个系统，所以若整个链路中的任何环节出现数据不一致的情况，A 和 B 就会有差异。

（2）将 A 和 C 进行总分正确性核对，当 A 不等于 C 的总和（即 A≠SUM(C)）时，业务逻辑就不正确了。最常见的情况就是跨天，A 是每天计算一次，但是 C 的某些流水在第 2 天才被发送过来，导致核对出现差异。同理，将 B 和 D 进行总分正确性核对。

（3）当将 C 和 D 进行发生额核对且 A 和 B 有差异时，C 和 D 自然也会有对应的明细差异。

3.8.5 什么是会会核对

会会核对指将业务侧报账的资金流水与支付平台报账的资金流水进行核对。在资金流水产

第 3 章 资损风险分析与治理

生的过程中,受到收银台营销、渠道收款手续费、支付场景及虚拟资金流水等因素的影响,实际的资金数据并不等于业务数据,在支付侧会还原原始的订单维度的资金数据,去跟业务侧做匹配,实现最细颗粒度的核对。会会核对主要解决公司或企业往来资金(用户与商户收付款)在业务侧和平台侧进行报账的数据的不一致问题。

那么会会核对又是如何进行的呢?例如,像收、退、付业务,一般是业务系统调用收银台进行收、退、付动作,收银台在完成后返回成功状态。而支付侧与业务侧将分别针对收、退、付报账,同时将对应的支付流水号传送至公司账务平台。因此,账务平台天然承载了两份报账数据,可直接进行会会核对。可以根据业务识别号与支付流水号进行明细核对,以快速定位到差异数据。核对通常可以按天、周或月来核对。考虑到时间差,对于上一核对周期未核对的数据,需要将其与下一核对周期的数据继续进行核对(即滚动核对)。理论上时间差只有 1 天,若时间差超过 1 天,则需要人工介入来查找原因。例如,在 1 月 31 日、2 月 1 日,业务系统 A 调用支付平台进行了 3 笔收款,其交互过程如图 3-22 所示。

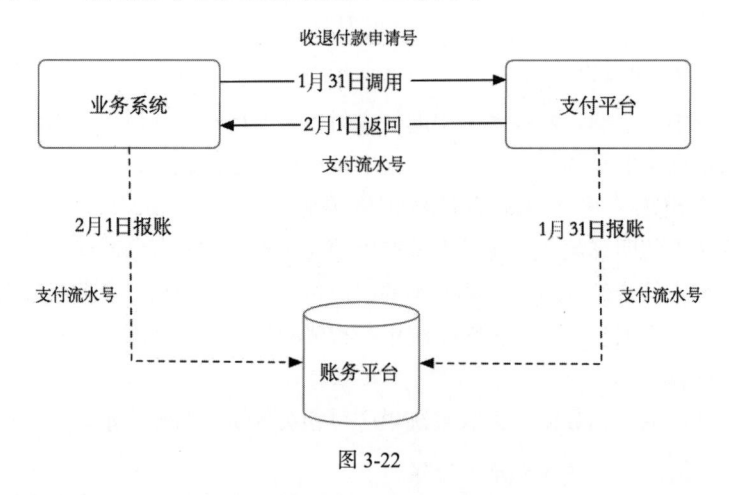

图 3-22

假设账务平台收到的 3 笔收款报账数据如表 3-22 所示。

表 3-22

业务识别号	支付流水号	类型	金额	业务线调用时间	支付平台处理成功时间	支付平台返回结果时间	业务侧记账日期	支付侧记账日期
1101	2001	收款	100	1月31日 23:50:00	1月31日 23:51:00	1月31日 23:52:00	1月31日	1月31日
1101	2002	收款	200	1月31日 23:59:00	1月31日 23:59:59	2月1日 00:00:03	2月1日	1月31日
1101	2003	收款	500	2月1日 10:50:00	2月1日 10:53:00	2月1日 10:53:00	2月1日	2月1日

接下来针对业务识别号 1101 进行会会核对。这里采用一般核对与滚动核对两种方式进行核对,其结果如表 3-23 所示。

表 3-23

核对日期	一般核对	滚动核对
1月31日	业务侧总额：100（支付流水号 2001） 支付侧总额：300（支付流水号 2001、2002） 差异：支付侧比业务侧多 200（差异明细为支付流水号 2002）	业务侧总额：100（支付流水号 2001） 支付侧总额：300（支付流水号 2001、2002） 差异：支付侧比业务侧多 200（差异明细为支付流水号 2002）
2月1日	业务侧总额：700（支付流水号 2002、2003） 支付侧总额：500（支付流水号 2003） 差异：业务侧比支付侧多 200（差异明细为支付流水号 2002）	业务侧总额：700（支付流水号 2002、2003） 支付侧总额：700（支付流水号 2002、2003） 差异：0
核对方式对比	按日期维度进行数据核对，对于临界点的数据核对会有误差，例如跨零点支付	对前一日（月）未核对的记录将在下一日（月）继续核对。相对于一般核对，误差较少

3.8.6 什么是账实核对

账实核对指将各项资产的记录数额与实际数额进行核对，主要针对那些存在实物的科目，例如固定资产、库存现金等。账实核对主要涉及以下几方面。

- ◎ 将现金日记账的账面余额与现金实际库存余额进行核对。
- ◎ 将银行存款日记账的账面余额与开户银行的账目进行核对。
- ◎ 将材料、库存商品、固定资产等财产物资的明细分类账目的期末余额与实际余额进行核对。
- ◎ 将应收、应付款项的明细账目与应收、应付款项的实存数额进行核对。

若核对无误，则表明账目没问题，也未出现实物保管事故。相反，若账、实数量对不上，就要分别从账、实两方面查起，直到查出原因。账实核对可能主要依靠财务和业务人员的线下盘点，这里就不详细介绍如何进行核对了。

3.8.7 核对评估指标

用来评估核对是否全面的核心指标如下。

- ◎ 核对覆盖率=已覆盖的核对场景数（离线或者实时）/需要核对的场景总数。
- ◎ 离线核对覆盖率=已覆盖的核对场景数（离线）/需要核对的场景总数。
- ◎ 实时核对覆盖率=已覆盖的核对场景数（实时）/需要核对的场景总数。

对于已覆盖的核对场景，当出现核对差异时，就需要及时地通过邮件、短信等告警方式通知到相关负责人进行排查处理，做到第一时间发现和拦截资损风险，避免出现严重的资损事故。

第 4 章
通过故障演练主动发现潜在的风险

4.1 为什么"黑天鹅事件"不断出现

近年来,互联网企业不仅面临着降低成本和提高效率的挑战,还面临着系统不稳定所带来的经济损失。互联网系统中"黑天鹅事件"的频繁出现,主要由以下因素导致。

- ◎ 技术复杂性:互联网服务依赖多层次、多组件的复杂技术架构,任何环节发生故障都可能引发系统性问题。
- ◎ 需求波动:用户需求的不可预测性可能导致流量突增,增加服务承载压力,使得系统难以应对突发状况。
- ◎ 快速变化:互联网服务追求快速迭代和更新,有时需要在未经充分测试的情况下推出新功能,增加了发生故障的风险。
- ◎ 第三方依赖:对外部服务和组件的依赖使互联网服务容易受到供应链中其他环节的影响。
- ◎ 环境因素与偶发因素:自然灾害、人为错误、硬件故障等都可能导致互联网服务中断。
- ◎ 安全威胁:网络安全风险不断演变,黑客攻击、病毒和恶意软件等都可能对系统造成破坏。

4.2 故障演练的类型及方法

故障演练,又叫作"混沌工程",是一种在生产环境或模拟环境中主动引入故障的实践,旨在测试系统的稳定性并识别潜在的风险点。通过这种演练,我们能够提前识别并修复系统的风险点，增强系统的稳定性，提高团队对紧急情况的响应和处理能力。

4.2.1 故障演练的类型

故障演练主要分为对抗性故障演练和非对抗性故障演练两种类型，如表 4-1 所示。对于对抗性故障演练，需要组建专门的攻防团队，模拟真实的系统异常和应对场景，以检验团队的协作能力和反应能力；对于非对抗性故障演练，则不组建专门的攻防团队，而是通过模拟依赖服务、容错机制等，来评估系统的稳定性和恢复能力。

表 4-1

故障演练的类型	名 称	介 绍
对抗性故障演练	红蓝演练	红蓝演练是一种模拟攻防场景的故障演练形式。在红蓝演练中，"红方"模拟攻击者，致力于发现并利用系统的安全漏洞；"蓝方"则模拟防御者，致力于保护系统不受攻击。通过红蓝演练，可以评估受检团队在应对突发事件时进行协作、故障追踪、应急响应及快速恢复系统等的能力
非对抗性故障演练	预案演练	预案演练是一种模拟特定紧急情况或灾难事件的故障演练形式，例如针对紧急情况下服务回滚场景的预案演练，用于测试和评估组织在真实事件发生时采取的应急响应预案的有效性。通过预案演练，可以识别现有预案中的弱点，提高团队的协作能力，并确保在真正的危机发生时迅速、有效地采取行动
	容错演练	容错演练是一种通过模拟故障场景来测试系统面对异常时的容错能力的故障演练形式，例如在程序运行过程中注入空指针或数组越界等异常进行的故障演练。容错演练通常涉及在系统运行中故意引入错误或故障，以验证系统的稳定性和可靠性，以及确保系统快速恢复到正常状态
	依赖演练	依赖演练是一种专注于服务之间的依赖关系的故障演练形式，例如针对第三方支付接口依赖超时场景进行的故障演练。它通过模拟服务之间的通信故障场景，可以提前发现并修复那些不符合预期的依赖关系，从而提高系统的健壮性
	容灾演练	容灾演练是一种模拟灾难场景的故障演练形式，例如针对多机房场景的容灾演练。通过容灾演练，可以测试系统和团队在灾难发生时的响应能力，以及数据和业务的恢复速度
	流控演练	流控演练是一种测试网络流量控制策略的故障演练形式，例如针对秒杀活动中大量瞬时请求流量进入系统的场景进行流控演练。流控演练通常涉及在网络中模拟不同的流量模式，以验证流量控制机制在不同场景中的表现，确保高流量或异常流量情况下网络的稳定性和性能

4.2.2 故障演练的方法

进行故障演练是一项复杂的任务，需要周密地准备和执行。为了确保故障演练的有效性，我们需要遵循故障演练的实施步骤：①实验设计；②实验实施；③结果分析。具体如图 4-1 所示。

第 4 章 通过故障演练主动发现潜在的风险

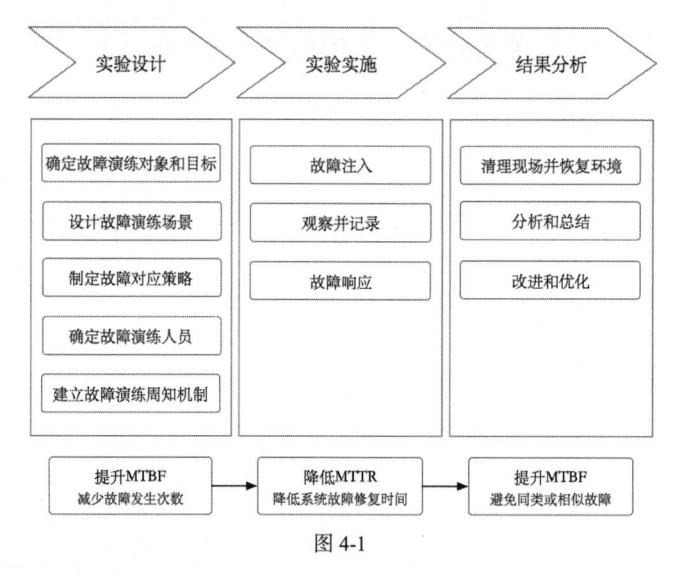

```
实验设计 → 实验实施 → 结果分析

实验设计:
  确定故障演练对象和目标
  设计故障演练场景
  制定故障对应策略
  确定故障演练人员
  建立故障演练周知机制

实验实施:
  故障注入
  观察并记录
  故障响应

结果分析:
  清理现场并恢复环境
  分析和总结
  改进和优化

提升 MTBF            降低 MTTR              提升 MTBF
减少故障发生次数   降低系统故障修复时间   避免同类或相似故障
```

图 4-1

故障演练可被进一步细化为以下步骤。

（1）实验设计。首先确定故障演练的对象和目标，基于系统的正常工作状态，定义"稳态"的量化指标，例如系统的吞吐量、错误率、响应时间等。然后设计故障演练场景和制定故障应对策略，以防在故障演练过程中出现问题，确保及时止损。

（2）假设验证。假设系统是稳定的，即使在面对各种故障和异常时也能维持稳态。故障演练的目的就是验证这一假设是否成立。

（3）故障注入。在受控环境中引入多种类型的故障，例如服务器宕机、网络延迟、服务不可访问等。这些故障既可以是随机的，也可以是有针对性的。在故障演练结束后需要及时清理现场并恢复环境，避免造成不必要的影响。

（4）观察并记录。在实验过程中需要实时跟踪和观察系统的性能，观察故障对系统稳定性带来的影响，例如异常信息、请求流量和关键指标的变化等。通过这些指标来评估系统的响应是否符合预期，并详细记录相关数据，以便后续分析和改进。

（5）分析和总结。在故障演练结束后及时召开复盘会议，分析实验结果，总结经验和教训，确定系统在面对故障时的实际表现，并与预期的稳态进行对比，从而准确地识别系统中的风险点和不足之处。

（6）改进和优化。根据在故障演练过程中发现的问题，制订改进计划，对系统设计和配置进行改进，以增强其稳定性。

在设计故障演练方案时，我们需要综合考虑 IaaS（基础设施即服务）、PaaS（平台即服务）和 SaaS（软件即服务）这三个层面，构建一个包含不同系统层面的故障演练场景列表，确保故障演练能够全面覆盖并发现系统中的各种潜在问题，如图 4-2 所示。

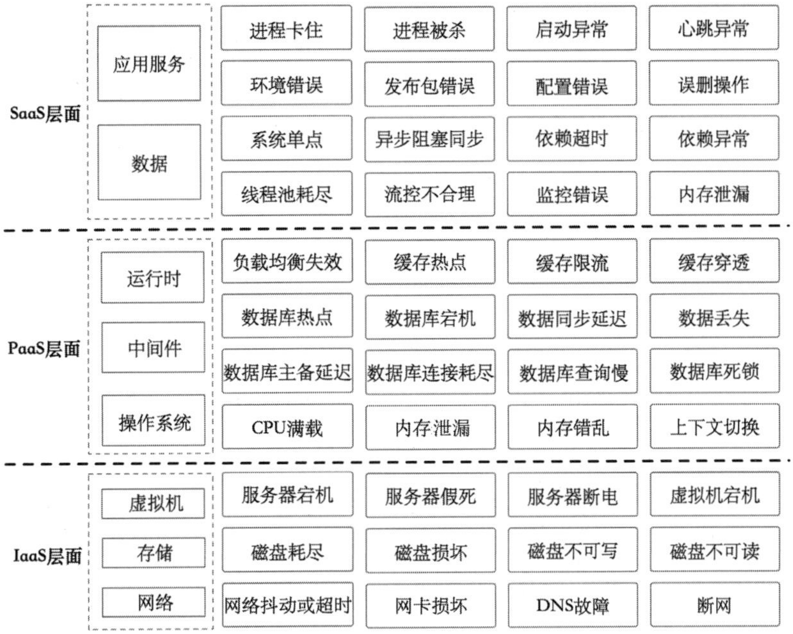

SaaS层面	应用服务	进程卡住	进程被杀	启动异常	心跳异常
		环境错误	发布包错误	配置错误	误删操作
	数据	系统单点	异步阻塞同步	依赖超时	依赖异常
		线程池耗尽	流控不合理	监控错误	内存泄漏
PaaS层面	运行时	负载均衡失效	缓存热点	缓存限流	缓存穿透
	中间件	数据库热点	数据库宕机	数据同步延迟	数据丢失
		数据库主备延迟	数据库连接耗尽	数据库查询慢	数据库死锁
	操作系统	CPU满载	内存泄漏	内存错乱	上下文切换
IaaS层面	虚拟机	服务器宕机	服务器假死	服务器断电	虚拟机宕机
	存储	磁盘耗尽	磁盘损坏	磁盘不可写	磁盘不可读
	网络	网络抖动或超时	网卡损坏	DNS故障	断网

图 4-2

对于一些深层次的问题，还需要根据历史场景和未来的业务发展情况做更深入的分析，尽量做到对故障场景的梳理不重不漏。

4.3 ChaosBlade 的原理与实践

在做好故障演练方案后，关键的一步是选择合适的工具进行故障演练。一些应用较广泛的故障演练工具如表 4-2 所示。

表 4-2

故障演练工具	故障演练类型	介绍
Chaos Monkey	非对抗	Chaos Monkey 是由 Netflix 开源的一款故障演练工具，通过在生产环境中随机终止实例来验证系统的容错性。该工具的核心目的是，模拟现实世界中可能发生的故障，以测试和加强系统服务的自愈能力，确保系统能够应对实例或服务的突然失效。作为 Netflix Simian Army 套件的一部分，Chaos Monkey 能够与主流云平台（例如 AWS）集成，通过定期释放服务实例来模拟故障演练场景，帮助团队提前发现并修复潜在的问题。其设计哲学在于通过持续的测试来增强系统的稳定性，使系统即使遇到不可预知的故障，也能正常运行

第 4 章 通过故障演练主动发现潜在的风险

续表

故障演练工具	故障演练类型	介　　绍
ChaosBlade	对抗+非对抗	ChaosBlade 是由阿里巴巴开源的一款强大的故障演练工具，它通过模拟各类系统、应用和网络故障演练场景，协助开发者和运维团队测试并增强系统的容错能力和稳定性。该工具提供了一系列故障注入场景，包括 CPU 满载、内存泄漏、磁盘故障、网络延迟等，并且兼容多种环境，例如物理机、虚拟机、Docker、Kubernetes 容器及云服务
Chaos Mesh	非对抗	Chaos Mesh 是由 PingCAP 团队开源的云原生故障演练工具，专门针对 Kubernetes 环境而设计。该工具提供了一系列全面的故障模拟类型，包括 Pod 故障、网络延迟、数据包丢失、系统调用失败等，可帮助开发及运维人员识别和修复分布式系统中的潜在问题

接下来以 ChaosBlade 为例讲解故障演练工具的工作原理和实现细节。

4.3.1　ChaosBlade 的架构

ChaosBlade 支持在多种运行环境中进行部署和演练，其运行环境主要包括 Linux 操作系统、Docker 容器、Kubernetes 集群，以及各大云服务提供商提供的运行环境。ChaosBlade 的整体架构如图 4-3 所示。

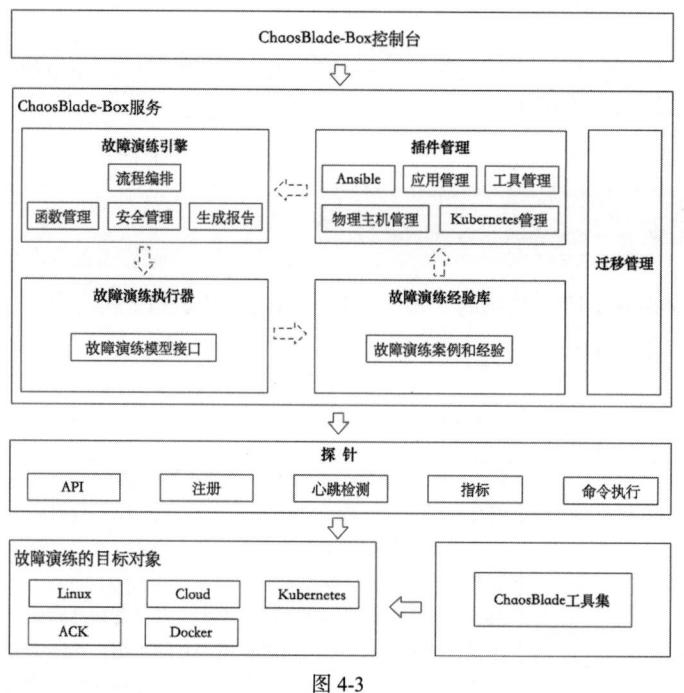

图 4-3

可知，ChaosBlade 主要由以下组件构成。

◎ ChaosBlade-Box 控制台：ChaosBlade 的可视化操作界面，通过这个界面，用户可以轻松地编排和管理故障演练场景，使得复杂的故障演练任务变得简单、易懂。
◎ ChaosBlade-Box 服务：ChaosBlade 的核心逻辑组件，承担着对故障演练场景的管理与编排职责，同时负责对探针与应用的管理。
◎ 探针：ChaosBlade 的核心逻辑组件，被部署在用户的主机终端或 Kubernetes 集群中。探针的主要职责是与 ChaosBlade-Box 服务建立连接，定期上报心跳信号以确保通信畅通，并充当命令下发通道，从而确保从服务器到故障演练的运行环境，指令都能够顺利传达。
◎ ChaosBlade 工具集：底层的核心执行工具，能够在多种环境中，包括主机和 Kubernetes 等，执行故障注入操作，并能够对系统的网络设备、文件系统、内核及运行中的应用程序进行精确的故障干扰，从而模拟各种系统故障演练场景，以测试系统的韧性和可靠性。

4.3.2 ChaosBlade 的安装和应用

接下来介绍如何安装 ChaosBlade，以及如何使用它进行故障演练。

1. 安装 ChaosBlade

可以通过多种方式安装 ChaosBlade，包括直接下载其二进制文件、使用包管理器或者通过源码编译等进行安装。以在 Linux 操作系统中使用包管理器安装 ChaosBlade 为例，可以使用以下命令安装 ChaosBlade：

```
wget https://ch***blade.oss-cn-hangzhou.aliyuncs.com/agent/github/1.0.0/chaosblade-1.0.0-linux-amd64.tar.gz
tar zxvf chaosblade-1.0.0-linux-amd64.tar.gz
cd chaosblade-1.0.0
```

另外，对于 Java 应用，还需要下载 chaosblade-exec-jvm 模块，该模块可以通过 Java Agent 的方式执行故障注入。

2. 创建故障演练场景

下面使用 ChaosBlade CLI 创建故障演练场景，模拟一个服务的网络延迟场景，示例命令如下：

```
./blade create network delay --time 3000 --interface eth0 --local-port 8080
```

这个命令会在本地 8080 端口上注入 3000 毫秒的网络延迟。

第 4 章　通过故障演练主动发现潜在的风险

对于 Java 应用，若我们想模拟方法调用延迟场景，则可以执行以下命令：

```
./blade create jvm method-delay --classname your.package.ClassName --methodname yourMethod --time 3000
```

这个命令会在指定的 Java 类和方法上注入 3000 毫秒的延迟。

3. 观察和验证

在创建故障演练场景后，我们需要观察系统的表现，验证系统是否具有预期的容错能力。这里涉及查看监控系统指标、查看日志信息、检查应用程序的响应速度等。

4. 销毁故障演练场景

在完成故障演练后，应该及时销毁故障演练场景，以将系统恢复到正常状态。可以执行以下命令来销毁故障演练场景：

```
./blade destroy UID
```

其中，UID 是创建故障演练场景时返回的唯一标识符。

5. 分析结果

在完成故障演练后要分析结果，了解系统在面对故障时的表现，并采取相应的措施来增强系统的健壮性，例如增加重试逻辑、改进负载均衡策略或优化资源配置等。

4.3.3　ChaosBlade 支持的调用方式

ChaosBlade 支持通过 CLI（Command Line Interface，命令行界面）和 HTTP 两种方式进行调用。

CLI 方式的命令及描述如表 4-3 所示。

表 4-3

命　令	简　写	用　法	描　述
prepare	p	blade p jvm --process <应用名>	准备故障演练运行环境，例如挂载 Java Agent
revoke	r	blade r <UID>	撤销故障演练运行环境，例如卸载 Java Agent
create	c	blade create <目标> <动作> [参数]	创建故障演练场景，执行故障注入
destroy	d	blade d <UID>	销毁指定的故障演练场景
status	s	blade status <UID> 或 blade status --type create	查询故障演练状态

HTTP 方式的命令及描述如表 4-4 所示。

4.3 ChaosBlade 的原理与实践

表 4-4

用　　法	描　　述
blade server start -p <端口>	首先启动 Web 服务，暴露 HTTP API，然后通过 HTTP 请求调用 ChaosBlade。例如，首先在目标机器 xxxx 上执行命令"blade server start -p 9526"，然后执行 CPU 满载实验命令"curl　http://xxxx:9526/chaosblade?cmd=create cpu fullload"
blade server stop	关闭 ChaosBlade HTTP 服务端

4.3.4　ChaosBlade 中的常用命令

ChaosBlade 还提供了一系列实验类型，用于在不同的环境中进行故障演练。例如，在物理主机、Kubernetes 集群和应用程序等运行环境中进行部署和演练。下面讲解其中的一些常用命令及其具体用法。

物理主机中的常用命令如表 4-5 所示。

表 4-5

命令名称	具体用法示例及描述
network delay	./blade create network delay --interface eth0 --time 3000 --local-port 8080 在 eth0 接口的本地 8080 端口上模拟 3000 毫秒的网络延迟
network loss	./blade create network loss --interface eth0 --percent 10 --local-port 8080 在 eth0 接口的本地 8080 端口上模拟 10% 的网络丢包
network duplicate	./blade create network duplicate --interface eth0 --percent 10 --local-port 8080 在 eth0 接口的本地 8080 端口上模拟重复发送网络包
disk burn	./blade create disk burn --path /home --read –write 在 /home 目录下执行磁盘读写操作，以模拟磁盘 I/O 压力
disk fault	./blade create disk fault --path /home --read --write 在 /home 目录下模拟磁盘故障
cpu load	./blade create cpu load --cpu-percent 80 --timeout 60 模拟 CPU 占用率为 80% 且持续 60 秒
cpu fullload	./blade create cpu fullload --cpu-count 2 --timeout 60 使两个 CPU 核心满载运行且持续 60 秒
mem load	./blade create mem load --mode ram --mem-percent 80 --timeout 60 模拟内存占用率为 80% 且持续 60 秒
mem burn	./blade create mem burn --mode ram --reserve 1024 模拟消耗 1024MB 的内存
process kill	./blade create process kill --process tomcat 杀死名称包含"tomcat"的进程

Kubernetes 集群中的常用命令如表 4-6 所示。

第 4 章 通过故障演练主动发现潜在的风险

表 4-6

命令名称	具体用法示例及描述
k8s pod-cpu load	./blade create k8s pod-cpu load --names nginx-85ff79dd56-5wb92 --namespace default --cpu-ercent 80 --timeout 60 在 default 命名空间中名为"nginx-85ff79dd56-5wb92"的 Pod 上模拟 CPU 占用率为 80%且持续 60 秒
k8s pod-mem load	./blade create k8s pod-mem load --names nginx-85ff79dd56-5wb92 --namespace default --mem-percent 80 --timeout 60 在 default 命名空间中名为"nginx-85ff79dd56-5wb92"的 Pod 上模拟内存占用率为 80%且持续 60 秒
k8s pod-network delay	./blade create k8s pod-network duplicate --names nginx-85ff79dd56-5wb92 --namespace default --percent 100 --interface eth0 --timeout 60 在 default 命名空间中名为"nginx-85ff79dd56-5wb92"的 Pod 的 eth0 网络接口上模拟重复发送网络包且持续 60 秒
k8s pod-kill	./blade create k8s pod-kill --names nginx-85ff79dd56-5wb92 --namespace default 杀死 default 命名空间中名为"nginx-85ff79dd56-5wb92"的 Pod
mem burn	./blade create mem burn --mode ram --reserve 1024 模拟消耗 1024MB 的内存
process kill	./blade create process kill --process tomcat 杀死名称包含"tomcat"的进程
process stop	./blade create process stop --process tomcat 暂停名称包含"tomcat"的进程

应用程序中的常用命令如表 4-7 所示。

表 4-7

命令名称	具体用法示例及描述
jvm delay	./blade create jvm delay --classname com.example.service.UserService --methodname getUserById --time 3000 在 com.example.service.UserService 类的 getUserById 方法上模拟 3000 毫秒的延迟
jvm return	./blade create jvm return --classname com.example.service.UserService --methodname getUserById --value "mocked value" 在 com.example.service.UserService 类的 getUserById 方法上模拟返回信息值"mocked value"
jvm throwCustomException	./blade create jvm throwCustomException --classname com.example.service.UserService --methodname getUserById --exception java.lang.Exception --message "custom exception" 在 com.example.service.UserService 类的 getUserById 方法上模拟抛出自定义异常 java.lang.Exception,异常信息为"custom exception"

续表

命令名称	具体用法示例及描述
jvm gc	./blade create jvm gc --interval 500 模拟每隔 500 毫秒触发一次内存垃圾回收
jvm outOfMemory	./blade create jvm outOfMemory --area heap 模拟堆内存溢出
jvm cpu load	./blade create jvm cpu load --cpu-percent 80 --timeout 60 模拟 CPU 占用率为 80% 且持续 60 秒

另外，对于 ChaosBlade 中的不常用命令，可以通过 help 命令来了解其详细信息，例如：

```
blade help
blade create help
blade create cpu help
```

4.3.5　ChaosBlade 的原理

接下来讲解 ChaosBlade 的原理。

1. ChaosBlade 模拟 CPU 负载过高场景的原理

在计算机系统中，CPU 时间片是一种时间分配单位，用于调度操作系统中的进程。操作系统会将可用的 CPU 时间分割成多个时间片，将其轮流分配给系统中的每个进程或线程。每个进程或线程在获得一个时间片后，都可以执行一定时间的 CPU 指令，之后操作系统会中断当前进程或线程，将 CPU 时间片分配给下一个等待的进程或线程。这个过程循环往复，使得多个进程或线程共享 CPU，实现并发执行。

在 Linux 操作系统中，taskset 命令常被用于将进程绑定到特定的 CPU 核心上执行，以此来控制 CPU 负载的生成。taskset 命令的基本用法如下：

```
taskset -c <cpu-list> <command>
```

其中，<cpu-list> 是一个或多个 CPU 核心的编号（例如，"0-3" 表示 CPU0 ~ CPU3），<command> 是需要在指定的 CPU 核心上执行的命令。

ChaosBlade 在模拟 CPU 负载时，通过 taskset 命令在指定的 CPU 核心上运行计算密集型任务（例如执行 do while 循环），来消耗这些 CPU 时间片，从而增加系统的 CPU 占用率。这样做可以更精确地控制 CPU 负载的分布，特别是在多核心系统中，可以模拟特定核心的高负载场景，不影响其他核心。其详细代码实现见 chaosblade-exec-os 项目中 cpu 模块的 cpu.go 类。

2. ChaosBlade 模拟内存占用率过高场景的原理

ChaosBlade 通过不同的模式来模拟内存占用率过高的场景，测试系统在内存紧张时的表现。

第 4 章　通过故障演练主动发现潜在的风险

ChaosBlade 提供了两种模式来模拟内存占用场景：Ram 模式和 Cache 模式。

1）Ram 模式

ChaosBlade 通过 Java 代码直接申请内存来模拟内存占用场景，这通常是通过创建大量的对象或者使用数据结构（如数组、集合等）实现的。JVM 管理的堆内存会被逐渐填满，直到达到设定的内存占用率。该模式只会影响 JVM 的内存占用率，不会影响操作系统层面的物理内存占用率。

2）Cache 模式

Cache 模式涉及操作系统层面的内存占用场景。在该模式下，ChaosBlade 通过 mount 命令创建一个临时文件系统（tmpfs），并通过 dd 命令向其中写入数据，以此来消耗可用的内存。具体步骤如下。

（1）创建临时文件系统。通过 mount 命令将一个 tmpfs 挂载到一个临时目录下。tmpfs 是一种基于内存的文件系统，将可用的 RAM 或交换空间作为存储空间。例如，通过以下命令创建一个最大为 1GB 的 tmpfs 临时文件系统，并将其挂载到/path/to/temporary/directory 目录下，这个文件系统被标记为 tmpfsdemo：

```
mount -t tmpfs -o size=1G tmpfsdemo /path/to/temporary/directory
```

（2）通过 dd 命令向挂载 tmpfsdemo 临时文件系统的目录写入数据。通过 dd 命令可以创建一个指定大小的文件，并用随机数据填充该文件。例如，通过以下命令可以创建一个 1GB 大小的文件，文件由零字节组成。这个文件将被写入 largefile 文件：

```
dd if=/dev/zero of=/path/to/temporary/directory/largefile bs=1M count=1024
```

在实际使用 ChaosBlade 进行内存占用率过高的故障演练时，用户需要根据实验的目的和系统的运行环境选择合适的模式，并设置合适的内存占用率。ChaosBlade 提供了丰富的参数配置选项，使得用户可以灵活地定义故障演练的规模和持续时间。

3. ChaosBlade 模拟 Kubernetes Pod 不可用场景的原理

ChaosBlade 通过 Kubernetes 的自定义资源（CRD）和 ChaosBlade Operator 来模拟 Kubernetes Pod 不可用的场景。ChaosBlade Operator 是一个在 Kubernetes 集群中运行的控制器，能够识别和处理 ChaosBlade 定义的故障演练资源。

当需要模拟 Pod 不可用的场景时，ChaosBlade 允许用户自定义一个故障演练场景，这个故障演练场景会被 ChaosBlade Operator 捕获并处理。ChaosBlade Operator 会调用 Kubernetes API 来对指定的 Pod 进行故障注入，使得该 Pod 在一段时间内处于不可用状态。

以下是一个使用 ChaosBlade 创建 Kubernetes Pod 不可用场景的命令示例：

```
#创建实验，使得名称为"webapp"的Pod不可用
chaosblade create k8s pod-kill --names webapp
```

在这个命令中，"chaosblade create k8s pod-kill"是用来创建 Kubernetes Pod 不可用场景的命令，"--names webapp"是参数，表示要操作的 Pod 的名称。

执行这个命令后，ChaosBlade Operator 会接收到这个故障演练请求，之后通过 Kubernetes API 删除或暂停名为"webapp"的 Pod，从而模拟 Kubernetes Pod 不可用的场景。具体来说，ChaosBlade Operator 通过 Kubernetes 的客户端库（如 Go 语言的 client-go 库）来与 Kubernetes API 交互，实现对 Pod 的操作。例如，它可以调用 client.CoreV1().Pods(namespace).Delete(name, deleteOptions)来删除 Pod，或者调用 client.CoreV1().Pods(namespace).Evict(evictOptions)来暂停 Pod。这需要在具备相应 Kubernetes 权限的运行环境中执行。

4. ChaosBlade 模拟 JVM 中类方法调用延迟场景的原理

在 ChaosBlade 中通常通过 Java Agent 技术模拟 JVM 中类方法调用延迟的场景。Java Agent 允许开发者在应用程序运行时修改 Java 类的字节码，或者在类加载时动态生成新的类。这种技术使得 ChaosBlade 在不重启应用程序的情况下，能够插入额外的逻辑来模拟方法调用延迟的场景。通过 chaosblade-exec-jvm 模块模拟类方法调用延迟场景的步骤一般如下。

（1）定义故障模型。需要定义一个故障模型，指定要模拟延迟的方法、类名、时间等信息。这通常通过 ChaosBlade 的领域特定语言（DSL）来实现，用户可以通过简单的命令或脚本来描述故障演练实验。

（2）使用 Java Agent。ChaosBlade 使用 Java Agent 来拦截目标方法的调用。Java Agent 可以在类加载时通过 premain()方法或者 Agentmain()方法启动。在该方法中，ChaosBlade 会注册一个 ClassFileTransformer，用于在类加载时修改目标类的字节码。

（3）字节码转换。当目标类被加载时，ClassFileTransformer 会转换目标方法的字节码。ChaosBlade 会插入一段新的字节码，这段字节码在目标方法执行前执行，用于模拟延迟场景。

（4）延迟实现。为了实现延迟，ChaosBlade 可能会通过在目标方法的字节码中插入一个调用 Thread.sleep()方法的指令，或者使用其他机制来阻塞当前线程一段时间。这段延迟代码会被插入目标方法的字节码的开始部分。

（5）恢复原始行为。ChaosBlade 还提供了一种机制来消除故障演练的影响，将目标类恢复到原始状态。这通常通过重新加载原始的类定义来实现，或者在 Java Agent 中实现一种消除机制，以便在实验结束后恢复字节码。

以下是一个简化的伪代码示例，展示了如何使用 Java Agent 和字节码转换来模拟方法调用延迟场景：

第 4 章　通过故障演练主动发现潜在的风险

```
public class MethodDelayAgent {
    public static void premain(String agentArgs, Instrumentation inst) {
        // 注册类文件转换器
        inst.addTransformer(new ClassFileTransformer() {
            @Override
            public byte[] transform(ClassLoader loader, String className, Class<?> classBeingRedefined,ProtectionDomain protectionDomain, byte[] classfileBuffer) {
                // 检查是否为目标类
                if (className.equals("com/example/TargetClass")) {
                    // 修改字节码以插入延迟逻辑
                    // 此处省略代码
                }
                return classfileBuffer;
            }
        });
    }
}
```

在这个示例中，MethodDelayAgent 类的 premain()方法在 Java Agent 启动时被调用，它注册了一个 ClassFileTransformer。当目标类 com.example.TargetClass 被加载时，transform()方法会被调用，ChaosBlade 会在这个方法中修改目标类的字节码，插入延迟逻辑。

注意：这只是一个概念性的示例，实际的 ChaosBlade 实现会更加复杂，需要考虑类加载器、方法安全性、异常处理等多方面的问题。另外，ChaosBlade 的实现细节可能会随着版本的更新而变化。

4.4　ChaosBlade-Box 故障演练管理平台

ChaosBlade-Box 是 ChaosBlade 的扩展项目，是一个基于 Web 的故障演练管理平台，提供了一种可视化的方式来创建、管理和监控故障演练场景。ChaosBlade-Box 的主要功能如下。

◎ 故障演练管理：用户可以通过 Web 界面来创建、启动、停止和删除故障演练场景，无须直接操作命令行。支持的故障演练类型包括故障注入、压力测试等。

◎ 故障演练监控：ChaosBlade-Box 提供了故障演练的实时监控功能，用户可以在 Web 界面上查看故障演练的状态和结果。

◎ 故障演练历史：ChaosBlade-Box 保存了所有故障演练的历史记录，用户可以查看和分析过去的故障演练结果，以便故障排查和性能优化。

◎ 故障演练报告：ChaosBlade-Box 可以生成详细的故障演练报告，包括故障演练的目标、方法、结果和影响等信息，帮助用户理解和分析故障演练结果。

4.4.1 ChaosBlade-Box 的安装

ChaosBlade-Box 可以在 Kubernetes 或主机环境中安装，下面讲解具体的安装步骤。

（1）进行安装前的准备工作。需要提前准备 MySQL，数据库全称为"chaosblade"。若没有 MySQL，则可以通过 Docker 命令进行临时安装，安装命令如下：

```
docker run -d -it -p 3306:3306 \
        -e MYSQL_DATABASE=chaosblade \
        -e MYSQL_ROOT_PASSWORD=[DATASOURCE_PASSWORD] \
        --name mysql-5.6 mysql:5.6 \
        --character-set-server=utf8mb4 \
        --collation-server=utf8mb4_unicode_ci \
        --default-time_zone='+8:00' \
        --lower_case_table_names=1
```

其中，DATASOURCE_PASSWORD 为设置的数据库密码。

（2）安装 ChaosBlade-Box。可以在 Kubernetes 或主机环境中安装 ChaosBlade-Box，下面详细介绍这两种安装方式。

在 Kubernetes 环境中安装 ChaosBlade-Box 的步骤如下。

（1）在使用之前，请先确保在运行环境中已经部署了 Kubernetes 集群。

（2）确保在运行环境中已经安装了 Helm。可通过以下命令查看 Helm 是否已被安装：

```
helm version
```

（3）使用 Helm 安装 chaosblade-operator，安装命令如下：

```
helm repo add chaosblade-io https://cha***lade-io.github.io/charts
helm install chaosblade chaosblade-io/chaosblade-operator --namespace chaosblade
```

（4）使用 Helm 安装 chaosblade-box，安装命令如下：

```
helm install chaosblade-box chaosblade-box-1.0.4.tgz --namespace chaosblade --set spring.datasource.password=DATASOURCE_PASSWORD
```

其中，DATASOURCE_PASSWORD 需要被替换为设置的数据库密码。

在主机环境中安装 ChaosBlade-Box 的步骤如下。

（1）从官网下载最新的 ChaosBlade 版本。

（2）通过 Java 命令启动 chaosblade-box 服务，命令示例如下：

```
nohup java -Duser.timezone=Asia/Shanghai -jar chaosblade-box-1.0.4.jar
--spring.datasource.url="jdbc:mysql://127.0.0.1:3306/chaosblade?characterEncoding=utf8&useSSL=false&serverTimezone=Asia/Shanghai" --spring.datasource.username=root
--spring.datasource.password=123456 --chaos.server.domain=127.0.0.1:7001
```

第 4 章　通过故障演练主动发现潜在的风险

```
--chaos.function.sync.type=ALL
--chaos.prometheus.api=http://192.168.0.2:9090/api/v1/query_range >
chaosblade-box.log 2>&1 &
```

（3）通过浏览器打开本机地址 http://127.0.0.1:7001，就可以访问了，效果如图 4-4 所示。

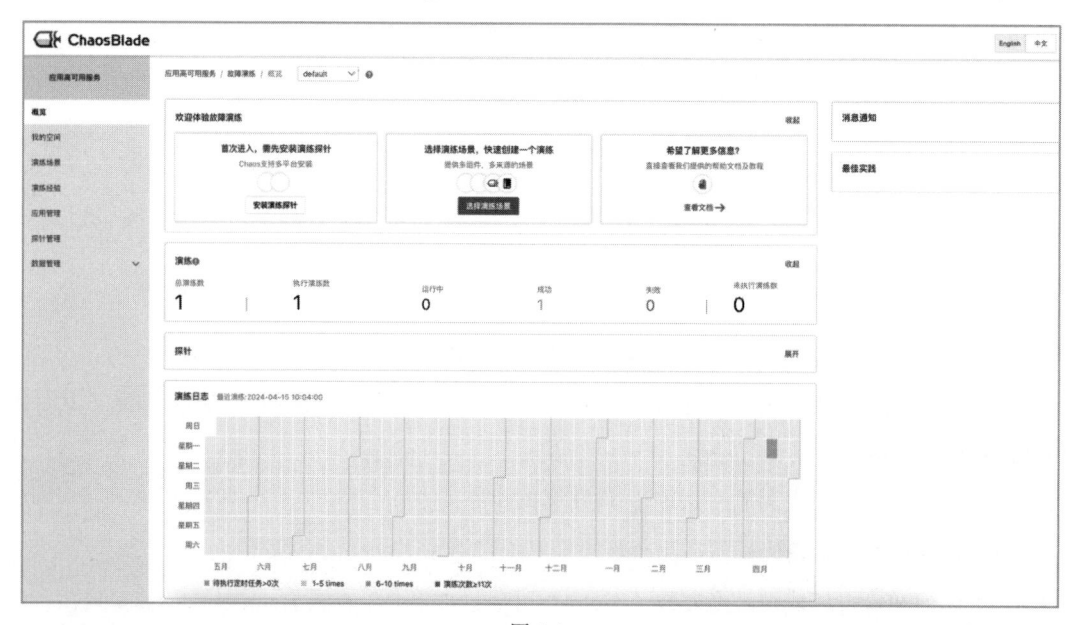

图 4-4

接着，安装探针（Agent），安装步骤如下。

（1）打开 ChaosBlade-Box 的管理界面，单击左侧的"探针管理"菜单项，进入探针管理页面，这里可以安装探针，效果如图 4-5 所示。

图 4-5

4.4 ChaosBlade-Box 故障演练管理平台

（2）选择相应的安装环境，复制提示页面的命令，在替换其中必要的参数之后，在目标主机上执行该命令即可。例如，这里选择在主机环境中安装，效果如图 4-6 所示。

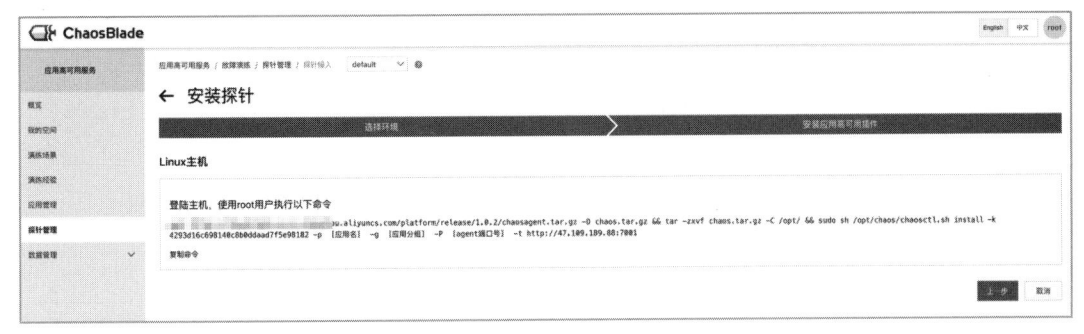

图 4-6

下面对其中的各个参数进行讲解，如表 4-8 所示。

表 4-8

参 数 名	参数描述	默 认 值	示 例
p	应用名	chaos-default-app	my-test
g	应用分组名	chaos-default-app-group	my-test-group
P	探针的端口号	19527	19527
t	ChaosBlade-Box 的 ip:port		47.109.189.88:7001

（3）管理探针。在成功安装探针后，在 ChaosBlade-Box 的探针管理界面就能看到刚刚安装的探针信息了，效果如图 4-7 所示。

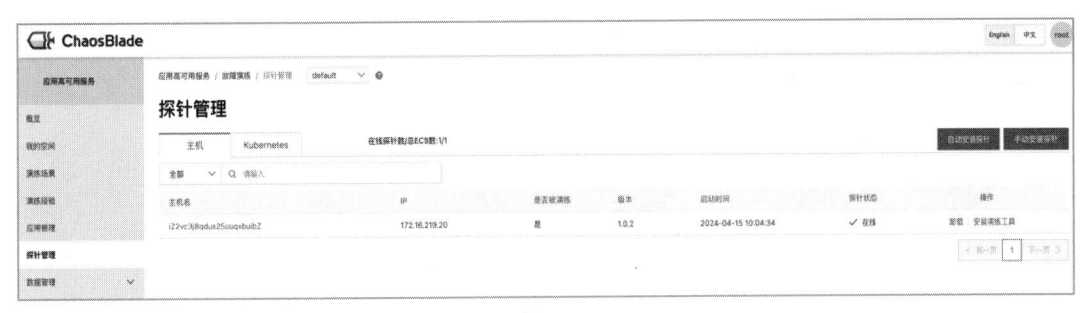

图 4-7

之后就可以查看或管理探针了，例如卸载探针，继续安装故障演练工具等。至此就完成了 ChaosBlade-Box 和探针的安装工作，接下来通过一个简单的示例演示 ChaosBlade-Box 的用法。

4.4.2 ChaosBlade-Box 的应用

ChaosBlade 的故障演练场景非常丰富，可以对 Kubernetes 环境、主机环境和 Java 进程等

第 4 章　通过故障演练主动发现潜在的风险

180 多个场景进行故障演练，如图 4-8 所示。

图 4-8

接下来将以主机环境中的 CPU 满载为例，演示如何使用 ChaosBlade-Box，具体步骤如下。

（1）创建故障演练。在图 4-8 所示的界面选中"主机"→"系统资源"→"CPU 资源"选项卡下的"主机内 Cpu 满载"，并单击"创建演练"按钮，在图 4-9 所示的"演练配置"界面填写具体的故障演练配置项。

图 4-9

（2）在图 4-9 所示的界面首先选择演练对象为"非应用"，然后选择需要进行故障演练的机器列表，最后单击"添加演练"按钮，在弹出的"选择演练故障"界面选择左侧"CPU 资源"菜单中的"主机内 Cpu 满载"，效果如图 4-10 所示。

4.4 ChaosBlade-Box 故障演练管理平台

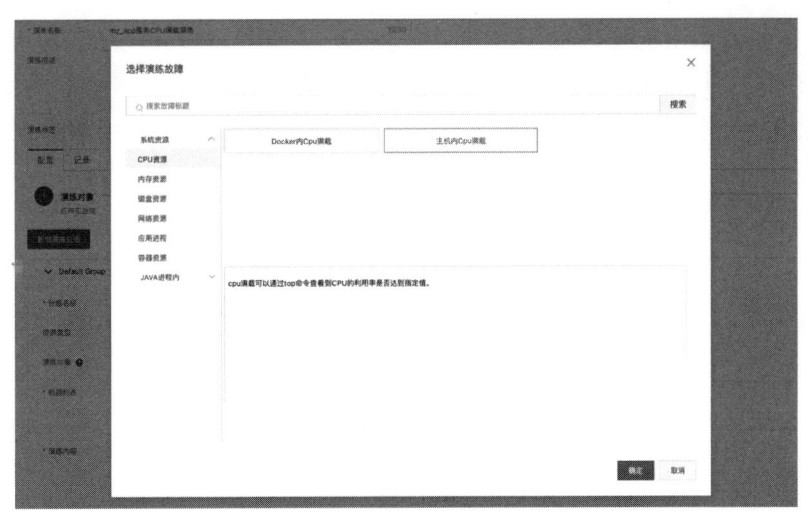

图 4-10

（3）在图 4-10 所示的界面单击"确定"按钮后，返回"演练配置"界面，滚动该界面到底部，效果如图 4-11 所示。

图 4-11

131

第 4 章　通过故障演练主动发现潜在的风险

（4）在图 4-11 所示的界面可以继续配置监控策略、恢复策略和定时运行等内容。在本次示例中暂时保持默认值，单击"下一步"按钮完成故障演练配置，效果如图 4-12 所示。

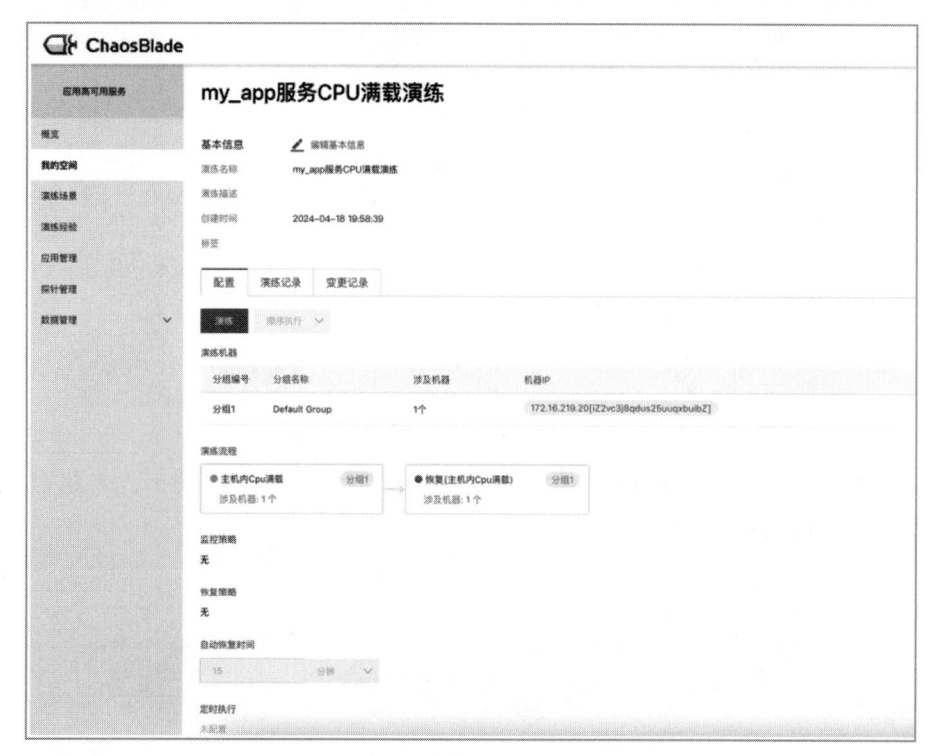

图 4-12

（5）在图 4-12 所示的界面单击"演练"按钮，启动故障演练，效果如图 4-13 所示。

图 4-13

4.4 ChaosBlade-Box 故障演练管理平台

（6）这时监控系统出现 CPU 满载的告警，需要我们登录对应的主机服务器，通过 top 命令查看 CPU 的使用情况，如图 4-14 所示。

图 4-14

（7）结束故障演练。当故障演练达到设定的恢复策略或者手动停止故障演练后，ChaosBlade-Box 会弹出"结果反馈"界面，显示收集的本次故障演练的结果信息，如图 4-15 所示。

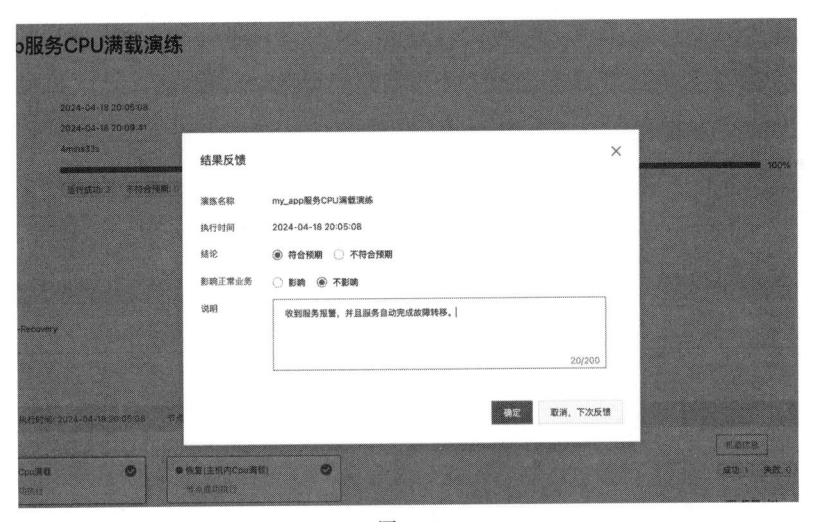

图 4-15

（8）故障演练分析。对故障演练过程中反映的问题和结果是否符合预期进行复盘和总结，形成改善计划。

以上为 ChaosBlade-Box 的基本用法。若想了解更高级的用法，建议查询 ChaosBlade 官网。

4.5 Redis 缓存故障演练案例

下面以简单的商品查询场景为例，使用 Redis 提升查询性能。该场景的基本信息如下。

- 业务场景为用户在商品服务中查看商品详情信息，系统会首先查询缓存，若没有查询到商品详情信息，则继续查询数据库。
- 在系统中使用了 Jedis 框架连接 Redis，并且使用了连接池（JedisPool）。
- Redis 是自建的集群，并且使用了 Redis-Sentinel 算法来提升集群的高可用性。

该商品服务的架构如图 4-16 所示。

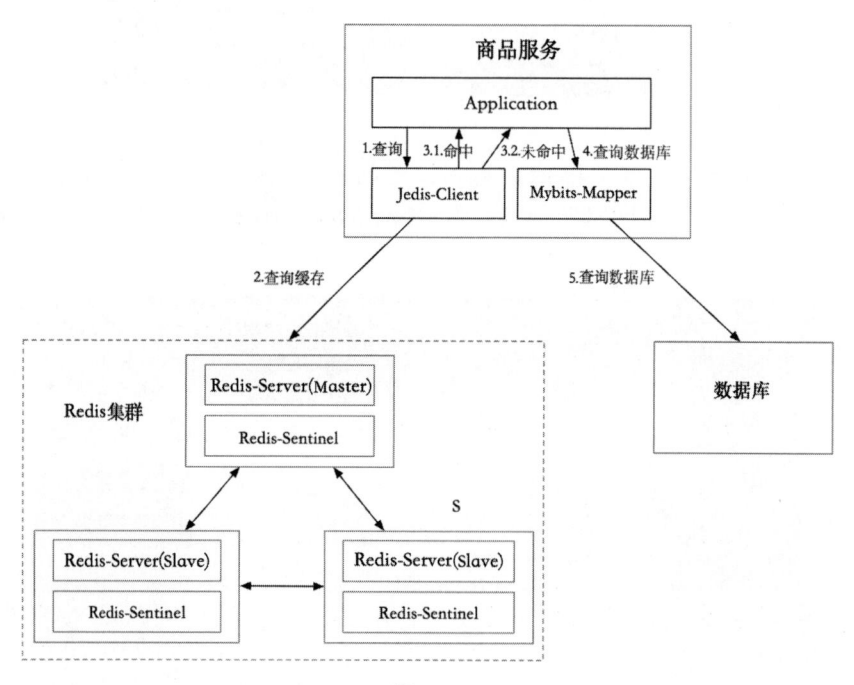

图 4-16

因为在 Jedis 配置、缓存查询、网络传输、服务端处理这条链路上，每个环节都有可能出现问题，所以通过故障演练可以了解到问题发生时对系统和业务的影响是否符合预期。

4.5.1 故障演练方案设计

本案例的故障演练方案设计如下。

（1）故障演练目标。为了保证服务的可用性，检测目前的 Redis 架构能否探测到环境中存

4.5 Redis 缓存故障演练案例

在的问题并快速处理，需要对常见的问题场景和恢复策略进行故障演练。本次故障演练的目标如下。

- ◎ 验证 Redis 主从架构在主节点或从节点宕机场景中的故障转移和恢复能力。
- ◎ 测试 Redis 集群在 CPU 满载场景中的性能表现和影响情况。
- ◎ 提高团队处理 Redis 故障的效率。
- ◎ 优化监控系统的监控准确性和响应速度。

（2）故障演练时间：2024-11-18 21:00:00 ~ 2024-11-18 22:00:00。

（3）参与人员如下。

- ◎ 后端开发：小明、小飞、小亮。
- ◎ 前端开发：小美、小丽。
- ◎ QA 测试：花花。
- ◎ SRE 人员：童童。

（4）故障演练范围如下。

- ◎ 明确故障演练环境为 stage 环境。
- ◎ 明确流量来源为业务测试流量。
- ◎ 明确覆盖的服务只涉及商品服务、管理端服务和 Redis 集群服务。
- ◎ 明确故障演练场景：Redis 集群主节点和从节点宕机、Redis 进程 CPU 满载、热 key 和限流场景。

（5）故障演练前的准备工作如下。

- ◎ 评估风险：确保攻击范围限制在预定的 Redis 实例内，避免影响其他服务。确保故障演练不会对生产环境造成不可接受的影响。与业务人员沟通故障演练方案，告知可能存在的风险。
- ◎ 通知相关人员：告知所有可能受到影响的团队成员和管理层。在故障演练过程中，实时沟通非常重要，确保所有参与者都能及时获取信息。
- ◎ 监控设置：设置监控和告警系统，以便实时跟踪故障演练对系统的影响。
- ◎ 制订回滚计划：若在进行故障演练时遇到不可控的风险，就必须立即启动回滚计划以恢复系统至稳定状态。这一步骤至关重要，它确保了在故障演练引发任何意外情况时，我们都有明确的回滚流程。例如，若某个节点宕机且在 1 分钟内集群未能自动摘除该故障节点的读流量，我们就将手动干预；同样，若在 CPU 满载环境中 3 分钟内未收到任何告警信息，我们也将手动终止故障演练。这些措施有助于维护系统的稳定性和安全性。

第 4 章　通过故障演练主动发现潜在的风险

◎ 提前完成故障演练场景的配置：在故障演练平台上完成场景构建，准备相应的执行任务，并仔细核查配置的正确性。

（6）下面进行故障演练，表 4-8 所示为 Redis 集群中的主节点宕机场景，表 4-9 所示为 Redis 集群中的从节点宕机场景，表 4-10 所示为 Redis 进程的 CPU 满载场景，表 4-11 所示为 Redis 的热 key 和限流场景。

表 4-8

试验内容	使用 ChaosBlade 模拟 Redis 集群中的主节点宕机场景，确保 Redis 集群稳健地进行自动故障转移。这特别适用于部署了哨兵系统（Sentinel）或其他自动故障转移系统的场景。通过模拟主节点宕机，团队可以检验并增强 Redis 集群对实际故障的响应能力，确保业务的连续性，提升系统整体的健壮性
操作步骤	（1）查找 Redis 主节点的进程 ID。可以通过 pgrep 命令来查找 Redis 的进程 ID，若有多个 Redis 实例在运行，则需要确定哪个是主节点的进程： pgrep redis-server （2）使用 ChaosBlade 模拟主节点宕机场景。使用 ChaosBlade 创建一个故障演练场景，模拟杀死 Redis 主节点的进程，这可以通过向进程发送 SIGKILL 信号来实现： blade create process kill --process redis-server 或者，若知道 Redis 主节点的进程 ID，则可以直接指定进程 ID： blade create process kill --pid <redis-pid> 将其中的<redis-pid>替换为 Redis 主节点的进程 ID。 （3）监控 Redis 的状态。在模拟宕机后，检查 Redis 集群是否按照预期进行了故障转移，即从节点是否被提升为新的主节点。可以通过 Redis 的命令行工具 redis-cli 来检查集群的状态： redis-cli cluster nodes 或者，若使用的是单个主从复制，而不是集群模式，则可以通过以下命令来检查： redis-cli info replication （4）恢复 Redis 主节点：根据环境和配置，重启 Redis 主节点的服务： systemctl start redis-server 或者采用其他更适合的方式启动 Redis 服务。 （5）销毁实验，一旦完成故障演练，或者需要停止实验，就可以通过以下命令销毁 ChaosBlade 的故障演练场景： blade destroy <UID> 将其中的<UID>替换为创建故障演练场景时 ChaosBlade 返回的唯一标识符
验证内容	（1）收到 Redis 集群的告警，并且能自动完成异常主节点替换。 （2）团队成员收到 Redis 集群的告警，在 5 分钟内完成响应并开始处理
观察人	小明

表 4-9

试验内容	使用 ChaosBlade 模拟 Redis 集群中的从节点宕机场景，验证 Redis 集群能否自动完成故障转移，以及团队对突发问题的响应速度，确保业务的连续性和系统的稳定性

4.5 Redis 缓存故障演练案例

续表

操作步骤	与使用 ChaosBlade 模拟 Redis 集群中的主节点宕机场景类似，不同之处在于需要针对从节点的进程执行操作
验证内容	（1）收到 Redis 集群的告警，自动完成对异常从节点的替换。 （2）团队成员收到 Redis 集群的告警，在 5 分钟内完成响应并开始处理
观察人	小明

表 4-10

试验内容	使用 ChaosBlade 模拟 Redis 进程的 CPU 满载场景，验证 Redis 集群在高负载场景中能否自动完成故障转移，确保业务的连续性和提升系统整体的稳定性
操作步骤	（1）查找 Redis 的进程 ID，通过 pgrep 命令来查找 Redis 的进程 ID，若有多个 Redis 实例，则确保找到的是目标实例的进程 ID： pgrep redis-server （2）创建 CPU 满载故障演练场景。使用 ChaosBlade 创建一个故障演练场景，使指定进程的 CPU 占用率达到 100%。执行以下命令会使指定 ID 的进程出现 CPU 满载情况： blade create cpu fullload --pid <redis-pid> 将其中的<redis-pid>替换为 Redis 进程的 ID。 （3）监控 Redis 和系统的性能。使用系统监控工具观察 CPU 占用率及 Redis 的性能表现。例如执行 top 命令或者 Redis 的监控命令： redis-cli info cpu （4）销毁 CPU 满载的故障演练场景。一旦完成故障演练，或者需要停止故障演练，就可以执行以下命令销毁 ChaosBlade 故障演练场景： blade destroy <UID> 将其中<UID>替换为创建故障演练场景时 ChaosBlade 返回的唯一标识符
验证内容	（1）收到 Redis 集群的告警，并且自动完成对异常主节点的替换。 （2）团队成员收到 Redis 集群的告警，在 5 分钟内完成响应并开始处理
观察人	小明

表 4-11

试验内容	热 key 故障演练通过模拟对单一键的高频率访问场景，来检验 Redis 对热点数据的响应能力，以及系统对潜在性能瓶颈的处理机制。对限流场景的故障演练则通过模拟流量高峰或恶意攻击场景，来触发 Redis 的限流措施，验证系统在高负载场景中的保护机制和流量管理策略，确保服务的可用性和数据的一致性
操作步骤	（1）向 Redis 集群中指定的从节点不断发送查询命令： redis-benchmark -c 500 -r 100000 -n 100000000 -h 10.86.192.163 eval "redis.call('get',KEYS[1]) return redis.call('get',KEYS[1])" 1 test （2）在发生故障的节点执行限流操作，设置 Redis 限流为 90： redis-cli flowcontrol control key test 90 redis-cli flowcontrol list all （3）结束客户端的请求，解除 Redis 的限流设置： redis-cli flowcontrol del key test

第 4 章　通过故障演练主动发现潜在的风险

续表

操作步骤	`redis-cli flowcontrol list all` （4）销毁实验，停止向 Redis 集群发送不断查询的命令
验证内容	（1）收到 Redis 的告警，热 key 的 QPS 过高，但对系统和业务不会造成影响。 （2）在限流成功时，热 key 的 QPS 过高的告警被消除。 （3）在取消限流时，热 key 的 QPS 过高的告警再次出现
观察人	小明

（7）故障演练问题记录。在故障演练过程中记录出现的各种问题，以便后续复盘、优化和改进。问题记录模板示例如表 4-12 所示（记录人：QA 花花）。

表 4-12

告警内容	【P1 告警】执行失败 环境：stage 任务名称：handMealMsgTask 任务描述：更新商品缓存失败 实例编号：attempt_175654131342935 任务状态：FAILED 累积数：10 事件发生时间：2024-11-18 21:18:00 通知发送时间：2024-11-18 21:18:02 通知接收人：小明、小美、花花、童童，等等
影响分析	场景：在管理端新增一个商品，因为更新缓存失败，所以新增商品失败 异常数：7 影响用户数：5
应急处理	影响内部人员的操作，在故障演练前已周知风险，暂不处理，在故障演练后重新操作
是否治理	是，后续在新增商品时需要解耦对 Redis 缓存的强依赖，采用最终一致方式同步缓存
跟进人	小明

通过上述方案，我们完成了对 Redis 服务进行故障演练的方案设计，之后组织多轮评审，进一步完善方案后就可以正式开始故障演练了。

4.5.2　常见的缓存优化方案

在本次故障演练过程中采用了 Redis 高可用集群，该集群通常由多个 Redis 节点组成，对每个节点都可以分配一部分数据。根据一致性哈希算法，数据被分布于不同的节点上，集群中的节点可以通过主从复制来保持数据的一致性。并且集群中的节点可以根据需要动态增加或减少，以适应不同的负载，从而实现负载均衡和高可用性。Redis 的高可用集群架构如图 4-17 所示。

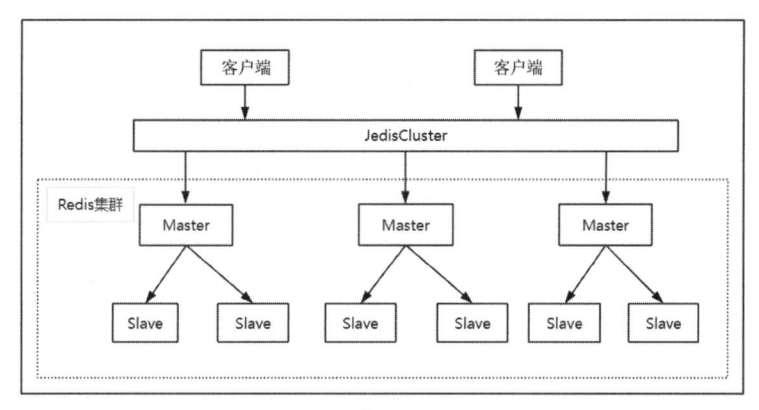

4.5 Redis 缓存故障演练案例

图 4-17

虽然在故障演练过程中验证了 Redis 的高可用架构是符合预期的，但也发现了 Redis 的热 key 问题，所以接下来需要针对 Redis 常见的缓存穿透、缓存击穿、缓存雪崩、超热 key 和超大 key 等问题做统一排查和处理，做到"举一反三、闻一知十"。

1. 缓存穿透

缓存穿透指用户在查询数据时，若在缓存中不存在该数据，则需要在数据库中查询数据，若在数据库中也不存在数据，则在下次查询数据时还需要在数据库中查询，大量的类似查询会对数据库的访问造成很大的压力。缓存穿透的解决方案可以是缓存空对象并根据业务场景设置过期时间，代码示例如下：

```
public Object get(String key) {
   Object value = RedisUtils.get(key);
   if (value == null) { // 在缓存中不存在数据,需要在数据库中查询
      value = selectDB(key);
      if (value != null) {
         RedisUtils.set(key, value);
      } else {// 缓存空对象
         value = new Object();
         RedisUtils.set(key, value, EXPIRE_TIME);
      }
   }
   return value;
}
```

该方案可以减少重复查询数据库的操作，减小数据库的压力。但是该方案存在以下缺陷。

◎ 需要提供更多的内存来缓存这些空对象，若这种空对象有很多，就会浪费更多的缓存。
◎ 会导致数据不一致，即使在缓存空对象时设置了一个很短的过期时间，也会导致这一段时间内的数据不一致。

◎ 若查询的 key 在短时间内重复出现的概率不高，则并不能减轻数据库的压力。

2. 缓存击穿

缓存击穿指缓存中的某个热点数据过期，在该热点数据重新载入缓存之前，有大量并发的查询请求，且穿过缓存直接查询数据库。这会导致数据库压力骤增，有大量请求阻塞，甚至系统直接宕机。缓存击穿的常见解决方案如下。

（1）设置缓存"永不过期"。不设置缓存时间，在修改数据的同时更新 Redis 中的数据。

（2）在热点数据过期时，通过互斥访问数据库的方式重新加载数据，代码示例如下：

```
public Object get(String key) {
   Object value = RedisUtils.get(key);
   if (value == null) { // 缓存不存在
      // 设置互斥锁并设置过期时间，防止 redis.del(key + "_mutex")操作失败
      if (RedisUtils.setnx(key + "_mutex", 1, SETNX_EXPIRE_TIME) == 1) {
         value = selectDB(key);  // 在数据库中查询
         if (value != null) { // 数据存在
            RedisUtils.set(key, value);
         } else { // 缓存空对象
            value = new Object();
            RedisUtils.set(key, value, EXPIRE_TIME);
         }
         RedisUtils.del(key + "_mutex");
      } else { // 表示已经有其他线程在查询数据库
         try {
            Thread.sleep(500);// 睡眠 500 毫秒
         } catch (InterruptedException e) {
            Log.error("sleep error",e);
         }
         get(key); // 重试
      }
   }
   return value;
}
```

3. 缓存雪崩

缓存雪崩指在缓存中有大量 key 同时过期，或者 Redis 服务宕机，导致大量的查询请求全部到达数据库，数据库查询压力骤增，甚至系统直接挂掉。缓存雪崩的常见解决方案如下。

◎ 针对大量 key 同时过期的情况，只需将每个 key 的过期时间打散，使它们的失效点尽可能均匀地分布。

◎ 针对 Redis 服务宕机的情况，搭建高可用的 Redis 集群环境即可。

4. 超热 key

在正常情况下，Redis 集群中的数据是被均匀分配到每个节点的，请求也会被均匀分配到每个分片。但在一些特殊场景中，在短时间内同一个 key 的访问量会过大，对这种相同 key 的访问会被过多分配到 Redis 的同一个分片上，使得该分片的负载过高，甚至可能引起雪崩等一系列问题。

超热 key（即访问频率过高的 key）的解决方案通常是添加本地缓存，把热 key 写入本地缓存，在查询时先判断该 key 是否是热 key，若是，则直接返回，否则在 Redis 中查询。代码示例如下：

```
public Object get(String key) {
  if (hotKeyLocalCache.containsKey(key)) {
    // 直接从本地环境中获取热 key 即可
    return hotKeyLocalCache.get(key);
  } else {// 非热 key, 在 Redis 中查询
    return RedisUtils.get(key);
  }
}
```

由于本地内存有限，无法将所有 key 都缓存至本地内存中，因此需要采用特定的方法来识别热 key。常见的识别方法如下。

◎ 根据业务场景，人工配置热 key。
◎ Redis 提供了 monitor 命令，可以统计出一段时间内某 Redis 节点的所有命令，并且分析热 key。但这种方式在高并发条件下会使内存暴增且存在 Redis 性能隐患，只适合在短时间内使用，同时只能统计一个 Redis 节点的热 key，对于集群还需要做汇总统计。
◎ 使用京东开源的软件 hotkey 来发现热 key。

5. 超大 Key

在 Redis 中，超大 key 指占用较多内存的键值对。由于 Redis 是一个基于内存的数据库，主要在单线程环境中运行，所以处理超大 key 可能会导致 Redis 性能降低，甚至导致内存溢出等。超大 key 的常见解决方案如下。

◎ 使用 Hash 数据结构：若键值对中的值非常大，则可以考虑使用 Redis 的 Hash 数据结构。一种方式是将超大的值拆分成多个字段存储在 Hash 中，将每个字段都限制为 Redis 可接受的大小。另一种方式是分片存储，将超大 key 拆分成多个小的键值对进行存储。可以首先根据某种规则将数据拆分成多个键值对，然后使用相应的前缀或后缀进行标识。
◎ 压缩数据：若超大 key 的值是可压缩的（例如文本数据），则可以在存储之前对其进行

压缩,以降低内存占用率。Redis 本身不提供压缩功能,但可以在应用层实现压缩和解压缩操作。
- ◎ 将超大 key 存储在外部系统中:对于值非常大且访问量也很大的超大 key,既可以将其缓存到本地内存中以减少 Redis 集群的压力,也可以将其存储在外部系统(如文件系统或对象存储)中,并在 Redis 中只存储对应的引用或标识。当需要访问值时,通过引用或标识从外部系统中检索数据。

4.6 MySQL 故障演练案例

数据库是每个互联网系统中极其重要的基础组件之一,直接影响核心服务的稳定性。为了确保公司核心业务数据的安全性与系统的稳定运行,需要对 MySQL 进行全面的故障演练,主要涉及主数据库故障、从数据库故障、主从延迟、从数据库夯住(阻塞或死锁)、连接数打满和磁盘故障等场景,本章就讲解这些内容。

这里采用分层的架构设计,包括与用户交互的 Web 前端层、核心应用服务层及数据库访问 ORM 层(例如 MyBatis)。数据库的连接池中间件为 HikariCP,主要负责管理数据库连接的生命周期,提供高效的连接复用功能,减少连接创建和销毁的开销。数据库采用了 MySQL 主从复制+Keepalived 高可用架构模式。故障演练系统的整体架构如图 4-18 所示。

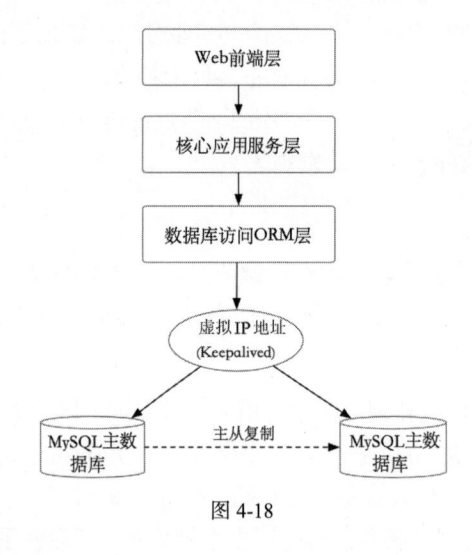

图 4-18

4.6.1 故障演练方案设计

这里探讨如何使用故障演练工具模拟 MySQL 可能出现的各类故障,例如主从同步故障、

4.6 MySQL 故障演练案例

数据库连接超时和硬件故障等,旨在测试和验证系统的容错性、故障恢复流程,以及评估备份和恢复策略的有效性。

1. 故障演练目标

本次故障演练的目标如下。

- ◎ 验证 MySQL 在各种故障场景中的稳定性与恢复能力。
- ◎ 测试系统的故障转移和高可用策略。
- ◎ 提升团队处理异常的经验和效率。
- ◎ 优化监控系统的准确性和响应速度。

2. 故障演练实战

下面进行故障演练实战。表 4-13 所示为 MySQL 主数据库异常宕机的场景,表 4-14 所示为主从延迟的场景,表 4-15 所示为 MySQL 从数据库连接数打满的场景。

表 4-13

试验内容	通过 ChaosBlade 提供的命令行工具,我们可以创建一个故障演练场景,模拟 MySQL 主数据库异常宕机的场景。这可以帮助我们测试系统的健壮性,确保在真实故障发生时,系统能够妥善应对
操作步骤	(1)查找 MySQL 进程。首先需要找到 MySQL 主数据库的进程 ID。可以通过 pgrep 命令或其他方法来查找: pgrep mysqld (2)模拟进程崩溃的场景。找到进行 ID 后,使用 ChaosBlade 创建故障演练场景,模拟 MySQL 主数据库进程崩溃的场景。执行以下命令创建一个故障演练场景,使指定 ID 的进程异常退出: blade create process kill --pid \<mysql-pid\> 将以上命令中的\<mysql-pid\>替换为 MySQL 实际的进程 ID。 (3)恢复 MySQL 主数据库。若需要恢复 MySQL 主数据库,则可以执行以下命令重启 MySQL 服务: systemctl start mysqld (4)销毁 ChaosBlade 故障演练场景。执行以下命令可销毁故障演练场景,并停止 ChaosBlade 的故障注入: blade destroy \<UID\> 将以上命令中的\<UID\>替换为创建故障演练场景时 ChaosBlade 返回的唯一标识符
验证内容	(1)在接收到 MySQL 主数据库宕机的警报后,我们需要密切监控 MySQL 的日志信息和系统的故障转移操作,验证系统是否按照预期进行了故障转移。 (2)检查 MySQL 的从数据库是否已经作为新的主数据库开始接受请求,确保应用程序能够连接到新的主数据库
观察人	小明一

第 4 章 通过故障演练主动发现潜在的风险

表 4-14

试验内容	通过 ChaosBlade，我们可以模拟 MySQL 主从复制过程中出现的网络延迟场景。可以选择在主数据库或从数据库服务器上引入网络延迟，测试并评估系统在网络延迟条件下的行为和性能表现

操作步骤	（1）查找网络接口。确定 MySQL 主数据库和从数据库通信所使用的网络接口。可以通过 ifconfig 或 ip addr 命令查看网络接口信息。
	（2）注入网络延迟。假设通信使用的是 eth0 网络接口，并且想要注入 1000 毫秒的延迟，则可以通过以下 ChaosBlade 命令模拟网络延迟：
	`blade create network delay --interface eth0 --time 1000 --local-port <mysql-port>`
	将以上命令中的<mysql-port>替换为 MySQL 使用的端口，通常是 3306。
	（3）监控主从复制状态。通过以下 SQL 命令在从数据库中监控复制延迟状态：
	`SHOW SLAVE STATUS\G`
	在执行结果中重点关注 Seconds_Behind_Master 的值，它的值比正常情况下更大，表示主从复制存在延迟状态。
	（4）销毁故障演练场景。一旦故障演练完成，或者想要停止故障演练，则可以执行以下命令销毁故障演练场景：
	`blade destroy <UID>`
	将以上命令中的<UID>替换为创建故障演练场景时 ChaosBlade 返回的唯一标识符

验证内容	（1）收到 MySQL 主从延迟的告警。 （2）观察业务系统是否正常。若业务存在写后读的场景，则可能会出现主从数据库数据不一致的问题，后续可以考虑在该场景中强制读主数据库中的数据
观察人	小明

表 4-15

试验内容	使用 ChaosBlade 模拟 MySQL 从数据库中连接数超出负荷的场景。具体操作是在 MySQL 服务器上进行资源占用的注入，逐步增加负载，直至所有可用的数据库连接被完全使用。这种模拟有助于验证系统面临连接资源紧张时的应对策略和弹性能力

操作步骤	（1）确定 MySQL 从数据库的信息。首先需要找到 MySQL 从数据库的主机地址、端口、用户名和密码等信息。在通常情况下，MySQL 使用 3306 端口，但若更改了默认的端口，则请使用实际的端口。
	（2）模拟数据库连接数超负荷的场景。使用 ChaosBlade 构建故障演练场景，模拟创建大量的数据库连接，直到达到或超过 MySQL 服务器的最大连接数限制，从而耗尽 MySQL 的连接池。执行以下命令模拟创建大量的 MySQL 连接的场景：
	`blade create mysql --full-load --db-host <your-mysql-host> --db-port <your-mysql-port> --db-user <your-mysql-user> --db-password <your-mysql-password>`
	将以上命令中的<your-mysql-host>、<your-mysql-port>、<your-mysql-user>和<your-mysql-password>替换为实际的 MySQL 主机地址、端口号、用户名和密码。
	（3）监控 MySQL 的连接数。登录 MySQL 服务器，执行以下命令，查看当前的连接数：
	`SHOW STATUS LIKE 'Threads_connected';`
	还可以查看 MySQL 的最大连接数配置：

续表

操作步骤	SHOW VARIABLES LIKE 'max_connections'; （4）尝试建立新的 MySQL 连接。尝试从另一个客户端连接到 MySQL 服务器，若连接数已达上限，则应该无法建立新的连接，或者会收到连接数已达上限的错误消息。 （5）销毁故障演练场景。一旦故障演练完成，或者想要停止故障演练，则可以执行以下命令销毁故障演练场景： blade destroy <UID> 将以上命令中的<UID>替换为创建故障演练场景时 ChaosBlade 返回的唯一标识符
验证内容	（1）收到 MySQL 线程池耗尽的告警。 （2）观察 MySQL 从数据库能否自动进行故障转移，并且确认业务系统能否正常运行
观察人	小明

在实验过程中，应该密切监控系统的行为，并准备好应对任何异常情况，记录实验前后的系统状态和异常行为，便于后续分析和改进。

4.6.2　MySQL 高可用实战

为了提高 MySQL 的可用性和容错能力，我们通常采用多服务器架构，以实现热备份、多活、故障切换、负载均衡和读写分离等。在设计容灾策略时，需要考虑以下关键指标。

◎ RTO（Recovery Time Objective）：恢复系统所需的时间。
◎ RPO（Recovery Point Objective）：灾难发生时可接受的数据丢失量。
◎ DRD（Disaster Recovery Distance）：生产系统与容灾系统之间的物理距离。
◎ ROI（Return on Investment）：容灾系统的投资回报率。

在 CAP 原则（一致性、可用性和分区容忍性）的约束下，根据成本和容灾半径的限制，进行容灾设计主要有以下两种策略。

◎ 可用性优先：注重快速恢复（低 RTO），可能需要牺牲一定程度的数据一致性，适用于大多数互联网业务场景。
◎ 一致性优先：确保数据的完整性（低 RPO），可能需要在系统的可用性上做出妥协。

通过综合考量这些因素，可以设计出既满足业务需求又经济、高效的高可用 MySQL 架构。接下来从 MySQL 的主从复制架构、多级复制架构和高可用架构等方面详细讲解改进方法。

1. 主从复制架构

MySQL 主从复制架构的原理：主数据库（Master）将其数据变更记录在二进制日志（Binary Log）中，从数据库（Slave）负责复制这些日志条目，并将变更应用到自己的数据库中，以此实现数据同步，如图 4-19 所示。

第 4 章　通过故障演练主动发现潜在的风险

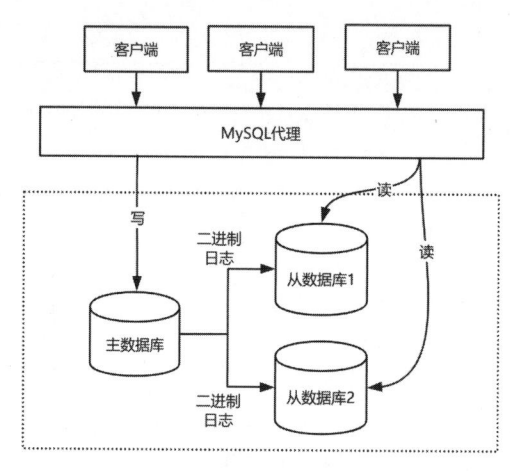

图 4-19

在 MySQL 主从复制架构中涉及的关键概念如下。

◎ 二进制日志（Binary Log）：在主数据库中，所有数据变更，包括数据定义语言（DDL）和数据操作语言（DML），都会被记录在二进制日志文件中。

◎ 日志索引文件：该文件记录了生成的所有二进制日志文件的列表，便于追踪和管理。

◎ I/O 线程：在从数据库中，I/O 线程负责与主数据库建立连接，并请求获取主数据库中上次同步之后的新记录。

◎ 中继日志（Relay Log）：I/O 线程将从主数据库中接收到的新记录写入从数据库的中继日志，便于后续处理。

◎ SQL 线程：SQL 线程负责读取中继日志中的记录，并将这些记录应用到从数据库中，确保从数据库中的数据与主数据库中的数据一致。

2. 主从复制架构的实现

主从复制架构的实现分为 3 步：①配置主数据库；②配置从数据库；③测试和监控复制。

首先，配置主数据库，步骤如下。

（1）启用二进制日志。在 my.cnf 或 my.ini 配置文件中启用二进制日志记录。找到[mysqld]部分，并添加或确保已经设置了以下配置项：

```
server-id = 1   # 主数据库的唯一标识符
log_bin = /var/log/mysql/mysql-bin.log   # 二进制日志文件的存放路径
binlog_format = mixed   # mixed 格式支持事务和非事务
expire_logs_days = 10   # 日志过期天数，用于清理旧日志
```

（2）创建复制账户。首先启动 MySQL 主数据库，然后登录主数据库并创建一个用于复制的专用账户：

```
CREATE USER 'repl'@'slave_host' IDENTIFIED BY 'password';
GRANT REPLICATION SLAVE ON *.* TO 'repl'@'slave_host';
FLUSH PRIVILEGES;
```

（3）记录二进制日志信息。记录主数据库中的二进制日志文件名和位置，稍后将在从数据库中用到这些信息，可以执行以下命令来查看：

```
SHOW MASTER STATUS; # 记录File和Position的值
```

然后，配置从数据库，步骤如下。

（1）安装相同版本的 MySQL。确保从数据库安装的 MySQL 版本与主数据库中的 MySQL 版本相同。

（2）配置从数据库的 ID。在从数据库的 my.cnf 或 my.ini 配置文件中设置从数据库的唯一 ID，代码示例如下：

```
[mysqld]
server-id = 2  # 从数据库的唯一标识符，不能与主数据库的相同
relay_log = /var/log/mysql/mysql-relay-bin.log  # 中继日志文件的存放路径
relay_log_info_file = relay-log.info
```

（3）启动主从数据库中的复制线程。启动 MySQL 从数据库，在从数据库中执行以下 SQL 命令，启动主从数据库中的复制线程：

```
CHANGE MASTER TO
MASTER_HOST='master_host',     # 主服务器的IP地址或主机名
MASTER_USER='repl',            # 复制账户的用户名
MASTER_PASSWORD='password',    # 复制账户的密码
MASTER_LOG_FILE='recorded_log_file',  # 主数据库中的二进制日志文件名，可以用SHOW MASTER
                                      # STATUS查看
MASTER_LOG_POS=recorded_position; # 主数据库中的二进制日志复制起始点，可以用SHOW MASTER
                                  # STATUS查看
PURGE BINARY LOGS BEFORE NOW;    # 可选，用于清理旧的二进制日志
START SLAVE;  # 启动从数据库中的复制线程
```

最后，进行测试复制和监控主从复制状态，步骤如下。

（1）测试复制。首先在主服务器上执行一些写操作，然后在从服务器上检查这些变更是否被复制过去。

（2）监控主从复制状态。定期检查主从数据库中复制线程的复制状态，确保数据被正确复制：

```
SHOW SLAVE STATUS\G;  # 确保Slave_IO_Running和Slave_SQL_Running的值都是Yes
```

通过以上步骤已经构建了一个基础的主从数据库复制架构。然而，在实际操作中还需要考虑数据一致性、网络安全、故障恢复及其他高级配置等方面的问题。例如，在生产环境中部署

时，需要有更详尽的操作步骤来确保数据一致，包括在复制配置数据前对主服务器上的数据进行锁定，或者通过全库备份来初始化从服务器上的数据等，这对于维护复制架构的稳定性和可靠性至关重要。

3. 多级复制架构

多级复制架构旨在解决业务场景中读负载较高的问题。当读请求的压力增大时，需要更多的从数据库分担负载。但若所有从数据库都直接从主数据库中复制数据，则将显著增加主数据库的 I/O 负担。多级复制架构应运而生，它允许从数据库之间相互复制数据，从而减小主数据库的压力。然而，这也可能导致从数据库之间的数据延迟增加。

与传统的一主多从架构相比，多级复制架构通过引入一个二级主数据库来优化数据复制流程。在这个架构中，主数据库只需将二进制日志发送给一个二级数据库，从而有效减小主数据库的 I/O 压力。接着，二级主数据库将接收到的二进制日志转发给所有从数据库的 I/O 线程，由这些从数据库来应用这些日志以保持数据同步，如图 4-20 所示。

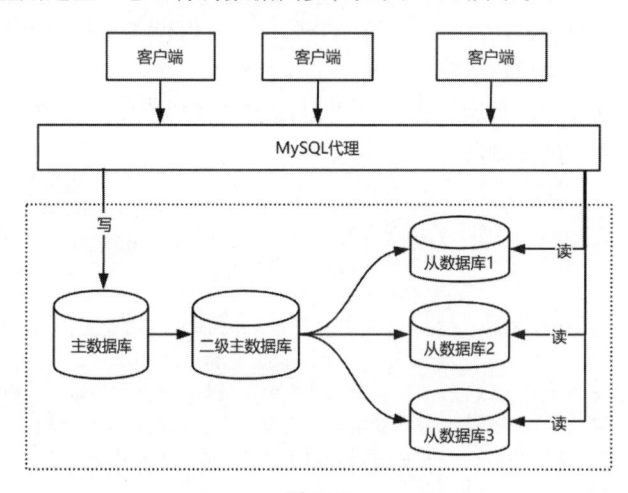

图 4-20

MySQL 多级复制架构的优点如下。

- ◎ 负载分散：通过引入二级服务器，多级复制架构有效减轻了主数据库的复制负担。主数据库仅需将日志发送至少数几个二级数据库，而非直接面向所有从数据库，从而减小主数据库的 I/O 压力。
- ◎ 扩展性：多级复制架构便于扩展，能够通过增加二级数据库和从数据库来适应更大规模的数据复制需求，增强系统的扩展能力。
- ◎ 灵活性和可靠性：在复杂的网络环境中，多级复制架构提供了更好的灵活性，允许在不同的地理位置部署二级数据库，从而提升数据复制的可靠性。

MySQL 多级复制架构的缺点：延迟增加。尽管多级复制架构缓解了主数据库的 I/O 负载和网络压力，但由于 MySQL 的传统复制是异步的，数据需要经过多次复制才能到达最终的从数据库，所以导致数据同步延迟显著增加。

实现多级复制架构的步骤与实现单层主从复制架构的步骤相似，但需要在每一层架构的数据库中进行适当配置。具体来说，在二级主数据库中首先需要开启二进制日志并为数据库分配唯一的 ID，然后按照从数据库的常规配置方法将其连接到主数据库。之后，下一级从数据库将连接到这个二级主数据库，而不是直接连接到主数据库。在设置多级复制架构时，必须确保每个数据库都有唯一的 server-id，并且正确配置了 log-bin、relay-log 等参数。每个二级主数据库都需要通过 CHANGE MASTER TO 命令来指定其连接到上一级数据库的详细信息，同样，下一级从数据库也需要进行相应的配置以连接到它们的直接上级数据库。这样的配置确保了复制链中的数据能够逐级正确传递。

总的来说，多级复制架构为 MySQL 提供了更加灵活和可扩展的数据复制方案，但同时增加了配置和管理的复杂性。在进行实际部署时需要仔细规划和测试，以确保数据的一致性和复制的稳定性。

4. Blackhole 复制架构

MySQL 的 Blackhole 复制架构通过使用 Blackhole 存储引擎的中间数据库来实现数据复制。在这个架构中，中间数据库接收来自主数据库的二进制日志，并将其记录在自己的二进制日志中，但 Blackhole 实际不会保存任何数据，即所有写入 Blackhole 的数据都会被丢弃。随后，其他从数据库可以读取这些记录并将其应用到自己的数据库中。这样的机制不仅高效地实现了数据的路由和分发，还减少了中间数据库的存储需求和主数据库的复制负担，如图 4-21 所示。

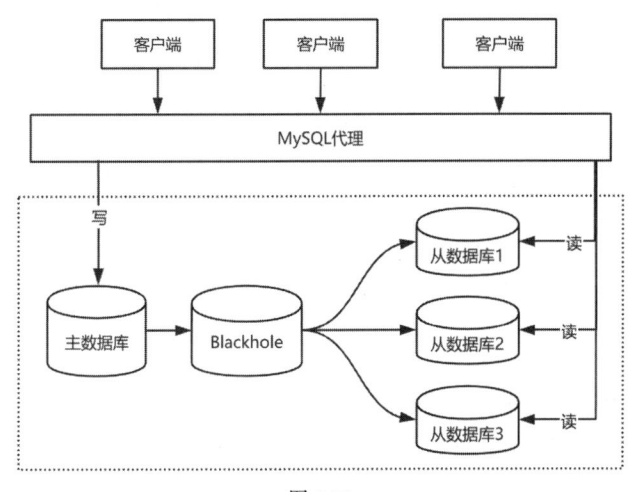

图 4-21

第4章　通过故障演练主动发现潜在的风险

实现 Blackhole 复制架构的步骤类似于实现多级复制架构的步骤，但是在中间数据库中需要进行特殊的设置：即需要在中间数据库的 my.cnf 或 my.ini 配置文件中启用 Blackhole 存储引擎。配置代码如下：

```
[mysqld]
server-id=2
log-bin=mysql-bin
default-storage-engine=BLACKHOLE  # 启用Blackhole存储引擎
```

通过这种方式，中间数据库会接收来自主数据库的二进制日志，并将它们写入自己的二进制日志，但实际不会存储任何数据。这些二进制日志可以被下游的从数据库读取并应用到它们自己的数据库中。这种架构特别适用于不需要在中间数据库中保留数据副本，但需要进行数据高效分发的场景。

5. MySQL + Keepalived 高可用架构

前面已经成功搭建了 MySQL 主从复制架构，确保主数据库中的数据能够同步到所有从数据库。然而，仅凭现有的主从复制架构还不足以实现高可用，原因在于：一旦主数据库发生故障，应用程序就无法自动切换到某个从数据库，并将其提升为主数据库，导致应用程序仍然处于不可用状态。

在保障 MySQL 服务的过程中，实现高可用是最具挑战性的一环，其核心目标是在可用性和数据一致性之间寻找恰当的平衡点。忽视一致性而单纯追求可用性是无意义的，但过分强调一致性同样会带来额外的代价。图 4-22 所示对比分析了 MySQL 不同的高可用架构方案。

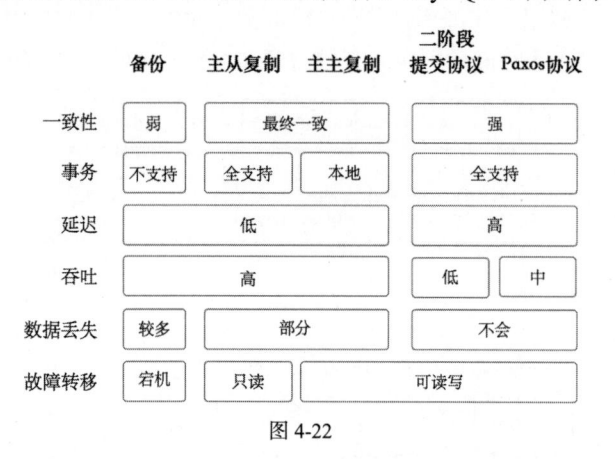

	备份	主从复制	主主复制	二阶段提交协议	Paxos协议
一致性	弱	最终一致		强	
事务	不支持	全支持	本地	全支持	
延迟		低		高	
吞吐		高		低	中
数据丢失	较多	部分		不会	
故障转移	宕机	只读		可读写	

图 4-22

MySQL 的高可用架构方案比较多，这里主要介绍如何实现 MySQL 主从复制+Keepalived 高可用架构。这种架构旨在最小化系统发生故障时的数据恢复时间，即可用性优先（RTO），从而提高系统整体的可用性。

4.6 MySQL 故障演练案例

MySQL 主从复制+ Keepalived 高可用架构的原理是通过 MySQL 主从复制架构来保证数据的一致性和冗余性，同时使用 Keepalived 来实现故障检测和自动故障转移。MySQL 主从复制+ Keepalived 高可用架构如图 4-23 所示。

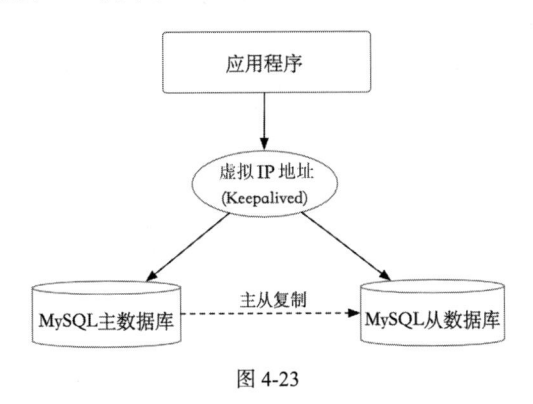

图 4-23

之前已经详细讨论了 MySQL 的主从复制架构，现在继续探讨 Keepalived。Keepalived 使用虚拟路由冗余协议（VRRP）来实现主数据库和从数据库的高可用。Keepalived 通过心跳检测来监控数据库的健康状况，当监控到主数据库发生故障时，它能够自动将虚拟 IP 地址切换至从数据库来完成故障转移，确保服务的无缝持续运行。Keepalived 的具体配置步骤如下。

（1）在主数据库的服务器和从数据库的服务器上分别安装 Keepalived。

（2）配置 Keepalived 的配置文件 keepalived.conf，主数据库的服务器上的配置示例如下：

```
global_defs {
  router_id LVS_Main
}

vrrp_instance VI_1 {
    state MASTER
    interface eth0 # 网卡接口的名称
    virtual_router_id 51
    priority 100 # 主服务器的优先级更高
    advert_int 1
    authentication {
        auth_type PASS
        auth_pass 1111
    }
    virtual_ipaddress {
        192.168.0.100 # 虚拟IP地址
    }
}
```

从服务器的配置与主服务器的配置基本相同，不同之处在于需要将从服务器配置中的 state 参数设置为"BACKUP"，并且其 priority 值应低于主服务器的 priority 值。

（3）启动 Keepalived 服务。当故障发生时，Keepalived 会自动将虚拟 IP 地址转移到从服务器，并将客户端的请求重新定向到从服务器，以此实现高可用。注意，在故障转移完成后，从服务器需要被提升为新的主服务器，这可能需要通过手动操作或者自动化脚本来完成。此外，为了防止数据丢失，建议配置半同步复制或其他确保数据一致性的机制，这有助于在主从切换过程中保证数据的完整性。

6. MGR 高可用架构

MySQL 架构主要是围绕复制方式实现高可用的，复制的痛点主要在于数据的一致性。若第 1 个节点的数据已更新，并且在其更新成功后，第 2 个节点的数据没有进行相应的更新，则在对第 2 个节点的数据执行读操作时，获取的依然是老数据，这就是典型的数据不一致问题。

在使用 MySQL 进行故障转移（Failover）的过程中，若数据尚未完全复制，则可能会引发数据不一致的问题，这在业务操作中可能导致数据丢失或数据错乱。为了应对这一挑战，MySQL 持续改进其复制技术（从早期的异步复制到半同步复制再到组复制），不断减少灾难发生时可容忍的数据丢失量（RPO），逐步将其降低至接近零。以下是对这些复制方案的具体介绍。

（1）异步复制（Asynchronous Replication）方案。MySQL 的传统复制机制提供了一种基础的主从复制策略，其中包含一个主数据库节点和至少一个从数据库节点。在这种架构下，主数据库节点负责处理所有写入事务，随后以异步方式将更新的数据传播给从数据库节点。从数据库节点在接收到主数据库节点更新的数据后，会通过重新执行中继日志（relay log）中的指令来同步数据，以确保自己与主数据库节点上的数据一致。在正常情况下，该集群模式保证了所有节点的数据都是一致的。异步复制的过程如图 4-24 所示。

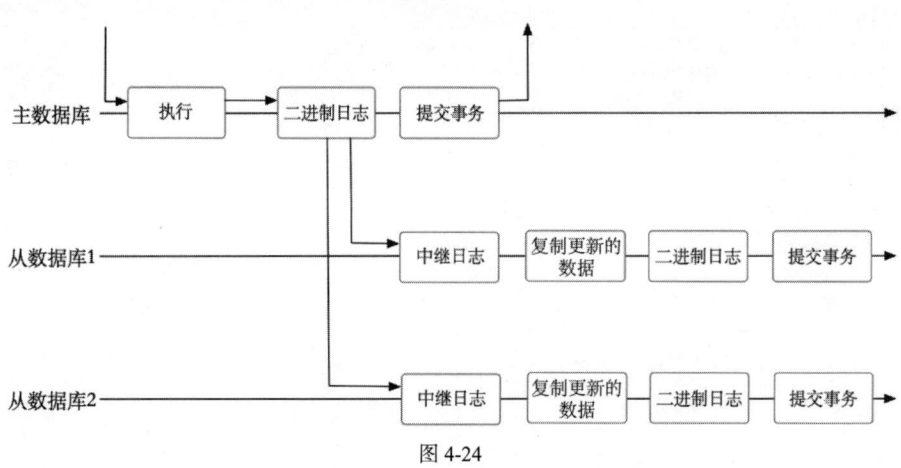

图 4-24

（2）半同步复制（Semisynchronous Replication）方案。在异步复制方案中存在一定的数据丢失风险，所以 MySQL 5.6 引入了半同步复制方案。与传统的异步复制方案相比，半同步复制方案在数据复制协议中增加了一个关键的同步步骤：主数据库节点在提交事务（commit）时，会等待至少一个从数据库节点确认接收到数据并发送确认应答（ACK）。只有收到至少一个从数据库节点的应答，主数据库节点才会将事务标记为成功提交。这一机制确保了至少有一个从节点已经成功接收应答并准备将数据更新持久化，从而提高数据的一致性和可靠性。半同步复制的过程如图 4-25 所示。

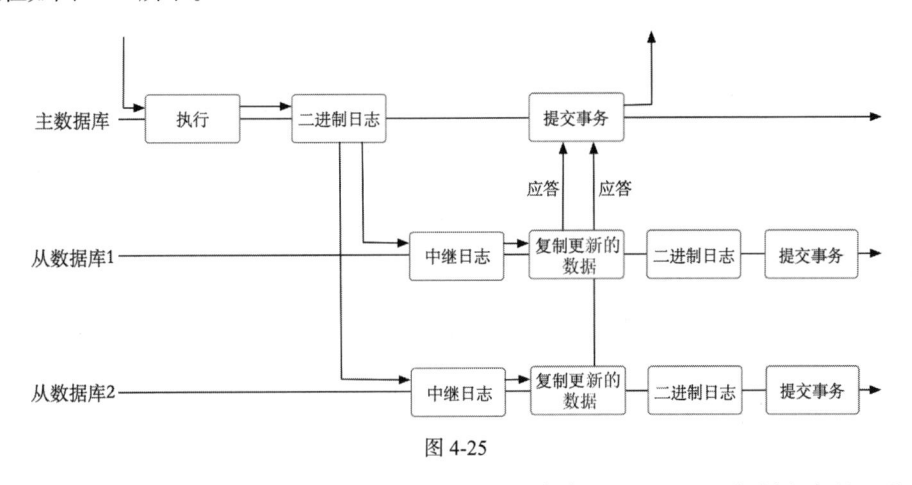

图 4-25

（3）MySQL 组复制（MySQL Group Replication）方案。MySQL 组复制方案是一种分布式集群技术，要求至少有三个服务器节点协同工作，并采用无共享（share-nothing）的复制模式，在每个服务器节点上都存储着一份完整的数据副本。MySQL 组复制的步骤如下。

第 1 步，事务准备。在存储引擎层准备完成且写入二进制日志之前，MySQL 利用预设的 before_commit 钩子（Hook）将事务捕获并送入组复制管理器。

第 2 步，消息封装与排序。组复制管理器将事务封装成消息，并利用 Paxos 一致性协议进行全局排序，以确保事务顺序的一致性。

第 3 步，消息广播与确认。排序后的消息被广播给所有集群节点。若超过半数的节点（即 $N/2+1$）确认收到消息，则认为事务同步过程成功。

第 4 步，原子性和一致性保证。确保事务的原子性和全局一致性，即使在分布式环境中也能维持数据的同步。

第 5 步，本地与异地的日志记录。各个节点独立进行冲突检测和认证。在认证通过后，本地节点将事务写入二进制日志以完成提交，异地节点则将事务写入中继日志并进行回放。

第 6 步，并行回放与冲突解决。通过建立的复制通道，事务变更被并行回放到其他节点。

第 4 章　通过故障演练主动发现潜在的风险

若冲突检测失败，则相关变更将被回滚。

第 7 步，最小化写入延迟。在组复制管理器中，只有认证过程（Certify）需要同步等待，这最大限度地减少了因同步造成的写入延迟，确保了系统的高性能和可接受的延迟。

通过这种方式，MySQL 组复制集群实现了高可用性、数据一致性和可接受的系统性能，满足了工业级应用的需求。MySQL 组复制的过程如图 4-26 所示。

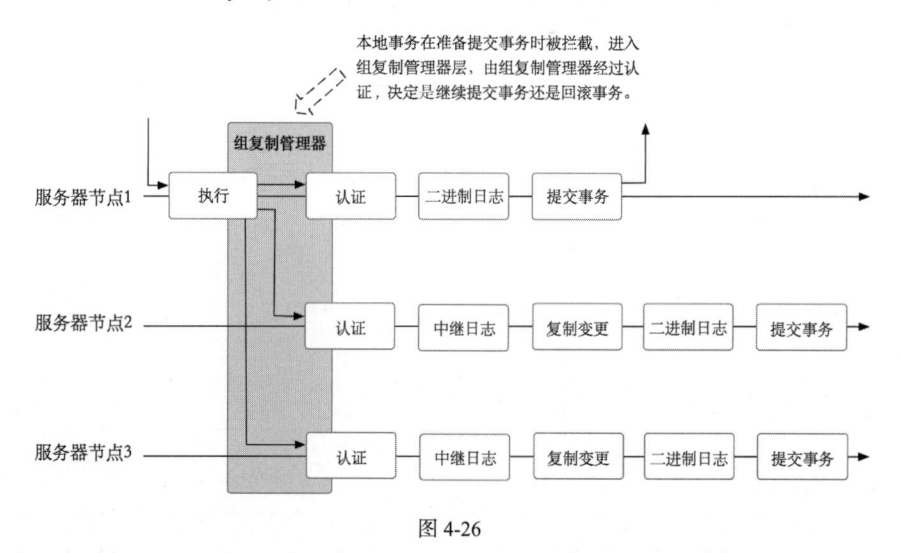

图 4-26

在深入了解 MySQL 组复制的工作流程后，下面将探讨 MySQL 组复制的核心特性及其安装步骤。MySQL 组复制的主要特点如下。

- ◎ 多主复制：所有服务器都可以接受写操作，这意味着我们可以从任何一台服务器上读取和写入数据。
- ◎ 虚拟同步复制：MySQL 组复制使用了一种被称为"虚拟同步复制"的技术，它可以确保所有服务器在任何时候都有相同的数据。
- ◎ 自动故障转移：若 MySQL 组复制中的一台服务器发生故障，则其他服务器都会自动接管它的工作，在客户端不需要执行任何操作。
- ◎ 分布式恢复：当一台新的服务器加入 Group Replication 时，它会自动从其他服务器上复制数据，以便快速更新到最新数据状态。

在 Linux 操作系统中安装和配置 MySQL 组复制的步骤如下。

（1）安装 MySQL Server。在每台需要参与复制的服务器上都安装 MySQL Server。既可以使用包管理器（如 apt 或 yum）安装，也可以直接从 MySQL 官网下载其安装包安装。

```
sudo apt-get install mysql-server
```

（2）配置 MySQL Server。在每台服务器上都打开 MySQL 配置文件（通常是/etc/mysql/my.cnf 或/etc/my.cnf），添加以下内容，这些设置是启用 GTID、二进制日志和加载 Group Replication 插件所必需的。

```
[mysqld]
server-id = 1  # 每台服务器的值都必须唯一
gtid_mode = ON
enforce_gtid_consistency = ON
master_info_repository = TABLE
relay_log_info_repository = TABLE
binlog_checksum = NONE
log_slave_updates = ON
binlog_format = ROW
plugin_load = group_replication.so
relay_log_recovery = ON
```

（3）初始化 MySQL 组复制。在每台服务器上都启动 MySQL 服务，然后以 root 用户的身份登录 MySQL，执行以下命令，这些命令分别用于安装 Group Replication 插件、启动 Group Replication 及设置当前服务器为 MySQL 组复制的初始成员。

```
INSTALL PLUGIN group_replication SONAME 'group_replication.so';
SET GLOBAL group_replication_bootstrap_group=ON;
START GROUP_REPLICATION;
SET GLOBAL group_replication_bootstrap_group=OFF;
```

（4）添加更多的成员。在其他服务器上执行类似的命令，但是需要将"group_replication_ootstrap_group"设置为"OFF"，因为这些服务器不是 MySQL 组复制的初始成员。

```
INSTALL PLUGIN group_replication SONAME 'group_replication.so';
START GROUP_REPLICATION;
```

现在，在所有服务器上都已经启动了 MySQL 组复制，并且这些服务器已经形成了一个 MySQL 组复制。不过以上步骤只是一个简化的示例，实际的安装和配置细节可能更复杂，需要考虑更多的因素，比如网络设置、安全设置、错误处理等。

第 5 章
会员系统的模型债务治理

5.1 技术债务产生的原因

一些技术负责人常常抱怨公司系统不稳定，代码历史悠久且错综复杂。更糟糕的是，相关设计文档无处可寻，且无人敢修改这些代码，导致维护工作很难进行。由此，便产生了技术债务。据美国知名支付公司 Stripe 的统计，开发者每周平均需要 42% 的时间来治理技术债务，如图 5-1 所示。

- 约14小时治理技术债务
- 约4小时修改坏代码
- 约42%的时间不能投入新功能开发
- 1000人规模的团队相当于直接损失400人的成本

治理技术债务 13.5小时
开发新功能 23.7小时
修改坏代码 3.8小时

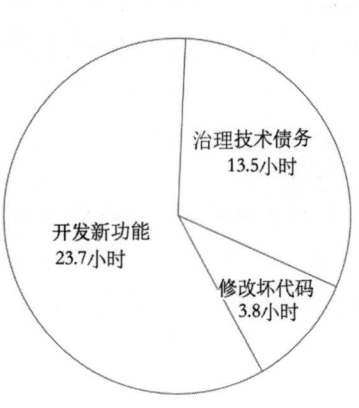

图 5-1

其实，产生技术债务的原因有很多，大体如图 5-2 所示。

5.2 技术债务的治理方法

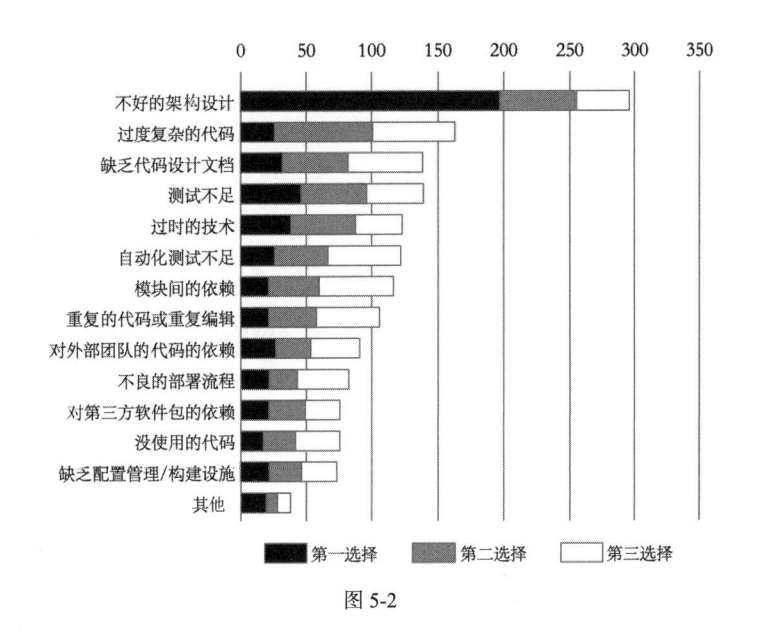

图 5-2

5.2 技术债务的治理方法

技术债务种类繁多，且不同的人对其紧迫性的认知也不同，我们必须在研发过程中主动预防和有选择性地治理技术债务，以便识别出真正需要投入资源去治理的技术债务。我们可以分别从业务建模、领域建模和系统架构设计等方面治理技术债务，如图 5-3 所示。

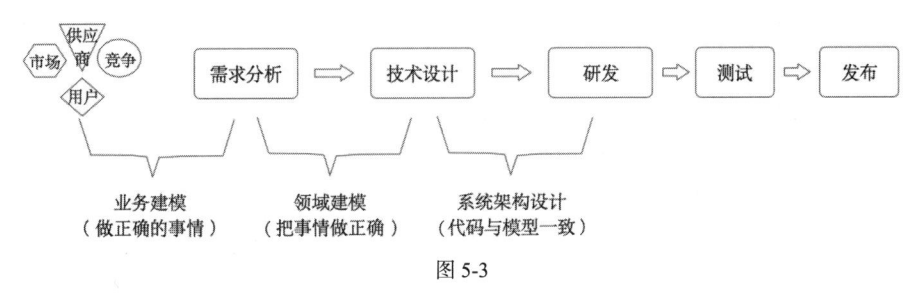

图 5-3

对各阶段具体介绍如下。

（1）业务建模。从需求分析开始，精准把握业务需求，减少需求变更，确保团队集中精力做正确的事情，不仅能缩短开发周期，还能减少系统中无用代码或临时代码的产生。

（2）领域建模。在技术设计阶段，采用多种成熟的方法来设计领域模型，确保模型的灵活性和可扩展性，进而确保我们把事情做正确，避免产生新的技术债务。

（3）系统架构设计。在系统架构设计中应采用行业最佳实践，遵循 SOLID 原则，实施清晰的分层设计和模块划分（例如 MVC、DDD 等），并合理应用设计模式，减少技术债务的产生。

5.3 如何做好会员系统的业务建模

为确保会员系统设计精确且满足业务需求，并提升系统的可扩展性和灵活性，我们需要进行业务建模，包括明确业务目标、收集用户需求、定义用例和流程。接下来介绍如何对会员系统进行业务建模。

5.3.1 会员系统的业务分析

会员系统是企业或商家提升用户忠诚度和销售额的有效手段，其主要特点如下。

- ◎ 会员注册：用户可以通过会员系统注册为会员，会员系统将收集用户的个人信息，并为其生成唯一的会员账号（通常为手机号码）。
- ◎ 会员信息管理：对会员的详细信息进行管理，包括个人资料、会员状态和消费历史等。
- ◎ 奖励和折扣管理：基于会员的忠诚度、购买历史或其他标准为会员设计奖励和折扣。
- ◎ 积分和奖励：会员在满足一定条件的消费条件后可以获得积分或奖励，并可在未来的消费中使用这些积分或奖励。会员系统应在结账时显示可用的积分，并方便用户使用。
- ◎ 会员触达：通过电子邮件或短信等方式向会员发送促销活动通知。

1. 会员系统的项目干系人梳理

为了深入理解和分析用户的需求，我们首先识别出会员系统的项目干系人。通过与他们访谈，我们可以明确他们对会员系统的目标和期望，从而有效地提取有价值的需求。根据项目管理知识体系（PMBOK），项目干系人指能够对项目产生影响的个人、群体或组织。通过访谈会员系统的项目干系人，我们可以构建一个"项目干系人—目标"列表，示例如表 5-1 所示。

表 5-1

干系人	目标	描述
企业经营者	（1）管理配置优惠折扣活动。 （2）查看促销活动的效果。 （3）制定会员等级规则。 （4）管理会员相关信息	企业经营者是会员系统项目的主要干系人，负责制定会员等级规则，设定奖励和折扣活动，管理会员信息和监督项目的实施
收银员	（1）查看会员信息和权益。 （2）帮助会员更好地注册。 （3）帮助会员享受权益或兑换奖励	收银员或服务员是企业与会员之间的桥梁。他们需要能够访问会员系统，以便为会员解决问题和提供支持

续表

干系人	目标	描述
用户	（1）会员注册。 （2）为会员卡储值。 （3）享受会员权益，例如折扣等。 （4）参加促销活动	用户是最终使用会员系统的干系人。他们需要通过会员系统注册并领取奖励和折扣
技术开发者	（1）系统日志记录，便于排查问题。 （2）用户使用埋点分析	技术开发者可以提供对会员系统的技术支持。他们需要理解会员系统的工作原理，并能够帮助企业解决出现的问题
……	……	……

在梳理项目干系人及其目标时，我们需确保全面覆盖所有相关方。例如，我们不应忽视技术开发者，因为他们的目标和需求对系统开发同样至关重要。在这个阶段，项目干系人的目标可能还比较粗略，需要通过深入访谈进一步细化。

2. 会员系统的用户故事收集

用户故事在敏捷软件开发中用于简洁描述用户需求，通常从用户的视角出发，阐述用户期望通过产品或服务实现的目标。用户故事的标准格式一般如图 5-4 所示。

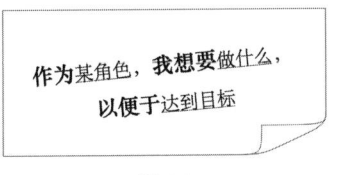

作为某角色，我想要做什么，以便于达到目标

图 5-4

在完成项目干系人—目标的梳理和分析后，我们能够识别关键干系人，即核心用户。我们应投入大量时间和精力来满足这些核心用户的需求，包括进行深入访谈等。以下是与会员系统的核心用户（包括企业经营者、收银员和用户等）进行访谈后整理出的用户故事列表。

企业经营者的用户故事列表如表 5-2 所示。

表 5-2

编号	用户故事	验收准则
M-1	作为企业经营者，我想要访问详细的会员报表，洞察会员的行为，以更好地进行业务经营决策	会员系统应该有一个能查看会员行为的详细报表，例如会员的购买历史、访问频率及每次交易的平均消费金额
M-2	……	……

收银员的用户故事列表如表 5-3 所示。

第 5 章 会员系统的模型债务治理

表 5-3

编　号	用户故事	验收准则
P-1	作为收银员,我希望能够查看会员信息并为会员提供购买优惠,以提供个性化的服务,提升用户的满意度和忠诚度	(1)会员系统应该有一个会员搜索功能,允许使用身份证号码、电话号码或姓名查找会员信息。 (2)一旦找到会员信息,其中的会员状态和可用的奖励或折扣就应该显示在系统界面上。 (3)会员系统应该允许会员基于会员的奖励等级或积分余额享受购买优惠。 (4)打折和应用的奖励应该清晰地显示在收据上,并反映在用户的账户余额中。 (5)会员系统应该允许会员添加新的会员和更新现有的会员信息
P-2	……	……

用户的用户故事列表如表 5-4 所示。

表 5-4

编　号	用户故事	验收准则
U-1	作为会员系统的用户,我希望能够轻松成为会员,以便在购物时获得会员折扣和促销优惠	(1)在会员系统中应该有一个成为会员的选项。 (2)应该显示一张表,用户可以在其中输入个人资料,例如姓名、电子邮件和电话号码。 (3)在用户成功注册为会员后,会员系统应该为其生成唯一的会员账号,通常为手机号码,会员可以使用它来访问会员福利。 (4)会员系统在结账过程中应该显示会员的会籍和可用的奖励或折扣。 (5)会员系统应该允许会员在达到一定的购买标准后获取积分或奖励,这些积分或奖励可用于兑换实物或优惠券等
U-2	……	……

在收集完用户故事后,我们不应直接将其交给开发团队,以免开发团队受到用户"伪需求"的影响,从而被动响应需求,无法充分发挥产品经理或需求分析师的专业能力。接着,我们使用用户故事地图对收集到的用户故事进行全面分析,识别高价值和高优先级的需求,同时暂时搁置一些特殊或非真实的需求,确保我们的工作集中在"做正确的事情"上。

3. 会员系统的用户故事地图

用户故事地图由一系列用户故事组成,每个故事都描述了用户使用产品完成特定任务的场景。这些故事按照用户的操作流程有序排列,形成一幅直观的可视化地图,即用户故事地图。这种地图不仅让团队全面了解产品结构,还清晰展示了各项功能是如何帮助用户实现目标的。同时,它捕捉了用户在使用产品或服务过程中的体验,包括行为、情绪、挑战和机遇。这些信息有助于我们深入理解用户的实际需求,优化产品设计。根据上述用户故事绘制的会员用户故事地图示例如图 5-5 所示。

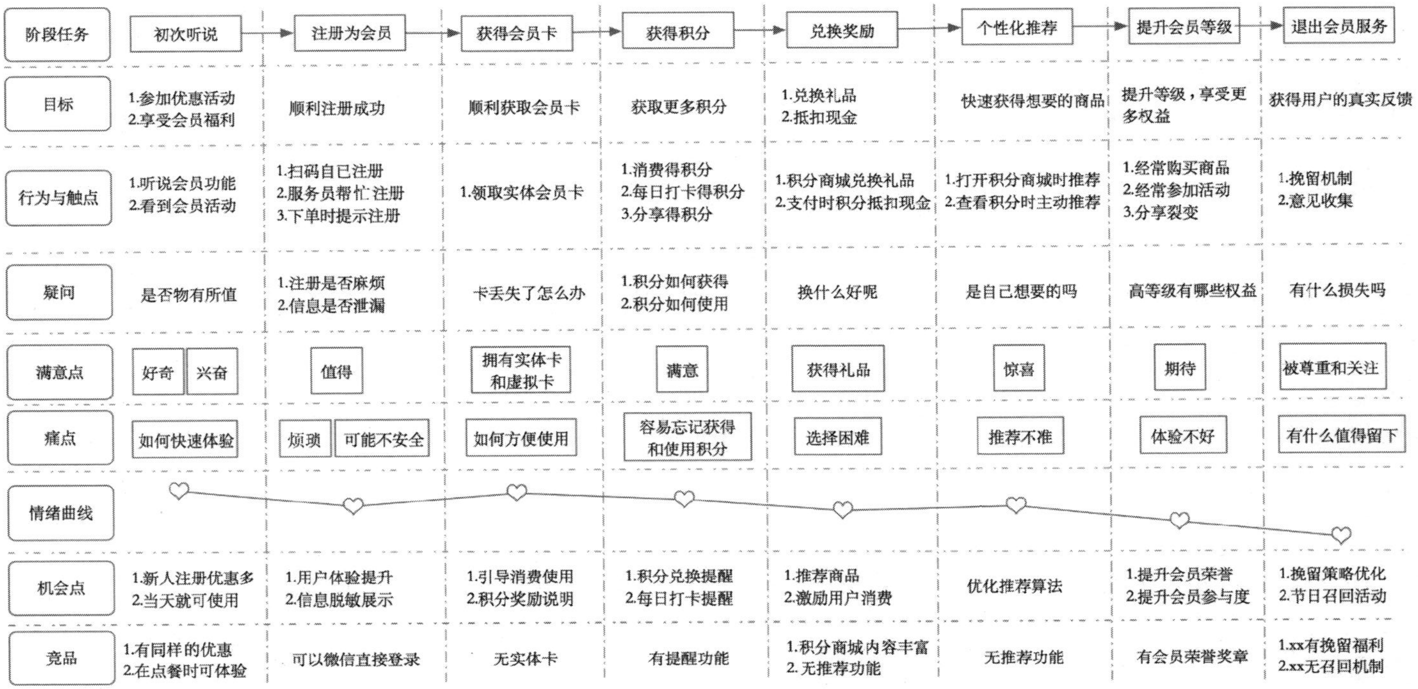

5.3 如何做好会员系统的业务建模

阶段任务	初次听说	注册为会员	获得会员卡	获得积分	兑换奖励	个性化推荐	提升会员等级	退出会员服务
目标	顺利注册成功	顺利注册成功	顺利获取会员卡	获取更多积分	兑换礼品、抵扣现金	快速获得想要的商品	提升等级，享受更多权益	获得用户的真实反馈
行为与触点	1.听说会员功能 2.看到会员活动	1.扫码自己注册 2.服务员帮忙注册 3.下单时提示注册	1.领取实体会员卡	1.消费得积分 2.每日打卡得积分 3.分享得积分	1.积分商城兑换礼品 2.支付时积分抵扣现金	1.打开积分商城时推荐 2.查看积分时主动推荐	经常购买商品 经常参加活动 分享裂变	1.挽留机制 2.意见收集
疑问	是否物有所值	1.注册是否麻烦 2.信息是否泄漏	卡丢失了怎么办	积分如何获得 积分如何使用	换什么好呢	是自己想要的吗	高等级有哪些权益	有什么损失吗
满意点	好奇	值得	拥有实体卡和虚拟卡	满意	获得礼品	喜欢	期待	被尊重和关注
痛点	如何快速体验	可能不安全	如何方便使用	容易忘记获得和使用积分	选择困难	推荐不准	体验不好	有什么值得留下
情绪曲线								
机会点	1.新人注册建多 2.当天就可使用	1.用户体验提升 2.信息脱敏展示	1.引导消费使用 2.积分奖励说明	1.积分兑换提醒 2.每日打卡提醒	1.推荐商品 2.激励用户消费	优化推荐算法	1.提升会员荣誉 2.提升会员参与度	1.挽留策略优化 2.节日召回活动
竞品	1.有同样的优惠 2.在点餐时可体验	可以微信直接登录	无实体卡	有提醒功能	积分商城内容丰富 无推荐功能	无推荐功能	有会员荣誉章	1.xx有挽留福利 2.xx无召回机制

图 5-5

第 5 章 会员系统的模型债务治理

根据用户故事地图，我们能够高效地识别有价值的用户故事，并确定它们的优先级。在会员系统业务中，我们挖掘的一些高价值用户故事示例如表 5-5 所示。

表 5-5

用户故事编号	价值描述	优 先 级
U-1	该用例有利于帮助用户更好地注册为会员，提升用户的注册体验	P0
P-1	该用例有利于帮助用户完成奖励兑换，提升用户的满意度，帮助企业或商家获取更多利益	P0
M-1	该用例主要为企业或商家提供管理分析决策，间接有利于用户享受会员权益，优先级相对较低	P1
……	……	……

5.3.2 使用用例进行业务建模

用例（Use Case）是软件和系统工程中描述用户如何使用系统的一种技术，它阐述了系统或软件的功能需求，通常涵盖参与者与系统的交互场景。在 UML（统一建模语言）中，用例的表示方法如图 5-6 所示。

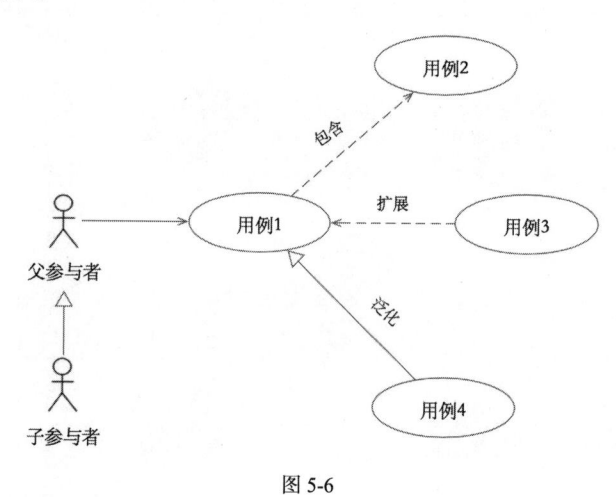

图 5-6

1. 会员系统的概要用例

接下来将收集到的所有用户故事都转化为概要用例，如图 5-7 所示。

通过概要用例，我们可以明确系统所需的功能。若这些概要用例显得过于抽象，则可以将其进一步细化到下一层级，但不建议细化超过 3 个层级，以免过分深入细节。

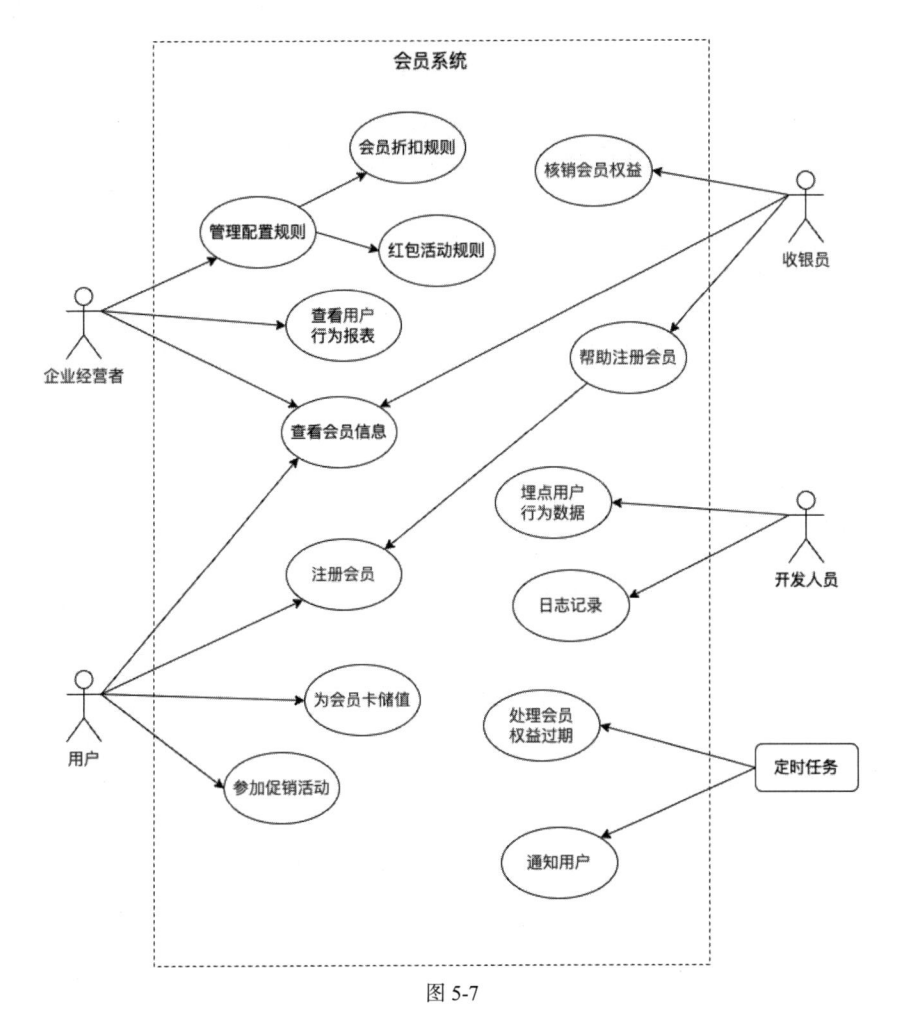

5.3 如何做好会员系统的业务建模

图 5-7

2. 会员系统的详细用例

概要用例有助于我们从宏观上把握系统的功能，但对研发团队来说，利用它不足以进行研发工作。因此，在确定用例的优先级之后，我们应着手对核心且高价值的用例进行详细设计，并编写详细的用例。一个详细的用例通常包含以下几部分。

- ◎ 用例名称：简单明了地描述用例的主要功能。
- ◎ 参与者：与用例交互的用户或其他系统。
- ◎ 前置条件：在执行用例之前，系统必须处于什么状态。
- ◎ 后置条件：在执行用例之后，系统应该处于什么状态。
- ◎ 正常场景：描述用例在正常情况下的执行流程。

第 5 章　会员系统的模型债务治理

◎ 异常场景：描述用例在异常情况下的执行流程。

在编写详细用例时，我们必须特别注意覆盖所有正常场景和异常场景，以防遗漏场景。当然，我们不必为每个用例都编写详细的文档，只需对复杂的核心用例编写详细的文档，这样可以显著提升效率。例如，注册会员的详细用例如表 5-6 所示。

表 5-6

名　称	会员注册
描述	作为用户，我希望能够轻松注册为会员，以便享受积分奖励、折扣优惠等会员权益
参与者	用户：能够享受会员权益、折扣及参与促销活动，能够购买仅限会员购买的商品。 收银员：在用户注册遇到问题时，及时提供帮助
前置条件	企业经营者已经在系统中配置好了相应的会员折扣
后置条件	注册成功，赠送积分和折扣券
正常场景	（1）系统显示"注册"选项。 （2）用户选择"注册"选项。 （3）系统显示注册页面，请求用户输入必要的信息，例如姓名、电话号码、电子邮件等。 （4）用户输入所有必要的信息。 （5）系统验证用户信息的有效性。异常场景处理参考"异常场景一"。 • 系统验证用户的手机号码格式是否正确。 • 系统验证用户的电子邮件格式是否正确。 • 系统验证用户的手机号码是否已被使用。 （6）若用户提供的信息有效，则系统会保存该信息并生成唯一的用户 ID。 （7）系统向用户发送一条短信验证码，以验证用户的手机号码是否正确。异常场景处理参考"异常场景二"。 （8）用户输入收到的短信验证码，确认自己的手机号码正确。 （9）在用户完成验证后，系统发送欢迎消息，并提供给用户其账户信息和相关优惠信息
异常场景	异常场景一如下。 （1）若用户提供的信息无效，则系统会显示错误的消息，并请求用户重新输入必要的信息。 （2）若用户输入无效信息超过 5 次，则系统会提示用户尝试其他注册方式。 异常场景二如下。 （1）若手机号码验证失败，则系统会提示用户检查其手机号码是否正确。 （2）若用户无法收到短信验证码，则系统会提供重新发送验证码的选项。 （3）若用户仍然无法收到短信验证码，则系统会提供其他验证方式，比如邮箱验证等。 （4）若短信验证码过期，则系统会提示用户重新发送短信验证码
特殊需求	个人信息安全，需要对用户的手机号码等做脱敏处理后存储
风险预估	无
其他	讨论项：一个人是否可以办理多张会员卡

以上详细用例展示了用例作为一种简洁、高效的结构化需求分析工具的价值。在梳理用户

5.3 如何做好会员系统的业务建模

需求时，我们往往更关注正常场景，容易忽视异常场景。因此，在完成详细用例的编写后，我们必须重点讨论和评审其是否全面覆盖了所有异常场景。

为了直观展示这些场景，建议在设计程序时采用 UML 流程图、时序图或状态图等图形化工具来表示正常场景和异常场景。例如，图 5-8 展示了"会员注册"用例中各种场景相关的流程图。

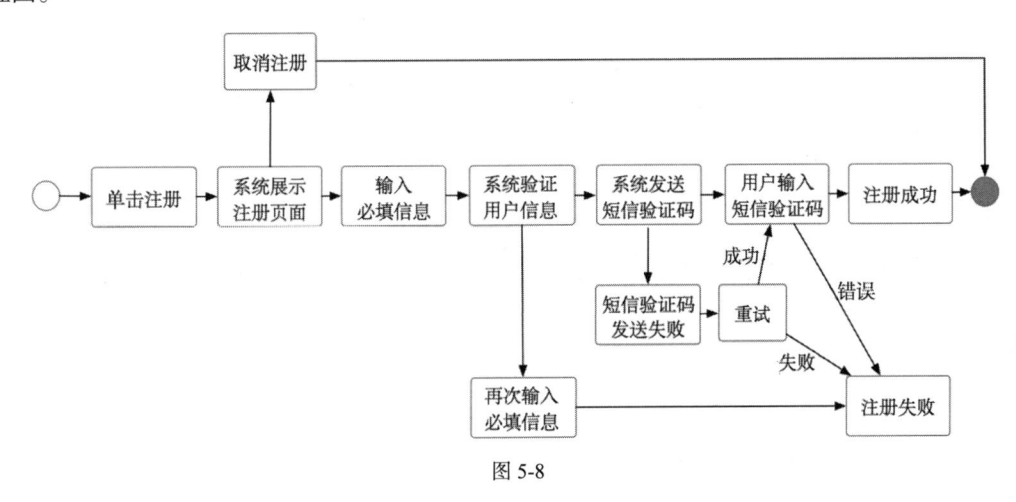

图 5-8

5.3.3 会员系统的非功能需求分析

用例主要定义了系统应满足的用户具体需求，即功能需求，它们描述了系统能做什么及需要完成的任务。非功能需求则涉及软件的质量属性，比如成本和性能，为系统增加了额外的约束。功能需求与非功能需求的关系如图 5-9 所示。

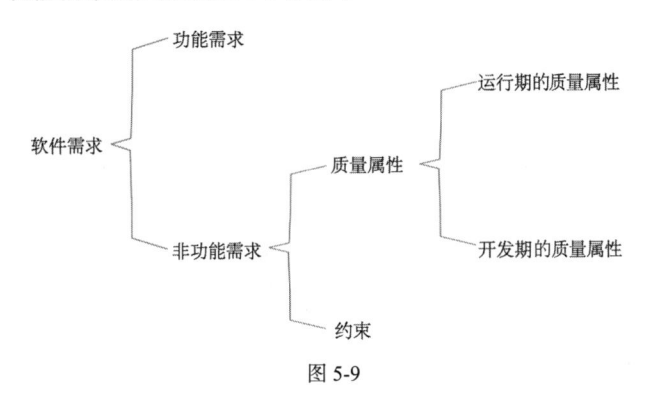

图 5-9

在会员系统中，非功能需求关注的是系统的性能、可用性、可靠性、安全性等，如表 5-7 所示。

第 5 章　会员系统的模型债务治理

表 5-7

非功能需求分类	非功能需求说明
性能需求	系统应能在高并发场景中保持响应时间不超过 2 秒。 对会员数据的查询和更新操作应在毫秒级别完成
可用性需求	系统的正常运行时间应达到 99.9%。 提供 24/7 的客户支持以解决可用性问题
可靠性需求	系统应具备自动故障恢复能力，确保服务中断不超过 5 分钟。 应定期测试数据备份和恢复机制，确保数据的完整性和一致性
安全性需求	在进行会员数据传输时必须使用 SSL/TLS 加密。 系统应实施严格的访问控制和身份验证机制，保护会员隐私

5.4　如何进行会员系统的领域建模

业务建模只是软件开发的第一步，将业务模型有效转换为领域模型才是关键。接下来重点讲解如何对会员系统进行领域建模。

5.4.1　关于领域建模的一些基础知识

领域建模桥接了需求分析与面向对象设计，通过与领域专家合作，使用 UML 等构建领域模型，促进团队知识共享，确保软件设计和开发真正满足业务需求。

1. 什么是领域模型

领域模型是对特定问题领域内的概念或实体及其相互关系的可视化表达，代表了现实世界在特定上下文中的抽象和模拟。

领域模型的主要作用是捕捉和定义业务概念、业务规则和业务流程，协助开发者深入理解业务需求，准确把握系统的业务逻辑，进而设计出更贴合业务需求的系统。在 UML 中，领域模型通常呈现为一组未定义具体操作的类图，具体表示方法如图 5-10 所示。

2. 领域对象与软件对象的区别

领域对象与软件对象之间存在明显的区别。领域模型用于对现实世界中所关注领域的事物进行可视化描述，反映的是真实世界中的概念，而非软件世界中具有特定职责和行为的实体，比如 Java 或 C# 中的对象。例如，图 5-11 所示的对象并不属于领域模型的范畴。

图 5-10

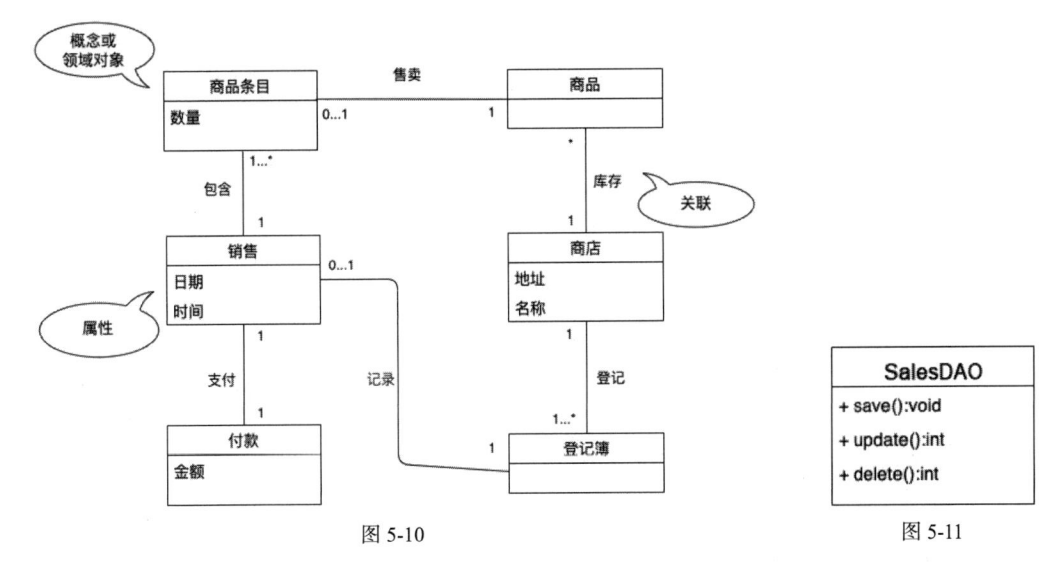

图 5-11

在图 5-11 中，SalesDAO 对象承担着特定的职责，它负责在数据库中进行数据读写操作。此外，领域对象和软件对象的生命周期也存在差异。领域对象的生命周期与实际业务的生命周期相对应。例如，在银行系统中，领域对象信用卡的生命周期可能包括注册新卡、激活、挂失、补办和注销等阶段。相比之下，软件对象的生命周期主要是为了便于内存管理。例如，JVM 中对象的生命周期大致可分为 7 个阶段：创建、使用、不可见、不可达、可收集、终结和释放。

3. 领域模型的价值是什么

领域模型在企业级应用系统开发中至关重要，可以帮助设计复杂的业务逻辑，提升系统的可维护性和扩展性。领域模型主要有以下价值。

- ◎ 沟通的桥梁：领域模型提供了通用的语言，连接领域专家和技术人员，促进其准确交流和理解业务需求。
- ◎ 简化认知：领域模型通过简化复杂性及降低认知成本，帮助研发人员理解系统架构，确保交付成果符合用户的期望。
- ◎ 业务知识沉淀：领域模型有助于积累和传承业务知识，保障软件项目的成功交付。
- ◎ 减少表示差异：领域对象对软件类的命名和定义有着指导作用，可以减少领域模型与软件对象之间的表示差异。如图 5-12 所示，领域对象 Payment 在开发实现中对应的软件类也被命名为 "Payment"，减少了领域模型与软件对象之间的表示差异。

第 5 章　会员系统的模型债务治理

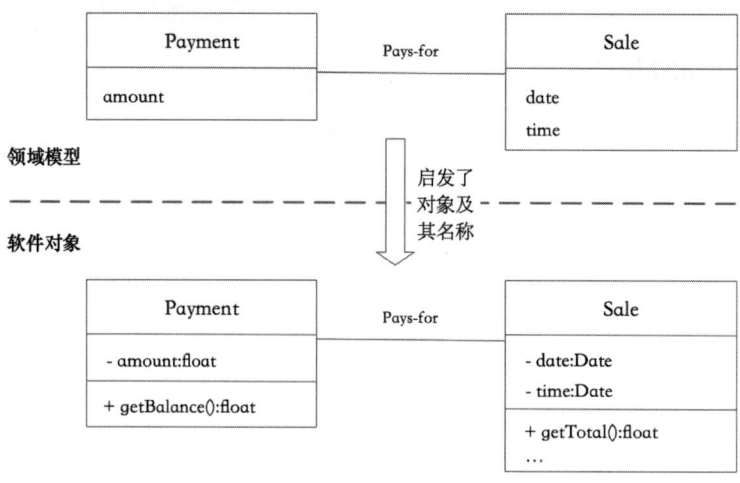

图 5-12

4. 领域模型的设计原则

在软件工程中，领域模型通过 UML 类图表达，侧重于展示领域实体之间的关系，避免与实现细节混淆，以促进领域专家和业务人员的理解与沟通。因此，在设计领域模型时需要遵循以下原则。

原则一：通过 UML 类图表示领域模型中的概念类。

在领域模型中，概念类与 UML 类图有所不同。具体来说，领域模型中的概念类不必包含方法，仅需包含类名和关键属性，如图 5-13 所示。

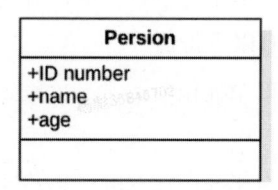

图 5-13

原则二：站在用户的视角而不是开发者的视角构建领域模型。

在构建领域模型时，应从用户的角度出发，采用领域内已有的术语，避免无端增加新概念，也不应引入技术实现细节。例如，在开发银行系统的领域模型时，将银行卡分别命名为"借记卡"和"贷记卡"，这样的命名更贴近银行工作人员的日常用语，有助于双方无障碍沟通，确保信息的准确传递。

原则三：关联是有意义且值得关注的连接。

关联是概念类之间有意义且值得关注的一种连接，代表了需要持续一定时间的关系，时间跨度可能极短，比如几毫秒，也可能很长，比如数年。在表示关联时，我们通常在类图的类之间画一条线，并在这条线的上方标注关联的名称，如图 5-14 所示。

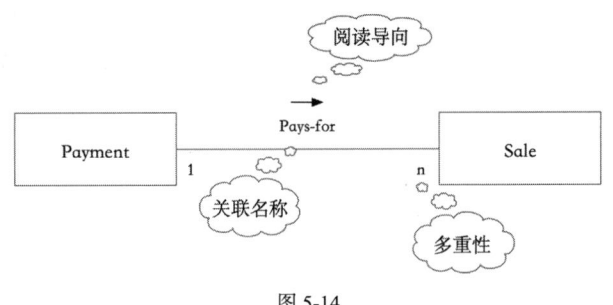

图 5-14

对其中的关联关系介绍如下。

◎ **关联名称**：通常以"动词短语"的方式来命名，因为类名-动词短语-类名构成了可读和有意义的顺序。例如，会员注册会员卡、用现金充值会员卡。

◎ **阅读导向**：关联是有阅读方向的，默认为从左到右或从上到下，也可以手动用箭头标明方向。注意：关联的阅读方向不是类的可见性或导航方向，而可见性和导航方向是实现软件对象所关注的。

◎ **多重性**：在连线的末端可以指明类的实例之间的数量关系，称之为"多重性值"，通常有一对一、一对零或一、一对多、一对一或更多、多对多和父与子等关系。而对于多对多关系，通常可以将其进一步分解成一对多关系。多重性表示如图 5-15 所示。

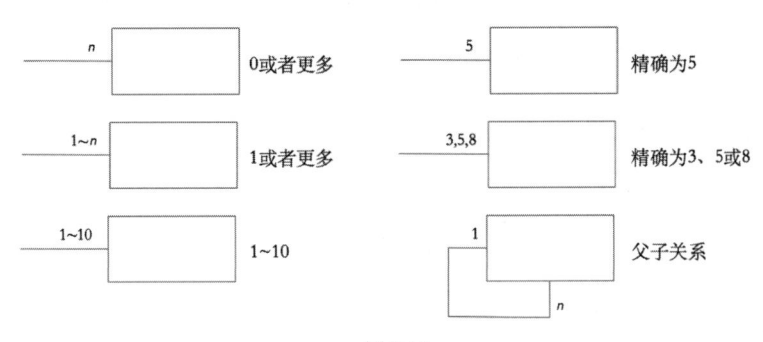

图 5-15

根据离散数学的原理，在包含 n 个节点的图中，可能的关联总数为 $(n\times(n-1))/2$。所以，在构建领域模型时应突出关键的关联，以保持模型清晰易懂，避免过多的关联造成视觉干扰，使模型难以理解。

原则四：属性通常表示的是一些简单的数据类型。

在进行领域模型建模时，我们有时会错误地将一些本应作为概念类处理的实体简化为属性。

第 5 章　会员系统的模型债务治理

一般来说，属性应限于简单的数据类型，比如数字、文本、布尔值和枚举等，这些在现实世界中通常以数字或文本的形式存在。以航空预订领域建模为例，我们面临的问题是：应该将目的地（Destination）作为飞机（Flight）的一个属性，还是作为一个独立的概念类机场（AirPort）？正确的做法是将 AirPort 视为一个概念类。这是因为 AirPort 代表的是一个复杂的实体，而不仅仅是一个简单的属性。目的地机场不仅仅是一个字符串，还是一个占据数平方公里空间的实际存在，如图 5-16 所示。

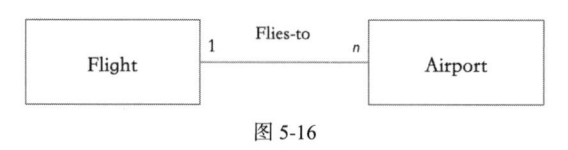

图 5-16

而像飞机的名称、班次、座位数等简单数据类型才是属性，如图 5-17 所示。

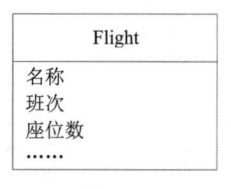

图 5-17

原则五：领域模型与数据库 ER 模型的区别。

将数据库 ER 模型作为领域模型使用可能导致沟通障碍，因为数据库 ER 模型更多地关注实现细节，而领域模型应清晰表达业务语义并具备扩展性。以下是两者的具体区别。

◎ 领域模型：是一种高层次且抽象的概念模型，主要用于系统分析和设计阶段。它强调从业务角度出发，利用领域对象、属性和关系等概念来描述业务数据、业务规则和业务流程。因此，领域模型更侧重于揭示业务问题的本质，其描述粒度较大，注重业务场景和规则的抽象化与概括化。

◎ 数据库 ER 模型：是一种以数据为中心的建模方法，侧重于使用表、列、键、索引等概念来描述数据存储结构和关系。它主要在数据库设计和实现阶段使用，强调从数据的角度出发，将领域模型转换为具体的数据库表结构和约束规则。因此，数据库 ER 模型更关注数据库表结构和约束，描述的细节较多，注重表、列、键等细节的规范化和标准化。

5.4.2　领域建模方法 1：重用和修改现有的模型

约三十年前，领域建模的概念尚在起步阶段，软件工程师和科学家们却已意识到，不仅代码可以复用，大量的领域知识同样可以跨业务软件系统复用。

5.4 如何进行会员系统的领域建模

以采购行业为例，由于其发展较早，采购系统的构建也相对成熟，因此其中只有一个稳定的订单模型。这个模型涵盖了订单创建、修改、删除、支付等基础操作，以及处理订单状态变化和采购订单项管理等的复杂业务逻辑。随着互联网的兴起，新的电商系统开发需求出现。尽管采购系统和电商系统在属性和业务规则上存在差异，但两者在订单处理流程上有着许多共通之处。因此，可以将采购系统的订单模型作为电商系统的订单模型的基石。对于电商系统特有的业务规则，例如用户评价和优惠券使用情况，可以在已有的订单模型基础上进行扩展，增加新的对象和属性。基于采购系统的订单模型扩展而来的电商系统的订单模型如图 5-18 所示。

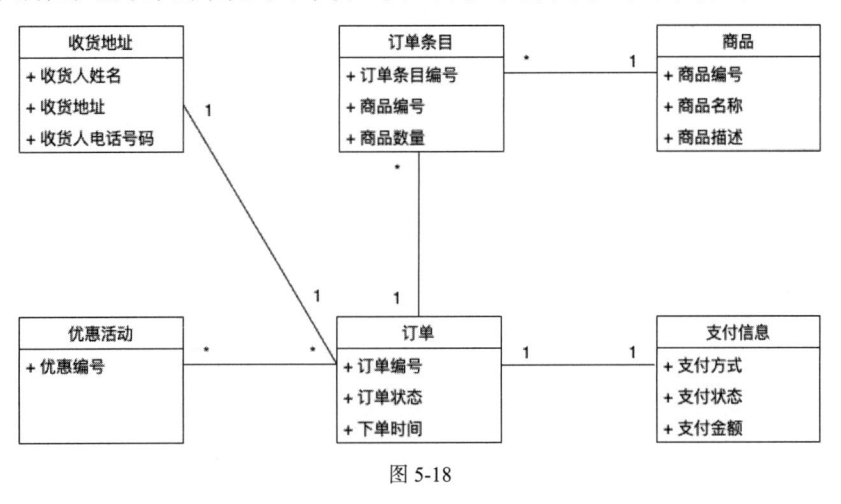

图 5-18

在以上模型中定义了订单实体与订单条目实体之间的一对多关系，这意味着单个订单可以包含多个订单条目。同时，在订单条目实体与商品实体之间建立了多对一的关系，即每个订单条目都关联一个商品，但同一商品可以出现在多个订单条目中，因为不同订单条目下的同一商品可能有不同的数量和价格。此外，一个订单可以应用多个优惠，而一个优惠也可以适用于多个订单。一个订单关联一个收货地址，一个收货地址可被多个订单共用。对于支付信息，一个订单仅对应一个支付信息，反之亦然，这是为了避免重复支付，通常不允许对同一订单进行多次支付。

这种设计复用了现有领域知识，提升了开发效率并确保了模型的可扩展性。不过，大多数建模专家可能依赖自身丰富的经验，积累了涵盖各种业务领域的丰富模型。在遇到一个不熟悉的新业务领域且缺乏可参考模型的情况下，建模专家应如何应对呢？这时，可以采用其他建模方法，其中最为直接、有效的方法是语言分析法。这种方法涉及在用例的文本描述中识别名词和名词短语，将它们视为潜在的概念类或属性，进而建立它们之间的关系。由于这种方法是基于用例描述来实施的，因此也被称为"用例分析法"。通过这种方法，建模专家能够从用例文本中提取关键信息，构建出适合新业务领域的模型。

171

第 5 章 会员系统的模型债务治理

5.4.3 领域建模方法 2：用例驱动设计

通过用例分析建模的方法，即用例驱动设计（User case Driven Design，UDD）。最早的用例驱动设计很难溯源，不过可以将其总结为"通过分析用例中的句子，从主语、谓语、宾语、状语和定语中提取名词、动词、量词和形容词"。具体的分析步骤如图 5-19 所示。

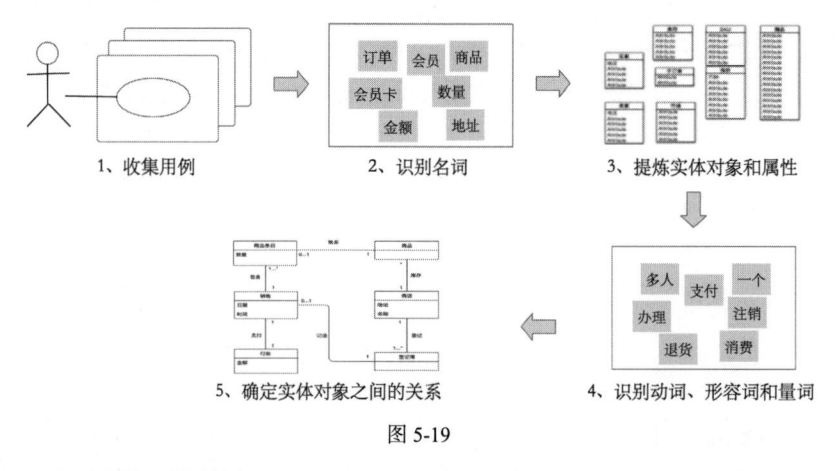

图 5-19

以下是对分析步骤的简单总结。

◎ 从主语、宾语、定语和状语中提取名词，这些名词将作为实体对象或属性的基础。
◎ 从谓语、状语和定语中提取动词，这些动词将帮助我们确定实体对象之间是否存在关系，以及这些关系的具体类型。

这里接着以会员注册的详细用例为例，逐步展示如何通过用例驱动设计进行建模。具体操作步骤如下。

（1）识别名词。首先，我们需要在用例描述中寻找名词，它们主要出现在主语和宾语中，也可能隐藏在定语和状语中。将这些名词列出来，如表 5-8 所示。

表 5-8

会　　员	姓　　名	电话号码
电子邮件	会员卡	积分
等级	升级规则	优惠券

（2）提炼实体对象或属性。基于前一步骤列出的这些名词，我们可以提炼实体对象或属性。属性通常指简单的数据类型，例如数字、文本、布尔值和枚举等，它们在现实世界中多以数字或文本的形式存在。实体对象则指更复杂的事物。我们将这些名词初步分为两类，如表 5-9 所示。

5.4 如何进行会员系统的领域建模

表 5-9

复杂的对象类	会员、会员卡、优惠券、升级规则，等等
简单的属性类	姓名、电话号码、电子邮件、积分、等级，等等

（3）识别动词、形容词和量词。通过与领域专家或业务人员进一步讨论，我们可以发现潜在的实体对象。例如，由于不同等级的会员享有不同的权益，等级不仅仅是一个数字，还是一个复杂的实体，因此我们将其抽象为一个实体对象。同样，积分可能涉及多种使用规则，比如抵扣现金、兑换礼品等，这表明可能缺少一个"积分使用规则"实体对象。最终确定的实体对象示例如图 5-20 所示。

```
┌─────────────┐  ┌─────────────┐  ┌─────────────┐
│    会员     │  │   会员卡    │  │    等级     │
├─────────────┤  ├─────────────┤  ├─────────────┤
│ +姓名       │  │ +卡名称     │  │             │
│ +电话号码   │  │ +卡等级     │  │             │
│ +电子邮件   │  │ +积分       │  │             │
└─────────────┘  └─────────────┘  └─────────────┘

┌─────────────┐  ┌─────────────┐  ┌─────────────┐
│  升级规则   │  │ 积分使用规则│  │   优惠券    │
├─────────────┤  ├─────────────┤  ├─────────────┤
│             │  │             │  │ +优惠券名称 │
└─────────────┘  └─────────────┘  └─────────────┘
```

图 5-20

（4）确定实体对象之间的关系。仅识别实体对象是不够的，我们还需要通过动词、形容词和量词等来确定它们之间的关系。这些动词、形容词和量词通常出现在谓语、状语和定语中，帮助我们明确实体对象之间的关系。

- 动词的作用：动词有助于确定两个模型之间是否存在关系，以及关系的性质。它们可以揭示实体之间的直接或间接关系。例如，一个实体是否拥有、关联或影响另一个实体。
- 形容词或量词的作用：形容词或量词有助于明确两个模型之间的具体关系类型，例如是否存在一对一、一对多或多对多的关系。这些关系描述了实体之间的数量和结构关系。例如，一个实体可以与多个实体关联，或者仅与另一个单一实体关联。

通过对动词、形容词和量词的分析，我们可以构建出模型之间的详细关系图，为领域模型的完整性和准确性提供支持。以下是根据会员系统用例分析得出的几个示例，展示了如何识别和定义实体之间的关系。

示例 1：一个会员可以办理多张会员卡。

（1）词性分析如下。

- 办理会员卡："办理"为动词，在谓语中。
- 一个会员："一个"为量词，在定语中。

第 5 章　会员系统的模型债务治理

- ◎ 多张会员卡："多张"为量词，在定语中。

2）结论推导如下。

- ◎ 通过"办理"这个动词，确定会员和会员卡之间存在关联关系。
- ◎ 通过"一个"和"多张"两个量词，确定会员和会员卡之间存在一对多的关系。

示例 2：不同等级的会员卡对应不同的优惠权益，不过一张会员卡只能对应一个等级。

（1）词性分析如下。

- ◎ 享受优惠权益："享受"为动词，在谓语中。
- ◎ 不同的等级："不同"为形容词，表示多个，在定语中。
- ◎ 不同的优惠权益："不同"为形容词，也表示多个，在定语中。
- ◎ 对应："对应"为动词，在谓语中。
- ◎ 一张会员卡："一张"为量词，在定语中。
- ◎ 一个等级："一个"为量词，在定语中。

（2）结论推导如下。

- ◎ 通过"享受"这个动词，确定等级和优惠权益之间存在关联关系。
- ◎ 通过两个"不同"形容词，确定等级和优惠权益之间存在多对多的关系。
- ◎ 通过"对应"这个动词，确定会员卡和等级之间存在关联关系。
- ◎ 通过"一张"和"一个"两个量词，确定会员卡和等级之间存在多对多的关系。

最终，我们根据用例分析法得出的会员领域模型示例如图 5-21 所示。

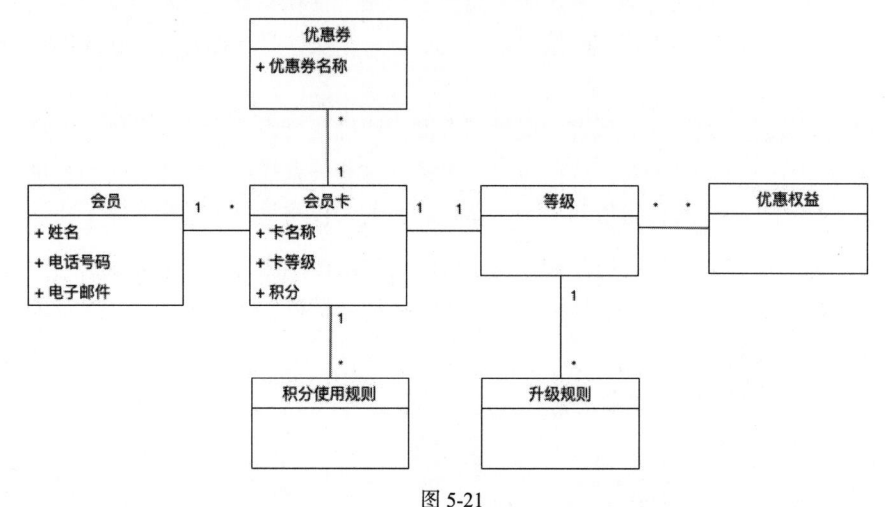

图 5-21

用例驱动设计既简便又实用，它通过分析用例中的名词、动词、形容词和量词等，帮助我们快速构建初步模型。随后，通过与领域专家或业务人员持续沟通，我们可以不断迭代并精细化模型。

5.4.4　领域建模方法3：彩色建模（FDD）

若将用例驱动设计方法视为从用户的角度（基于用例）抽象并提炼出的领域模型，则彩色建模可被视为从开发者的角度构建的模型。

彩色建模通过对颜色的使用为模型创建了空间分层效果，增强了模型创建者和阅读者的空间想象力。这种建模方法使得模型能够同时展示概览视图（仅查看粉红色部分）和详细视图（查看全部颜色），无须模型创建者和阅读者在不同的视觉上下文中切换，或跳转到另一种表现形式。图5-22展示了在彩色建模方法中提供的四种架构型及其对应的颜色。

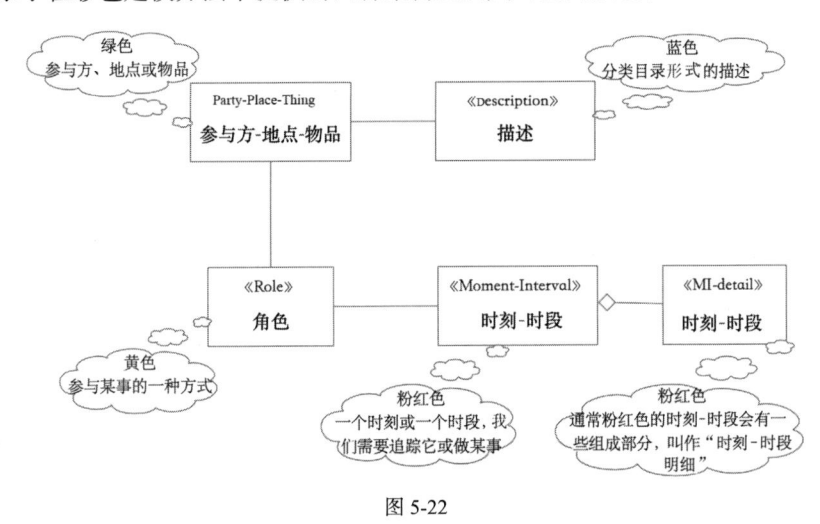

图 5-22

对图中彩色建模的四种架构型详细描述如下。

◎ 时刻–时段架构型（Moment-Interval，MI）：这是最重要的架构型，也是模型的核心和灵魂，通常封装了大部分相关方法。在此，我们用最引人注目的粉红色来表示它。时刻–时段代表了因商业和法律原因需要处理和追踪的事件，这些事件发生在特定的时刻或时间段内。例如，一次销售是在特定时刻完成的——销售的日期和时间；一次租赁在一个时间段内发生——从登记入住到退租；一次预订也在一个时间段内发生——从预订的时刻开始，直到被使用、被取消或超期。

◎ 角色架构型（Role）：角色是一种参与方式，由参与方（人或组织）、地点或物品"扮演"。它是模型中第二重要的架构型，用黄色表示。我们不仅对角色扮演者进行建模，也对角色本身进行建模。角色扮演者记录了一些核心属性和行为，无论其可能扮演多

第 5 章　会员系统的模型债务治理

少种角色。例如，一个人（Person 对象）通常具备名称、性别和年龄等基本属性，并且拥有一些方法，这些方法体现了他们在不同角色中遵循的业务规则。具体来说，在学校，这个人扮演"教师"角色，承担"教书"的责任；而在家中，他扮演"丈夫"角色，承担"做家务"的责任，如图 5-23 所示。

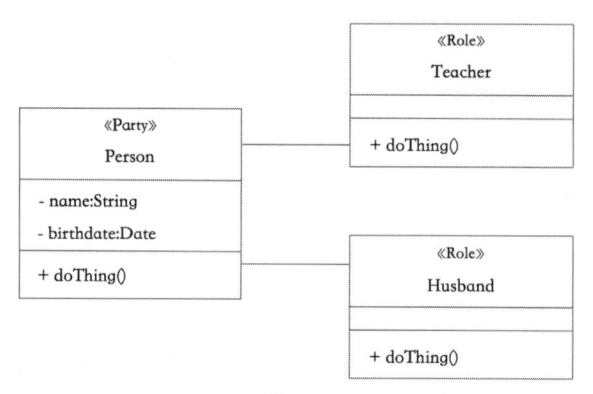

图 5-23

- 参与方-地点-物品架构型（Party-Place-Thing）：参与方（Party）指事件的参与者，例如某人或某组织。地点（Place）是事件发生的地点，例如仓库或商店。物品（Thing）是具体的事物，例如，在仓库中作为库存品的物品，在商店中则作为售卖品。它们是角色的具体扮演者，用绿色表示。
- 描述架构型（Description）：描述架构型的职责通常较为简单，因此我们为其分配了四种颜色中最平静的"蓝色"。它是一组可重复应用的值，类似于"分类目录"的描述。例如，白色小轿车有自己的车辆识别编号、购买日期、颜色和里程表读数，其描述则包括制造商、型号、生产日期和可选颜色等可复用的值（例如奔驰的 GLS，2023 款有黑、白、蓝三种颜色）。

彩色建模的概念可能对许多人来说比较抽象，因此大家对这种建模方法可能不太熟悉。接下来以会员领域模型为例，详细说明彩色建模的步骤。

（1）业务流程梳理。在进行业务建模之前，需要先梳理出业务流程，并且保持一定的抽象度，避免过于细节化，以便更好地用于模型构建。这一步骤可以在业务需求建模阶段完成，使用 UML 流程图来可视化业务流程。图 5-24 为会员注册、充值、消费结算、兑换礼品等业务流程的示意图。

（2）识别时刻-时段对象。按照彩色建模方法，首先识别业务流程中的关键事件，这些事件是用户或业务人员非常关心且需要追溯的。基于这些事件，找出相应的时刻-时段对象，这些对象是建模的起点。整理这些时刻-时段对象，就能构建整个领域模型的骨干，如图 5-25 所示。

5.4 如何进行会员系统的领域建模

因为充值、消费结算、兑换礼品等事件都需要依赖优惠规则的配置，所以它们都和配置规则存在关联关系。因为在通常情况下，用户在注册时就会充值（例如，充多少钱才能开通会员），所以注册与充值存在关联关系。

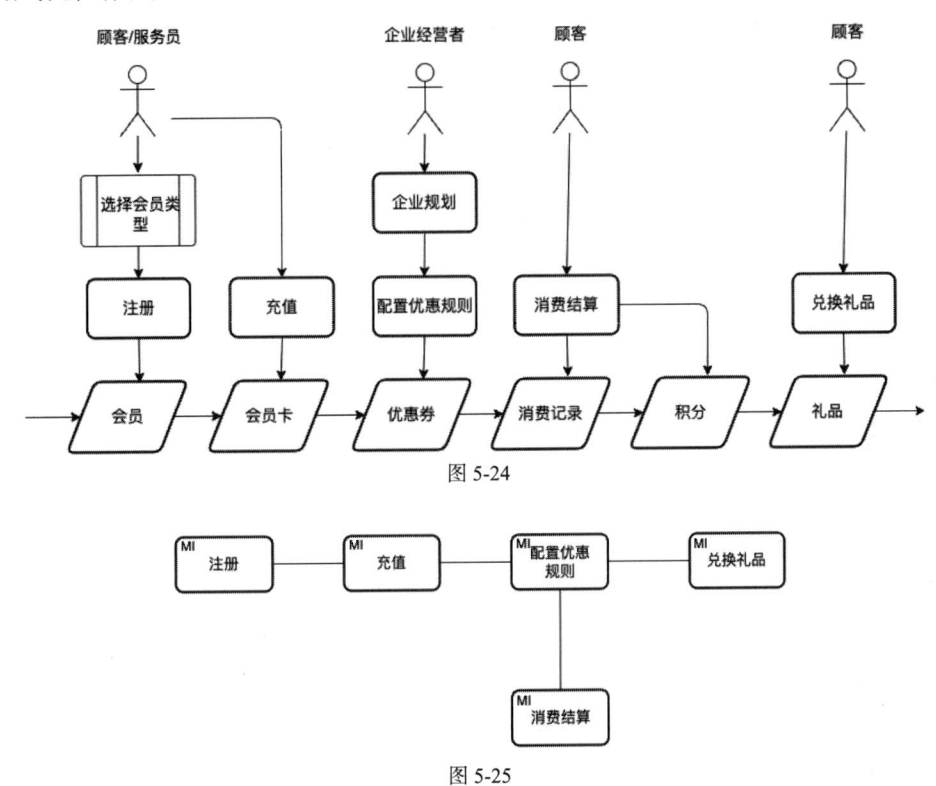

图 5-24

图 5-25

（3）补充参与方-地点-物品对象。在得到骨干之后，需要补充一些实体对象，使它更好地描述业务中的概念。这些实体对象通常有三类：参与人物、地点和物品（Party、Place、Thing），如图 5-26 所示。

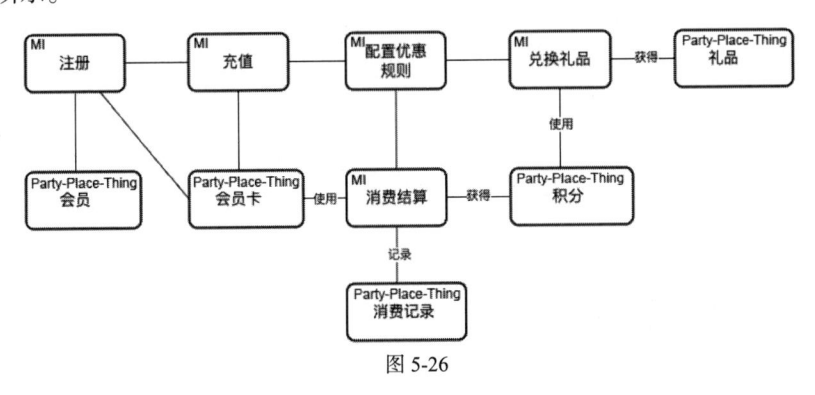

图 5-26

第 5 章　会员系统的模型债务治理

（4）添加角色和描述对象。进一步探究实体对象是如何参与不同流程的。在不同的流程中，同一类型的实体可能扮演不同的角色，因此需要引入角色的概念。例如，企业经营者可能既是收银人员，又是系统管理员。此外，可以把一些需要描述的信息放到描述对象中。添加完角色和描述对象的会员领域模型示例如图 5-27 所示。

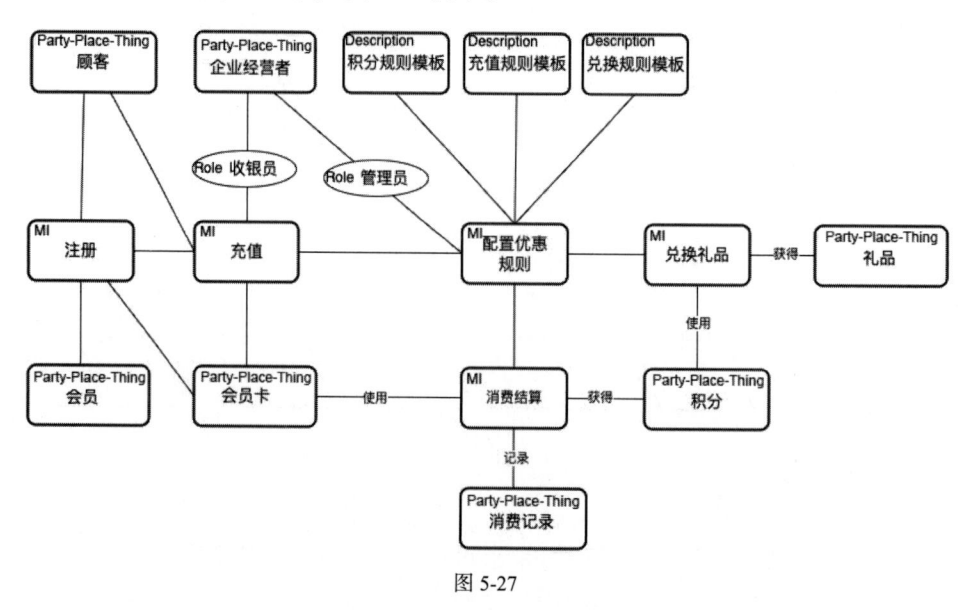

图 5-27

通过彩色建模方法构建的领域模型，不仅捕捉静态关系，还涵盖动态方面，能直接转换为程序代码时序图，体现了领域建模方法的多样性和开发者视角的优势。图 5-28 所示为一个示例，展示了如何将会员领域模型中的用户充值操作转换为程序代码执行时序图。

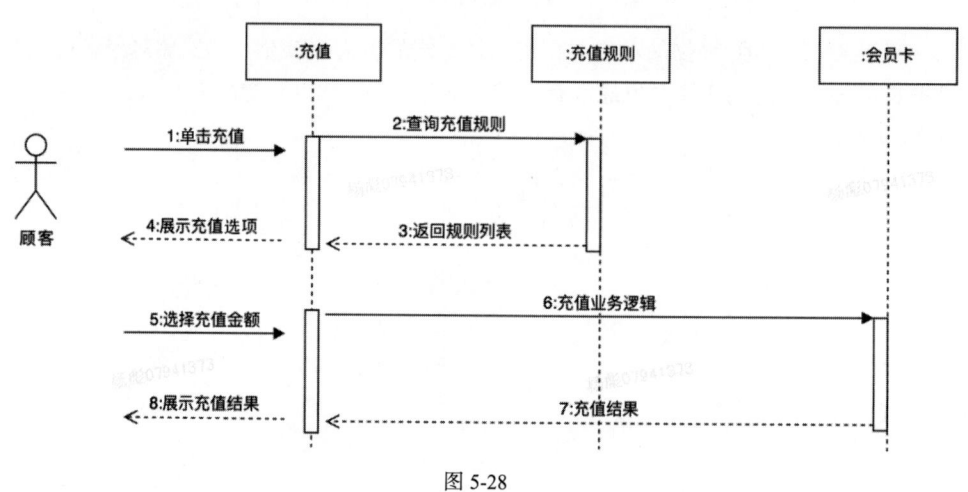

图 5-28

若将彩色建模看作紧密结合了模型与实现的先驱方法，那么接下来要介绍的建模方法特别强调模型与实现的一致性，这便是备受推崇的领域驱动设计（Domain-Driven Design，DDD）。

5.4.5 领域建模方法4：领域驱动设计

领域驱动设计涉及两个核心概念：战术建模和战略建模。

◎ **战术建模**：这一概念聚焦于具体的业务设计和实现层面，包括领域模型的设计和业务逻辑的实现等。在战术建模过程中，会运用到领域驱动设计的一些核心建模工具，例如实体、值对象等。

◎ **战略建模**：与战术建模不同，战略建模着眼于业务的宏观视角，关注业务的主要构成要素及其相互关系，例如如何划分领域和子域、限界上下文等。

简而言之，战略建模从宏观层面对业务进行分析和设计，战术建模则从微观层面对业务进行具体设计和实现。这两种建模方式相辅相成，共同构成了领域驱动设计的整体框架。

1. 领域驱动设计的战术建模工具

在领域驱动设计的战术建模层面，我们的焦点集中在具体业务的实现和设计上。这包括构建领域模型、实现业务逻辑及处理领域对象之间的交互关系。战术建模主要采用了一系列设计模式和构建元素，比如实体（Entity）、值对象（Value Object）、聚合（Aggregate）、领域事件（Domain Event）、工厂（Factory）、仓储（Repository）和服务（Service）等，这些元素共同构成了模型的框架，如图5-29所示。

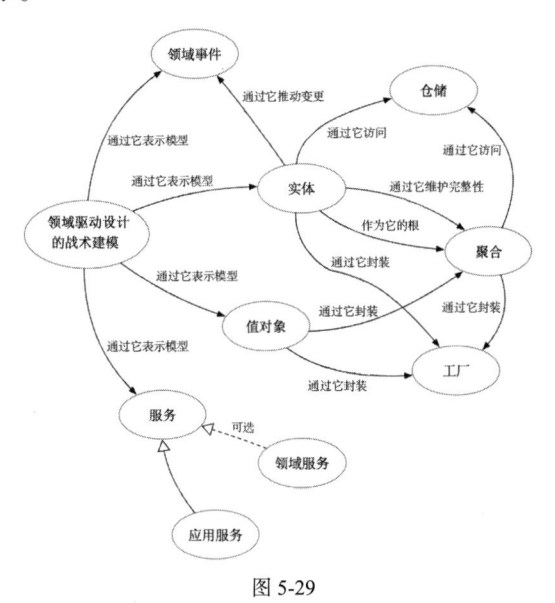

图 5-29

第 5 章　会员系统的模型债务治理

对其中的各个元素介绍如下。

（1）实体（Entity）。实体是一个不由自身属性定义而由自身身份定义的对象，具有状态和行为。也就是说，实体是具有唯一标识符的对象，其标识在其生命周期内保持不变。实体通常包含一些业务数据和业务规则。

（2）值对象（Value Object）。值对象是没有唯一标识符的对象，它们的等价性是通过所有属性来判断的。值对象通常是不可变的，例如某个地址（Address）对象，它不用唯一身份标识ID决定它的唯一性，只用固定不变的概念表示一个具体的地址。

（3）聚合（Aggregate）。聚合是一组关联对象的集合，它们被看作一个整体。聚合有一个根实体（Root Entity），所有的外部交互都通过根实体进行。聚合充当一致性和事务性的边界，通过禁止外部对象对其成员的引用来保证在聚合内进行的更改是一致的，所以它的难点一般在对一致性的维护上——在聚合内实现事务的一致性，在聚合外实现事务的最终一致性。

（4）领域事件（Domain Event）。领域事件是领域中的一种重要机制，用于处理领域对象之间的交互关系。当领域中某个重要的业务事件发生时，会触发一个领域事件。

（5）工厂（Factory）。工厂主要用来处理对象的创建逻辑。当对象或者聚合的创建逻辑比较复杂，或者涉及多个步骤时，可以使用工厂来封装这部分逻辑。使用工厂的好处是可以将对象的创建逻辑从使用对象的业务逻辑中分离出来，使得代码更加清晰，也更容易维护和扩展。

（6）仓储（Repository）。仓储是用于封装存储、检索、排序及过滤领域对象集合的机制。仓储的主要任务是将底层数据的访问逻辑从业务逻辑中分离出来，使得业务逻辑可以不依赖数据访问逻辑。仓储通常提供了添加、删除、更新及查询等操作，这些操作是面向领域对象的，而不是面向数据库的。仓储的使用者不需要关心如何存储和检索数据，只需要关心如何使用领域对象。

（7）服务（Service）。服务分为领域服务和应用服务，强调与其他对象之间的关系，只定义了可以为用户做什么，而不应该替代实体（Entity）和值对象（Entity Object）的所有行为，也就是常说的充血模型。分层架构中的应用服务主要在应用层，领域服务主要在领域层，详细区别如下所述。

◎ 应用服务：是表达用例的主要方式。应用层通过应用服务接口来暴露系统对外提供的功能。在应用服务的执行过程中，其主要角色是协调和转发，将具体的功能实现委派给一个或多个领域对象，自身主要负责管理业务用例的执行流程和结果组装。这种方式有效地隐藏了领域层的复杂性和内部实现机制；应用服务除了编排业务流程，还充当了展示层和领域层之间的桥梁，展示层使用视图模型（VO）进行界面展示，并通过数据传输对象（DTO）与应用服务交互，实现了展示层与领域对象（DO）的解耦。

◎ 领域服务：领域服务是一种无状态的服务，是可选的。它封装了一些不属于任何实体或值对象的业务逻辑，例如一些算法实现等。

2. 领域驱动设计的战略建模方法

在领域驱动设计中，战略建模是从宏观角度对业务进行分析和设计的，主要利用了领域驱动设计的一些核心概念，包括分层架构、领域划分、限界上下文、上下文映射等，这些概念帮助我们构建出业务的整体框架和各个部分之间的关系。如图 5-30 所示，这些元素共同构成了战略建模的基础。

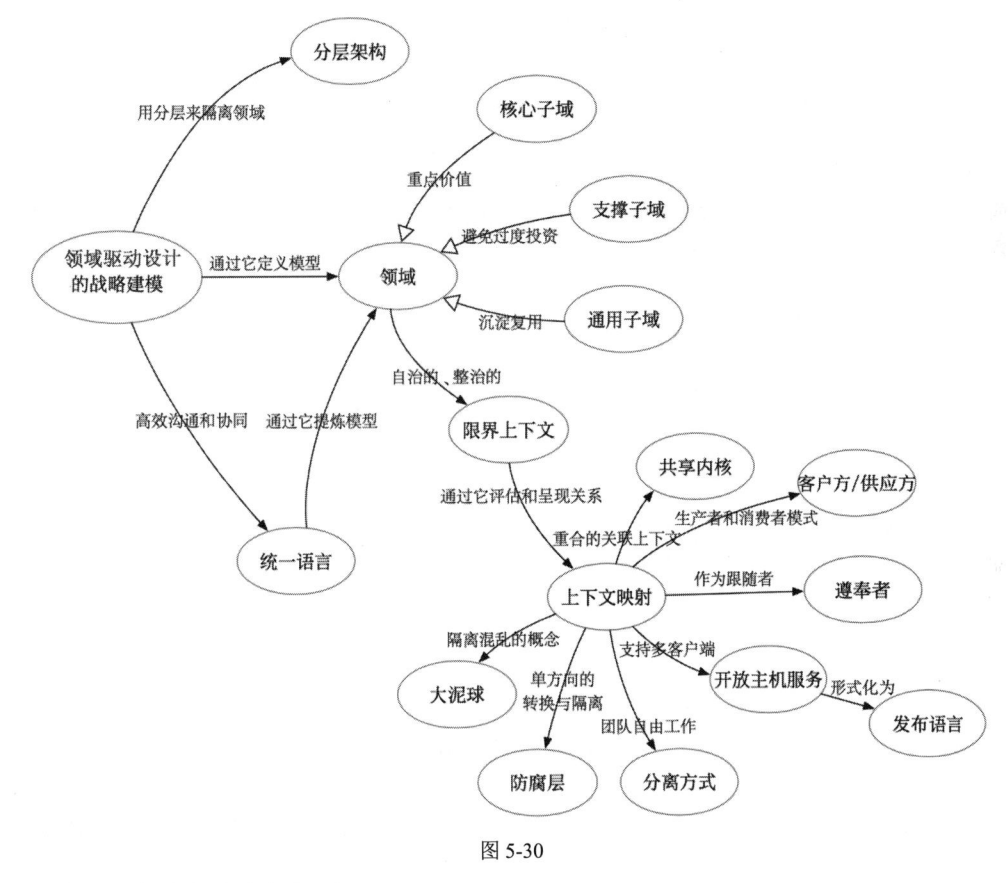

图 5-30

对其中的各个概念介绍如下。

（1）分层架构（Layered Architecture）。分层架构的一个重要原则是每层都只能与其下方的层发生耦合。分层架构可以简单分为两种，即严格分层架构和松散分层架构。在严格分层架构中，某层只能与其直接下方的层发生耦合。而在松散分层架构中，某层能与其任意下方的层发生耦合。领域驱动设计的分层架构图如图 5-31 所示。

第 5 章　会员系统的模型债务治理

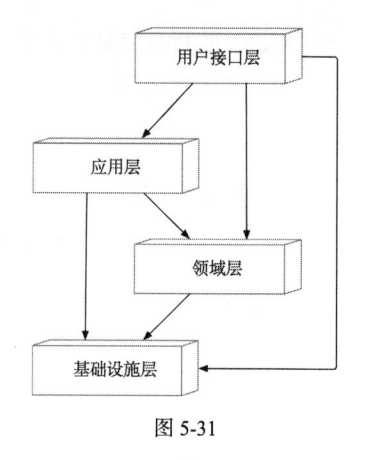

图 5-31

2）领域（Domain）。领域、子域、限界上下文和上下文映射作为领域驱动设计中重要的战略设计部分，可以把现实世界中复杂的业务问题分而治之，让我们把精力聚焦在核心问题上，从而更好地找出问题的解决方案。领域、子域和限界上下文之间的依赖关系如图 5-32 所示。

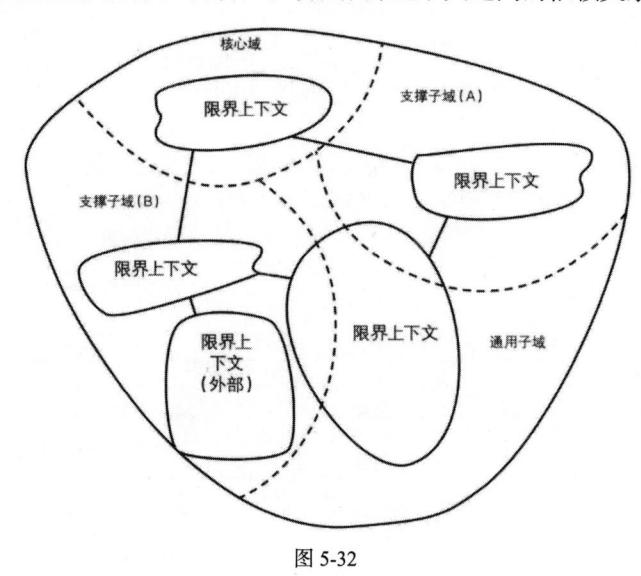

图 5-32

在进行领域划分后，每个子域都有一个对应的限界上下文。我们还需要进一步梳理限界上下文之间的依赖关系，从而有效地控制各子域之间的耦合度。这里主要关注限界上下文内部交互与外部交互之间的耦合度，最大限度地降低耦合度的层级。限界上下文之间的依赖关系主要有以下 7 种。

◎　共享内核（Shared Kernel）：两个限界上下文共享一部分模型，这部分模型需要保持一致。

- ◎ 用户方/供应方（Customer/Supplier）：一个限界上下文依赖另一个限界上下文的功能或结果，类似于用户和供应者的关系。
- ◎ 遵从者（Conformist）：一个限界上下文完全遵从另一个限界上下文的模型和规则。
- ◎ 防腐层（Anti-Corruption Layer）：一个限界上下文通过一个独立的层与另一个限界上下文交互，以防模型腐化。
- ◎ 开放主机服务（Open Host Service）和发布语言（Published Language）：一个限界上下文对外提供服务和接口，其他限界上下文可以通过这些服务和接口进行交互。
- ◎ 大泥球（Big Ball of Mud）：一个混乱的、无法分辨边界的上下文，常常是系统架构混乱或者历史遗留问题导致的结果。
- ◎ 分离方式（Separate Way）：两个完全没有任何关系的限界上下文。

3. 领域驱动设计的工程代码示例

前面介绍了领域驱动设计中的战术建模和战略建模两个概念，但并没有介绍如何具体执行建模操作。这是因为领域驱动设计框架本身更多地聚焦于如何将领域模型转化为具体的工程代码，并确保代码实现与模型的一致性。为了更好地理解如何将模型应用于实际编码，在此提供了一个领域驱动设计的工程代码示例，如图 5-33 所示。

图 5-33

第 5 章　会员系统的模型债务治理

图 5-33 展示了领域驱动设计中的关键元素，包括分层架构、领域模块、实体、聚合、工厂、仓储和服务等，确保了代码实现与模型的一致性。

5.4.6　领域建模方法 5：事件风暴（Event Storming）

事件风暴是一种高效的领域驱动设计建模技术，其目标是将关键利益相关者和团队成员聚集在一起，采用研讨会的方式，共同探索复杂的业务领域。

1. 事件风暴的核心概念

在采用事件风暴建模之前，我们需要先了解事件风暴中的一些核心概念。其中有许多概念都是在领域驱动设计方法中定义的。以下是在事件风暴分析过程中会提及的概念。

- ◎ 领域事件：也被称为"业务事件"，是系统在特定时间发生的动作。用正方形的橘黄色便利贴表示事件，并且是过去式的，例如用户已注册（User Registered）、激活邮件已发送（Activation Email Sended）等。
- ◎ 命令：用户执行的会产生领域事件的动作，与事件一一对应。比如用户已注册事件对应的命令就是注册用户（Register User）。用正方形的蓝色便利贴表示命令。
- ◎ 参与者：执行命令的人或物。例如，注册用户的命令是由普通用户 Actor 发起的。用正方形的亮黄色便利贴表示参与者。
- ◎ 聚合：与领域驱动设计中的聚合是同一个概念，用大长方形的白色便利贴表示聚合。

另外，还需要一些前期准备工作，涉及以下内容。

- ◎ 参与者：对于事件风暴研讨会来说，有合适的人在场很重要。这包括知道要问问题的人（通常是开发者）和知道答案的人（领域专家、产品所有者）。
- ◎ 准备材料：模型将被放置在一堵宽墙上，在宽墙上面铺着一卷纸。便利贴将被贴在这张纸上。便笺纸至少需要有 5 种不同的颜色。还需要水笔、胶带和磁扣等。
- ◎ 场地：一个足够大的房间，至少可以容纳 6 到 8 人，并且有足够大的墙壁来张贴大纸张。另外，需要限制椅子的数量，以便团队保持专注和联系，并且对话流畅。

2. 事件风暴的建模过程

在完成前期的准备工作后，接下来就正式进入事件风暴建模过程中了，其整个过程和头脑风暴的过程类似。

1）寻找领域事件

领域专家和团队成员在大会议室中通过头脑风暴方式识别领域事件。因为寻找领域事件就是试图在业务领域中回答"发生了什么"这个问题，所以对领域事件采用过去式来记录，这有

5.4 如何进行会员系统的领域建模

助于参与者将注意力集中在"发生了什么"上面,而不是集中在"执行动作的参考者"上面。

在通常情况下,主持人首先添加第一个带有领域事件的便利贴,然后鼓励参与者一起头脑风暴更多的事件。对这些事件的描述必须对领域专家和业务利益相关者都是有意义的,它们代表的是在业务过程中发生的事情,而不是在系统实施内部发生的事情。

另外,在寻找领域事件的过程中有个小技巧,就是首先定义标记业务流程开始和结束的事件,并将它们放在时间线的开始处和结束处,然后把后续的其他事件按团队商量好的顺序放在其中。在这个过程中无须描述领域中的所有事件,但必须从头到尾涵盖重要事件。图 5-34 所示为会员系统中的事件示例(这里用椭圆形表示正方形的橘黄色便利贴)。

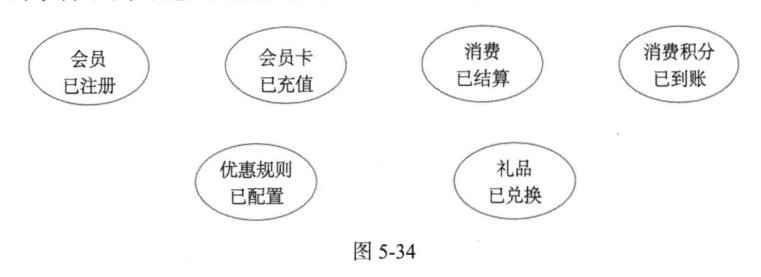

图 5-34

2)寻找命令

要构建一个系统来实现用户感兴趣的业务流程,就必须继续思考这些事件是如何发生的。而命令正是产生领域事件的最常见的工具,因此寻找命令的关键就是询问"为什么这个事件会发生"。在这个过程中,流程的重点转移到导致事件的操作序列上,我们的目标就是找出这些导致事件的命令。而这些命令在后面的实现中可以成为一个微服务的 API。用蓝色便利贴表示命令。图 5-35 展示了会员系统中命令和事件的关系(这里用平行四边形表示正方形的蓝色便利贴)。

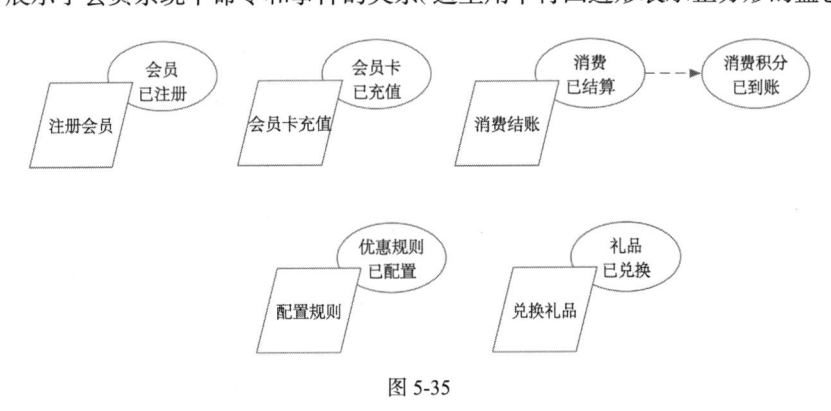

图 5-35

若团队先从寻找命令开始,则可能会导致团队更多地关注如何实现新功能,而不是为什么这样做。所以,团队应该先从寻找事件开始,才能更好地关注业务的目标。

第 5 章　会员系统的模型债务治理

3）寻找参与者

正如前面提到的，事件大多是由命令产生的，但触发命令的有可能是人、定时任务、外部系统、传感器或级联事件等。触发事件通常有以下几种类型。

- ◎ 人为操作。
- ◎ 定时任务。
- ◎ 外部系统或传感器。
- ◎ 级联事件，即在一个事件完成后触发新的事件。

用黄色便利贴表示发出命令的人或事物（即参与者）。图 5-36 所示为添加了参与者的会员系统的示意图（这里用不规则的长方形表示黄色便利贴），其中因为消费积分已到账为级联事件，所以没有直接的参与者触发命令。

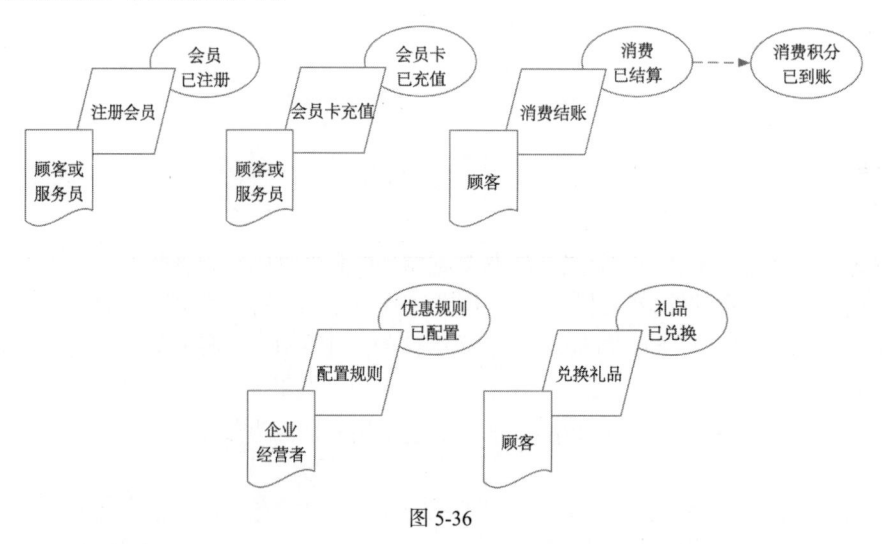

图 5-36

4）找寻领域对象

在事件风暴过程中，从命令和领域事件中提取的产生业务的数据，即领域对象。一个简单的做法是把领域事件中的名词都提取出来，比如"会员已注册"中的"会员"及"会员卡已充值"中的"会员卡"等都是领域对象，用白色便利贴表示领域对象，如图 5-37 所示。

5）寻找聚合和聚合根

聚合不仅包含相关业务数据（领域对象），还包含该聚合生命周期相关的操作（命令）。聚合的目的是确保业务数据在聚合内的一致性，因为聚合根具有全局标识，所以对聚合内对象的修改只能通过聚合根进行操作。聚合帮助我们简化了复杂的网状对象关联问题，从而达到了"高内聚"的目标，如图 5-38 所示。

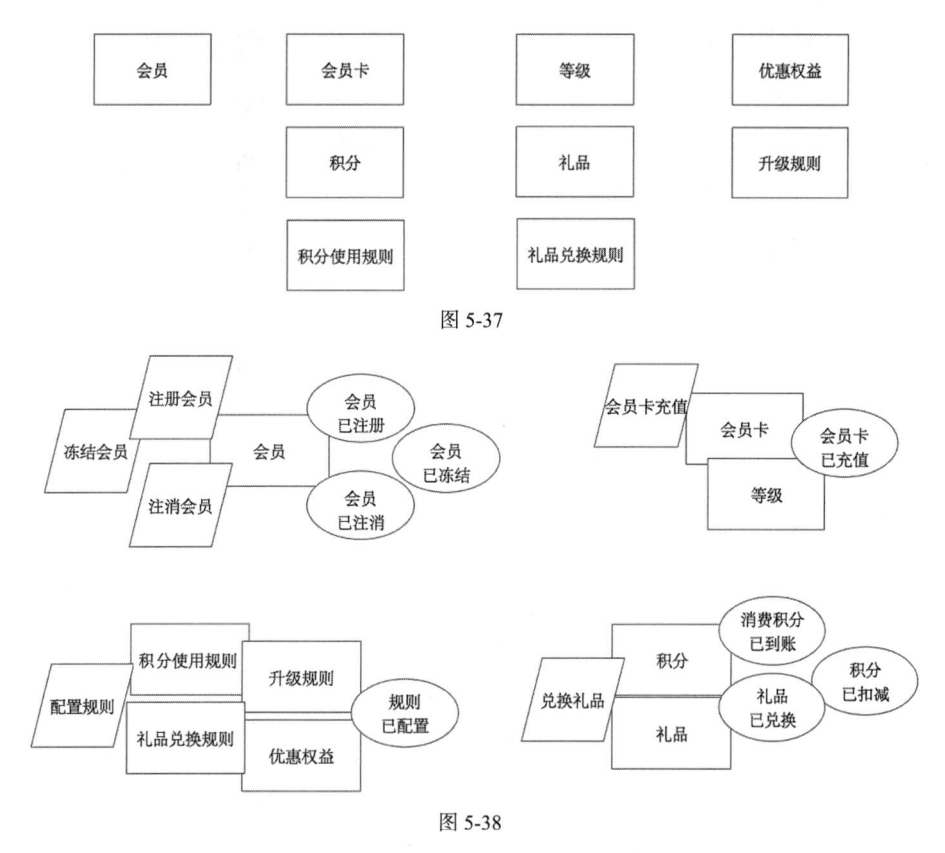

5.4 如何进行会员系统的领域建模

图 5-37

图 5-38

6）划定限界上下文及其依赖关系

限界上下文是一个显式边界，在限界上下文中，一个术语、概念或实体的意义通常是相对稳定且精确的，因为它们被限制在了特定的上下文环境中。

一个限界上下文可以包含一个或多个聚合，通常把业务相关性很高的聚合划分到一个限界上下文中，实现高内聚。图 5-39 所示为会员系统的限界上下文示例。

为了实现低耦合，我们需要继续分析依赖关系，提前识别依赖矛盾，减少耦合设计。在 5.4.5 节介绍了限界上下文之间有 7 种依赖关系，我们需要思考其中是否存在以下未澄清的问题。

- ◎ 双向依赖：在上下文之间缺少一层未被澄清的上下文，或者两个上下文其实可被合为一个。
- ◎ 循环依赖：任何一个上下文发生变更，依赖链条上的上下文均需要改变。
- ◎ 过长的依赖：自身依赖的信息不能直接从依赖者那里获取，需要通过依赖者从其依赖的上下文中获取并传递，依赖链路过长，依赖链条上的任何一个上下文发生变更，其链条后的任何一个上下文均可能需要变更。

第 5 章 会员系统的模型债务治理

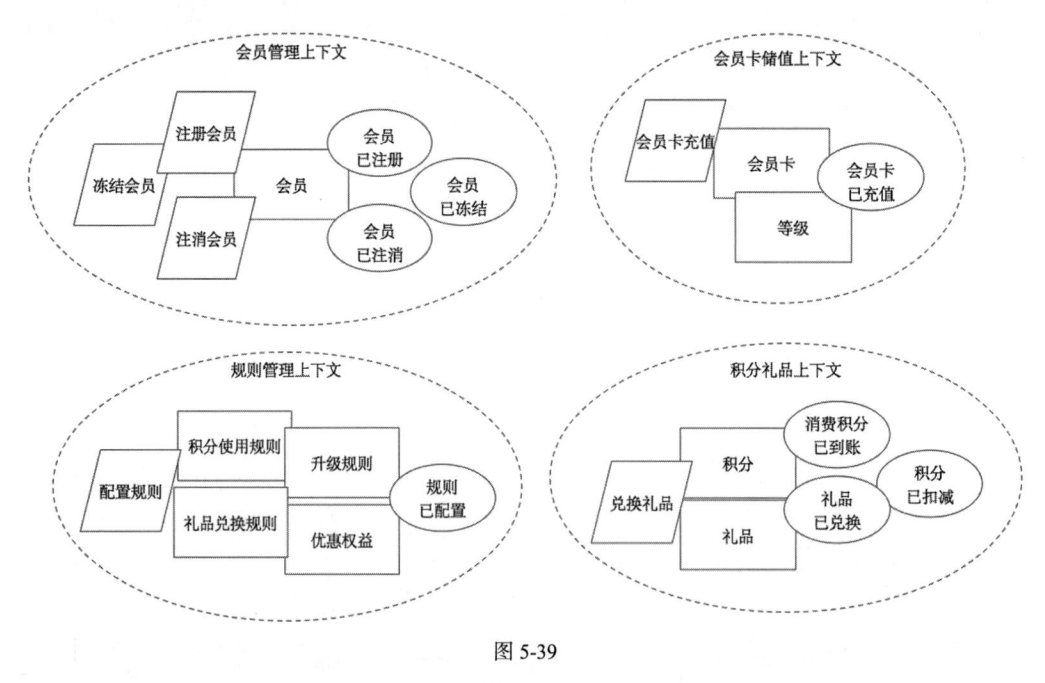

图 5-39

图 5-40 展示了会员系统的上下文之间的依赖关系。

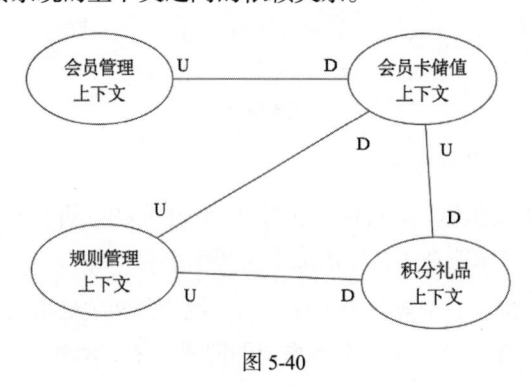

图 5-40

在完成限界上下文划分后,还可以继续根据限界上下文之间的依赖关系划分问题子域,这就涉及领域驱动设计中的战略建模。之后根据领域和子域的关系完成系统架构设计,建立微服务和实现领域模型等。

3. 用户故事和事件风暴之间的关系

用户故事是敏捷开发中的一种需求描述方式,可以作为事件风暴的输入。例如,用户故事可以直接作为事件风暴建模的命令(Command),对应的干系人可以作为参与者(Actor),用户故事的目标则可以作为事件风暴建模的事件(Event)。它们之间的关系如图 5-41 所示。

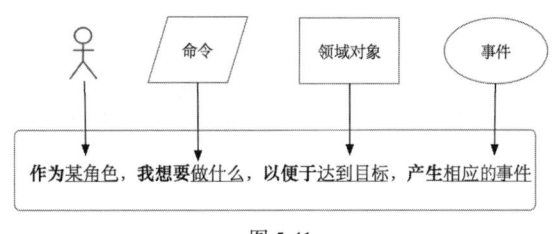

图 5-41

5.4.7 将设计模式应用于领域模型

设计模式是软件开发过程中的技术解决方案，用于帮助开发者解决特定的设计问题并提高代码的可复用性和可维护性。也可以将设计模式应用于领域模型来帮助建模人员更好地设计模型，提高模型的可复用性和可扩展性。那么，我们如何才能将设计模式应用到领域模型中呢？其步骤如下。

（1）分析可能的变化点及原因。这是很关键的一步，需要与领域专家和业务人员一起讨论在业务上未来可能有哪些地方会经常变化，对于会经常变化的点需要做抽象或应用设计模式来提高可扩展性。在会员系统中，对于积分的兑换规则、等级的升级规则和折扣优惠规则等，经常会随着企业或商家的运营情况来不断地调整。例如，餐饮商家在五一或十一等节假日的优惠力度就会很大，酒店反而在节假日会涨价。

（2）选择适合的设计模式。在分析出可变点后，接下来就需要根据不同的场景选择不同的设计模式了。例如，为了更好地支持不同时期的折扣优惠规则，可以选择应用策略模式，而若希望支持更多不同的支付方式（微信和支付宝），则可以选择适配器模式。

接下来以折扣优惠应用策略模式（Strategy）为示例，详细介绍在会员领域模型案例中是如何应用设计模式的，步骤如下。

（1）了解什么是策略模式。策略模式属于对象的行为模式，其原理是针对一组算法，将每个算法都封装到具有共同接口的独立的类中，使它们可以相互替换。策略模式使算法可以在不影响客户端的情况下发生变化，避免有大量的"if-else"语句写法。策略模式主要由三种角色组成：环境角色（Context）、抽象策略角色（Strategy）和具体策略角色（ConcreteStrategy），如图 5-42 所示。

对策略模式中的各种角色介绍如下。

◎ 环境角色：持有一个策略类的引用，提供给客户端使用。
◎ 抽象的策略角色：这是一种抽象的角色，通常由一个接口或抽象类实现。此角色给出所有的具体策略类所需的接口。
◎ 具体的策略角色：包装了相关的算法或行为。

第 5 章　会员系统的模型债务治理

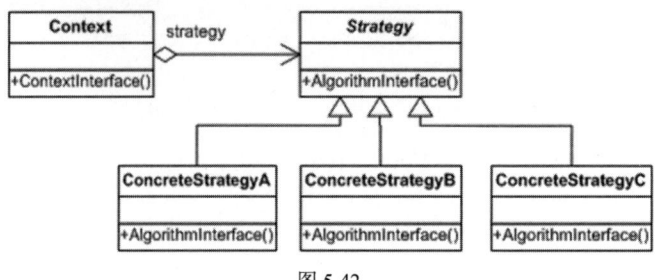

图 5-42

（2）将策略模式应用于模型。在选择合适的设计模式后，修改会员模型（这里采用的是 5.4.3 节中的模型），由之前的等级与优惠权益直接关联改变为等级与优惠策略关联，而优惠策略由不同的折扣优惠实现，例如基础优惠和节假日优惠等。图 5-43 所示为采用策略模式后的示例模型。

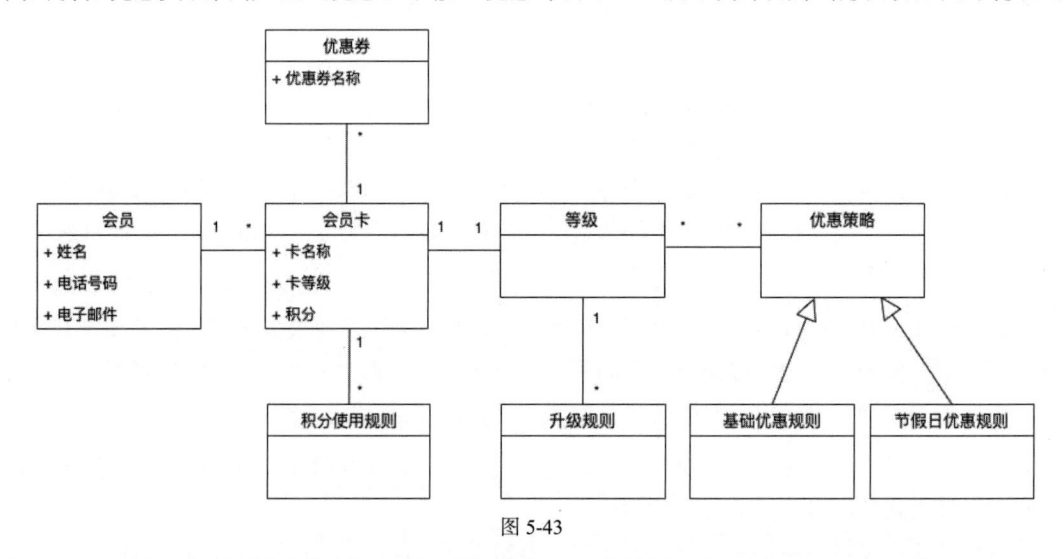

图 5-43

好的设计模式的应用能使领域模型具备更好的可扩展性。但我们需要深入理解业务需求，了解业务的核心流程和关键概念，并根据领域模型的特性选择合适的设计模式。例如：若在领域模型中存在复杂的对象创建和组装过程，则可以考虑采用工厂模式；若在领域模型中存在多种变化的行为，则可以考虑采用策略模式；若在领域模型中存在复杂的状态转换操作，则可以考虑采用状态模式。

5.5　如何做好会员系统的架构设计

在完成领域建模后，如何根据领域模型做好系统架构设计呢？可以通过以下步骤实现。

5.5 如何做好会员系统的架构设计

（1）通过领域驱动战略设计系统架构，主要包括分层架构设计和垂直模块划分。系统架构工作的本质就是规划如何将系统切分成组件，并安排好组件之间的关系，以及组件之间的通信方式。

（2）通过领域驱动战术设计领域模型。在领域驱动设计中提供了实体、值对象、聚合、领域服务和工厂等来实现领域模型，以实现高内聚的核心业务逻辑代码。

（3）通过适配器实现数据库和接口等技术细节。对于各种技术框架的使用，采用依赖反转的方式，通过适配器来实现技术细节的解耦，保证核心业务逻辑代码独立，不随具体技术的变更而变更，尽量使业务逻辑和具体技术的实现保持低耦合的关系，并使各个模块之间保持低耦合的关系。

接下来继续通过会员系统案例，介绍如何一步步地实现系统架构设计，并完成领域模型开发。

5.5.1 通过领域驱动设计规划会员系统的架构

下面通过分层架构设计和垂直模块划分两种方式来设计会员系统的架构。

1. 会员系统的分层架构设计

分层架构设计包括 MVC 的三层、领域驱动设计的四层、六边形和整洁架构，旨在隔离不同变更原因的技术实现。在会员系统的架构中采用领域驱动设计的四层架构和松散分层模式，允许灵活地设计层间依赖，减少不必要的调用和对象转换。图 5-44 展示了其在 IDE 中的代码结构。

```
▼ 🗀 member-manager ~/Documents/capcode/memt
  ▼ 🗀 src
    ▼ 🗀 main
      ▼ 🗀 java
        ▼ 🗀 com.xxx.member.membermanager
          > 🗀 applicaction
          > 🗀 controller
          > 🗀 domain
          > 🗀 infrastructure
            🅜 MemberManagerApplication
      > 🗀 resources
    > 🗀 test
```

图 5-44

其中，controller 层为接口适配层，application 层为用例层，domain 层为核心的领域模型层，infrastructure 为基础框架层。

第 5 章 会员系统的模型债务治理

2. 会员系统的垂直模块划分

会员系统之所以变更，不仅可能涉及技术实现细节，还可能涉及用例本身的变更。例如，删除订单和删除库存的用例变更的原因和频率都不同。因此，按用例划分系统是自然而然的选择。这些用例都是系统水平分层的垂直切片，每个用例都涉及 UI、特定业务流程、通用业务逻辑和数据库等功能。通过用例垂直划分模块或服务，体现了领域驱动设计的战略思想，即将相关用例划分到同一子域，再根据子域划分模块或服务。

在会员系统案例中，通过与业务专家沟通，采用归纳法将功能相近的用例归纳并提炼共性。例如，将用户和收银员的注册会员、查看会员信息等功能归纳为会员管理域；将会员卡储值、核销会员权益等功能归纳为会员卡权益管理域；将用户参加促销活动、企业配置活动规则等功能归纳为营销活动管理域。这些子域划分结果如图 5-45 所示。

对子域的划分其实在与业务专家的沟通过程中就能很清晰地判断出来，通过用例归纳法大多是对子域进行细化和验证。而对于各个子域，我们还可以进一步细化。例如，对于营销活动管理域，根据用户和企业经营者职责的不同，可以将其继续划分为活动规则配置、券与礼品配置、营销活动报表三个子域，如图 5-46 所示。

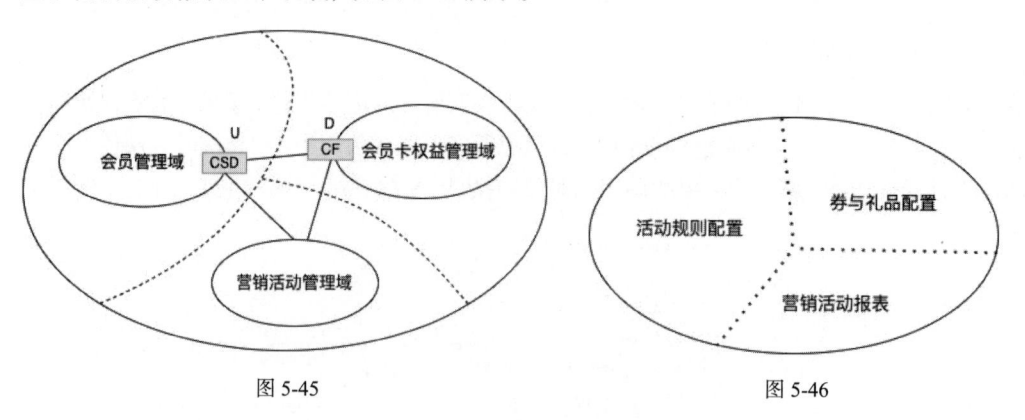

图 5-45

图 5-46

3. 绘制架构设计全景图

在完成会员系统的分层架构设计和垂直模块划分后，接下来需要结合架构设计图，把我们设计的系统架构图绘制出来，并组织相关技术架构评审会议。这里推荐采用 RUP 4+1 架构视图方式绘制系统架构图。会员系统的逻辑架构视图如图 5-47 所示。

可见，逻辑架构视图从上到下分为 5 层（终端层、接入层、应用层、领域层和基础层），并且划分了 3 个域（会员卡权益管理域、营销活动管理域和会员管理域），并且保证了各个域之间形成有向无环图。左侧为上游的调用方系统，右侧为下游的依赖方系统，系统之间的调用关系清晰明了。

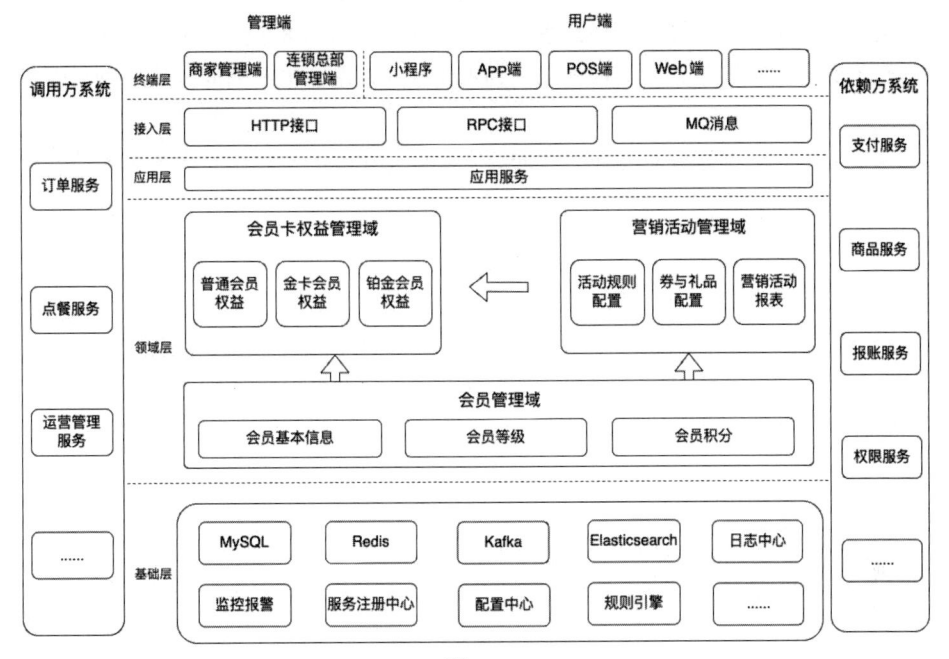

5.5 如何做好会员系统的架构设计

图 5-47

接下来继续设计会员系统的微服务，以及微服务之间的调用关系，也就是系统的运行架构视图。关于如何划分微服务，需要多方权衡，做好关注点分离，如图 5-48 所示。

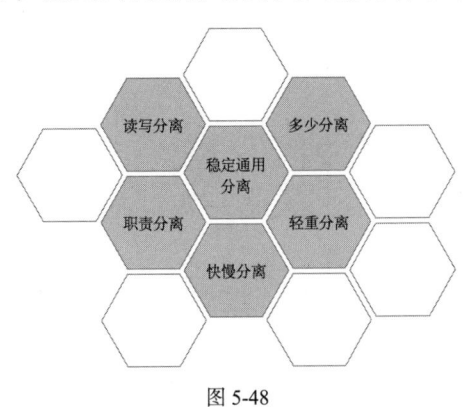

图 5-48

对其中的各个关注点介绍如下。

◎ 职责分离：将一个系统或应用程序分解成独立的部分，每个部分都有自己的职责和任务。其目标是增强系统的模块化，使其更易于理解、开发、测试和维护。

◎ 稳定通用分离：一个模块的稳定性应该与其抽象程度成正比，尽量让抽象程度高的模块（如接口和抽象类）保持稳定，让抽象程度低的模块（如具体类和实现）可以频繁

第 5 章 会员系统的模型债务治理

地变动和优化。这样可以降低系统的复杂性，提高其可维护性和可扩展性。

- ◎ 轻重分离：根据服务的实现复杂性和重要性，将系统中的功能模块划分为不同的微服务。
- ◎ 快慢分离：根据服务对响应时间的要求和处理速度的不同，将系统中的功能模块划分为不同的微服务。
- ◎ 多少分离：根据接口的调用频率和数量进行拆分，对于调用量高且频繁访问的接口，可以将其拆分为独立的微服务。
- ◎ 读写分离：将系统中的读操作和写操作分开处理，以提高系统的性能和可扩展性。

在会员系统案例中，根据功能职责和读写分离等原则，可以将会员系统划分为会员管理、会员卡权益管理和营销活动管理 3 个主要的微服务，其运行架构视图如图 5-49 所示。

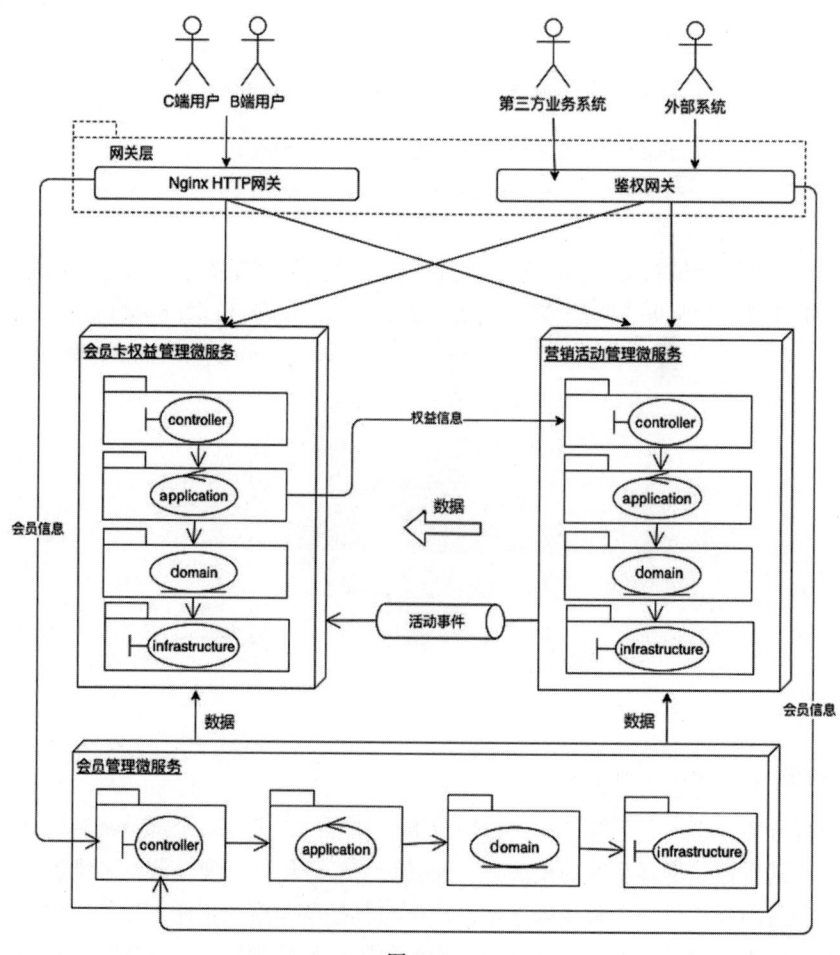

图 5-49

除了有逻辑架构视图和运行架构视图，还有开发架构视图、部署架构视图、数据架构视图等，这些架构视图的原理大体相似，可以自行尝试绘制。

5.5.2 通过领域驱动设计实现会员领域模型

接下来继续根据会员领域模型和核心用例对会员系统进行详细的技术设计，其中需要针对每个核心用例都做详细的设计，包括交互接口设计、业务逻辑的正常场景和异常场景设计、数据的存储结构设计等。本节主要介绍如何使用在领域驱动设计中提供的建模工具来实现领域模型。

1. 实现用例场景

在会员系统案例中，根据"会员注册"的详细用例，我们可以找到用户和系统之间的交互关系，并采用 UML 时序图来设计用户与系统之间的交互关系，如图 5-50 所示。

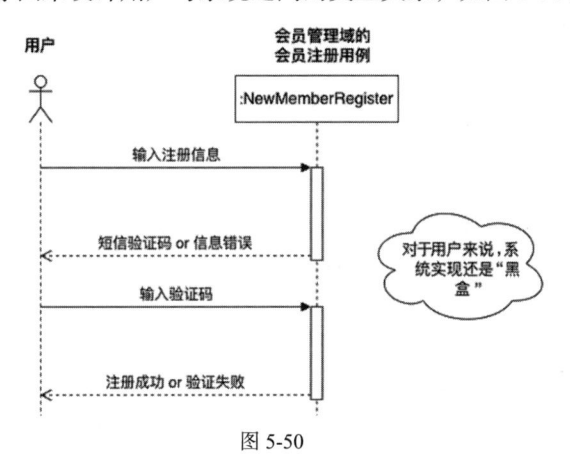

图 5-50

在图 5-50 中只反映了用户与系统之间的交互关系。因为用户只关心如何使用系统达到自己的目的，所以我们在前期优先设计用户与系统之间的交互关系，而且此时系统实现对于用户来说还是"黑盒"，后续可以继续对该"黑盒"（新会员注册对象 NewMemberRegister）进行完善。在这里，用户和新会员注册对象之间的两次交互对应分层架构中的接口层（可能有两个接口），而新会员注册对象对应分层架构中的应用层。为了实现用户与系统之间的两次交互，在应用层的新会员注册对象中就需要具备对应的业务流程，对于其详细的业务流程，可以继续使用 UML 流程图或时序图来完善设计。这里使用 UML 时序图来完善新用户注册的详细业务流程，图 5-51 所示为关于新用户注册的业务流程时序图。

第 5 章 会员系统的模型债务治理

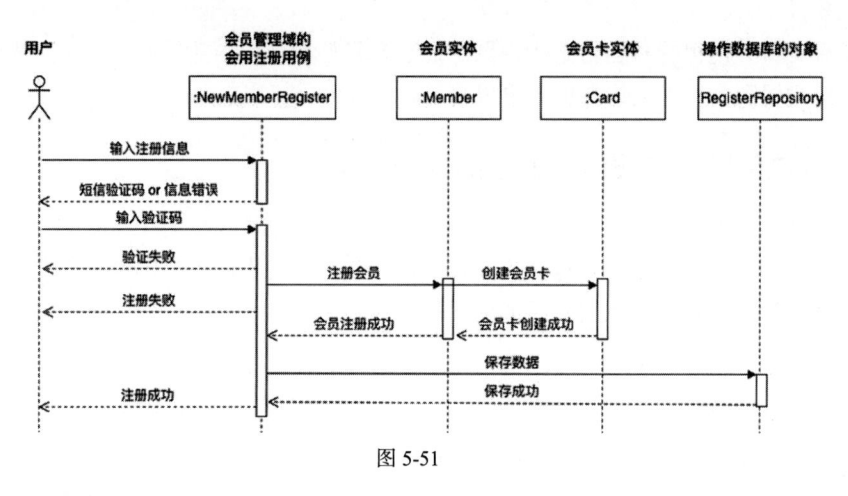

图 5-51

2. 实现领域模型

接下来使用在领域驱动设计中提供的战术建模工具来完成领域模型的代码开发。

首先创建微服务的项目工程，然后在项目工程的领域层创建会员领域模型的领域对象，最后将各个领域对象按照不同的职责分配到对应的微服务中，如图 5-52 所示。

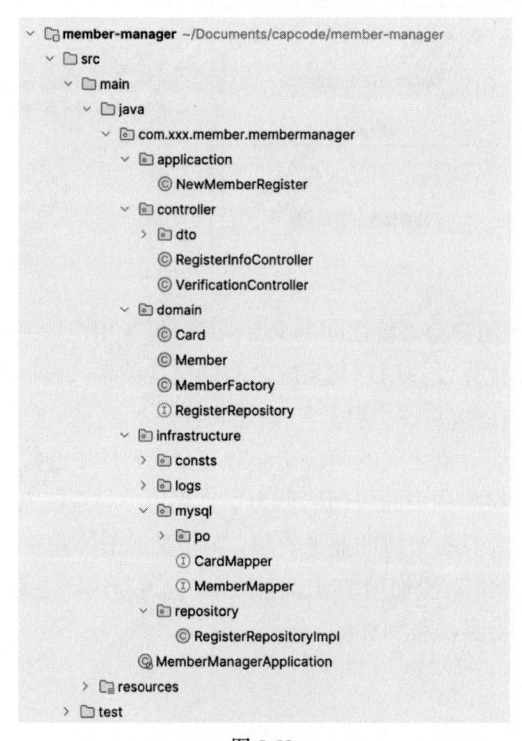

图 5-52

5.5 如何做好会员系统的架构设计

在图 5-52 中创建了会员（Member）对象与会员卡（Card）对象等领域对象，并且会员对象与会员卡对象为一对多的关系。在具体的实现过程中，代码必须真实地反映领域模型，若在代码实现中发现之前设计的领域模型不合理，就需要及时地调整设计中的模型结构，尽量保证模型和代码始终一致。在创建领域实体对象后，我们还需要在应用层实现业务流程，并调用相应的领域对象来完成业务逻辑处理。会员系统案例中会员注册用例场景的业务流程编排逻辑代码示例如下：

```java
public class NewMemberRegister {
    @Resource
    private RegisterRepository registerRepo;
    /**
     * 会员注册业务流程实现
     * @param memberInfoDTO 注册信息
     * @return 注册结果
     */
    public RegisterResultDTO registerMember(MemberInfoDTO memberInfoDTO){
        RegisterResultDTO resultDTO = null;
        // 第 1 步，判断用户是否已是会员
        boolean isExist = registerRepo.isMemberExist(memberInfoDTO.getPhone());
        if(isExist){
            resultDTO = new RegisterResultDTO(RegisterConst.MEMBER_EXIST,RegisterConst.MEMBER_EXIST_MSG);
            return resultDTO;
        }
        // 第 2 步，创建会员聚合对象
        Member member = MemberFactory.createMember(memberInfoDTO);
        // 第 3 步，执行注册会员业务逻辑。例如，根据储值金额的不同，开通不同等级的会员卡
        boolean isSuccess = member.applyMemberCard(memberInfoDTO.getMoney());
        if(!isSuccess){
            resultDTO = new RegisterResultDTO(RegisterConst.MEMBER_APPLY,RegisterConst.MEMBER_APPLY_MSG);
            return resultDTO;
        }
        // 第 4 步，持久化聚合根数据
        boolean isSave = registerRepo.saveMember(member);
        if(!isSave){
            resultDTO = new RegisterResultDTO(RegisterConst.MEMBER_SAVE_ERROR,RegisterConst.MEMBER_SAVE_MSG);
            return resultDTO;
        }
        // 第 5 步，返回会员卡办理成功的消息
        resultDTO = assembleRegisterResultDTO(member);
        return resultDTO;
```

第 5 章　会员系统的模型债务治理

```
    }

    private RegisterResultDTO assembleRegisterResultDTO(Member member){
        // 把领域对象转换为传输对象DTO，此处省略代码
        return resultDTO;
    }
}
```

该实现代码对应时序设计图（图 5-51），主要在应用层的 NewMemberRegister 对象的 registerMember() 方法中实现会员注册的业务流程编排。对领域对象的创建则由具体的工厂类实现，因为会员实体和会员卡实体为一对多的关系，所以这里使用了单独的工厂类（MemberFactory）来实现，同时，会员实体充当聚合根对象。代码示例如下：

```
public class MemberFactory {
    /**
     * 工厂方法，默认绑定一张会员卡，若创建多张会员卡，则请使用createMoreMember()工厂方法
     * @param memberInfoDTO
     * @return Member 对象
     */
    public static Member createMember(MemberInfoDTO memberInfoDTO){
        // 创建 Member 对象，并为其赋值
        Member member = new Member();
        // 省略 Member 赋值代码
        Card card = new Card();
        // 省略 Card 赋值代码
        // 绑定一张会员卡
        member.bindCard(card);
        return member;
    }
}
```

具体的会员注册业务逻辑主要被封装在 Member 和 Card 实体中。例如，在新用户注册场景中，根据储值金额开通不同等级的会员卡并为之赋予相应权益的业务逻辑，对应的实现代码被封装在 Member 实体中。代码示例如下：

```
public class Member {
    /*电话号码*/
    private String phone;
    /*姓名*/
    private String name;
    /*会员卡列表*/
    private List<Card> cards;
    /**
     * 新会员注册业务逻辑，根据用户储值金额的不同，开通不同等级的会员卡
```

```java
 * @param money
 * @return
 */
public boolean applyMemberCard(int money){
    switch (money){
        case CardLevelConst.LEVEL1_MONEY :
            // 普通卡，设置普通卡权益，例如打 9 折
            // 此处省略代码
            break;
        case CardLevelConst.LEVEL2_MONEY:
            // 金卡，设置金卡权益。例如，打 88 折，同时赠送一张 10 元代金券
            // 此处省略代码
            break;
        case CardLevelConst.LEVEL3_MONEY:
            // 黑金卡，设置黑金卡权益。例如，打 6 折，同时赠送一张 50 元代金券
            // 此处省略代码
            break;
        default:
            // 不符合办卡条件
            return false;
    }
    return true;
}

/**
 * 为会员创建一张会员卡片，并将其与会员绑定
 * @param card
 */
public void bindCard(Card card){
    if(CollectionUtils.isEmpty(cards)){
        cards = new ArrayList<>();
    }
    cards.add(card);
}
```

对实体对象的持久化操作，则采用 RegisterRepository 实现，从而使领域对象和数据库操作解耦，也保证了聚合根内对象的数据一致性。代码如下：

```java
public class RegisterRepositoryImpl implements RegisterRepository {
    private MemberMapper memberMapper; // MyBatis 的 mapper 对象
    private CardMapper cardMapper;     // MyBatis 的 mapper 对象
    @Override
    public boolean isMemberExist(String phone) {
        return memberMapper.findByPhone(phone);
```

第 5 章　会员系统的模型债务治理

```
    }
    @Override
    public boolean saveMember(Member member) {
        MemberPO memberPO = assembleMemberPO(member);
        List<CardPO> cardPOList = assembleCardPO(member.getCards());
        // 在同一个事务中保存 MemberPO 和 CardPO 数据
        memberMapper.save(memberPO);
        cardMapper.saveAll(cardPOList);
        return false;
    }
    private MemberPO assembleMemberPO(Member member){
        // 该方法把领域对象转换为数据库存储对象，此处省略代码
    }
    private List<CardPO> assembleCardPO(List<Card> cards){
        // 该方法把领域对象转换为数据库存储对象，此处省略代码
    }
}
```

5.5.3　通过适配器和防腐层隔离技术细节

在工作中，替换软件系统的数据库通常比全新开发一套软件系统更具有挑战性。例如，笔者所在公司曾将微软的 SQL Server 数据库替换为 MySQL。此外，技术框架的升级，比如将早期的 Spring MVC 框架升级至 Spring Boot 框架，也会带来巨大成本。为了在面对此类情况时能够从容应对，应从架构层面提前做好设计。

1. 通过适配器解耦数据库的技术细节

在传统的数据库开发中，DAO 层封装了数据库操作，但业务代码仍与数据库强耦合。为解决这一问题，可采用适配器模式，通过领域驱动设计中的仓储工具隔离业务逻辑与数据库。Repository 接口被定义在领域层，而具体实现位于基础设施层，这使软件更加健壮。这里举个简单的例子，首先在 domain 层定义一个 UserRepository 接口，代码示例如下：

```
public interface UserRepository {
    User findById(int id);
    List<User> findAll();
    void save(User user);
    void delete(User user);
}
```

然后在 Infrastructure 层对 UserRepository 接口进行具体实现：

```
public class UserRepositoryImpl implements UserRepository {
    private final UserDAO userDAO;
    public UserRepositoryImpl(UserDAO userDAO) {
```

```
        this.userDAO = userDAO;
    }
    @Override
    public User findById(int id) {
        UserPO userPO = userDAO.find(UserPO.class, id);
        return UserPOAssembler.toUser(userPO);
    }
    @Override
    public void save(User user) {
        UserPO userPO = UserPOAssembler.toUserPO(user);
        userDAO.getTransaction().begin();
        userDAO.persist(userPO);
        userDAO.getTransaction().commit();
    }
    @Override
    public void delete(User user) {
        UserPO userPO = UserPOAssembler.toUserPO(user);
        userDAO.getTransaction().begin();
        userDAO.remove(userPO);
        userDAO.getTransaction().commit();
    }
}
```

在这个示例中首先定义了一个 UserRepository 接口，它包含了一些基本的 CRUD 操作，比如 findById、findAll、save 和 delete。然后实现了这个接口的具体实现类 UserRepositoryImpl，它使用了 JPA 的 EntityManager 来执行对数据库的具体操作，比如对数据库的增、删、改、查操作及对事务的管理等。这样就使业务逻辑与具体的数据库操作实现了解耦。

另外，从上面的实现中还能看出一些对象转换细节，所有的实体对象（Entity 或 Aggregate）都会被转化为持久化对象（Persistent Object，PO），然后调用相应的 DAO 方法对数据库执行写操作。若需要查询结果，则还需要把相应的执久化对象转换为实体对象。其中的具体转换工具类代码如下：

```
public class UserPOAssembler {
    public static UserPO toUserPO(User user){
        UserPO userPO = new UserPO();
        userPO.setId(user.getId());
        // 省略 set 赋值操作
        return userPO;
    }
    public static User toUser(UserPO userPO){
        User user = new User();
        user.setId(userPO.getId());
        // 省略 set 赋值操作
```

```
        return user;
    }
}
```

当然，若大量手写这样的转换工具类代码，则会增加很多 get/set 赋值方法，这里推荐一个 MapStruc 工具，它可以通过注解在编译时静态生成映射代码，帮助我们实现对象的转换工作，其最终编译出来的代码与手写的代码在性能上完全一致，而且有强大的注解等能力。代码示例如下：

```
public interface UserPOAssembler {
    UserPOAssembler INSTANCE = Mappers.getMapper( UserPOAssembler.class );
    @Mapping(source = "telephone", target = "phoneNumber")
    UserPO carToCarDto(User user);
}
```

2. 通过插件解耦技术框架依赖

整洁架构强调应用系统框架是技术实现细节，应保持警惕，避免被框架限制。框架应作为架构外层的实现细节，依据依赖关系，作为核心代码的插件来管理。例如，在使用日志框架时，应先将其封装到日志门面插件中，再供应用系统使用，以防框架污染核心代码。代码示例如下：

```
public final class LogUtil {
    // 日期前缀格式化
    private static final SimpleDateFormat DATE_FORMAT = new SimpleDateFormat("MM/dd HH:mm:ss.SSS");
    public static void debug(Class className,String msg,Throwable exception) {
        Logger logger = LoggerFactory.getLogger(className);
        if(logger.isDebugEnabled()){
            msg = formatLog(msg);
            logger.debug(msg,exception);
        }
    }
    public static void info(Class className,String msg,Throwable exception) {
        Logger logger = LoggerFactory.getLogger(className);
        if(logger.isInfoEnabled()){
            msg = formatLog(msg);
            logger.info(msg,exception);
        }
    }
    /**
     * 对日志做统一的格式化处理
     * @param message
     */
    private static String formatLog(String message) {
        StringBuilder log = new StringBuilder(DATE_FORMAT.format(new Date()))
```

```
            .append("--")
            .append(message);
    return log.toString();
}
// 此处省略其余方法
}
```

同理，Spring 框架作为一个依赖注入框架是很不错的，可以经常使用它来自动连接应用程序中的各种依赖关系，但是不能在领域对象里写@autowired 注解，因为领域对象应该对 Spring 框架完全透明。

3．通过边界预设计的方法提前做好隔离

在微服务日益流行的背景下，应用系统往往会随着业务的发展而拆分为多个微服务。尽管一开始开发者可能认为设计架构边界的成本过高，但优秀的架构师通常会预留架构边界，以应对未来可能的拆分需求。整洁架构提供了两种架构边界预设计方式。

1）单向边界

在设计一套完整的架构边界时，通常会使用反向接口来保持架构边界两侧组件的隔离。注意：维护这种隔离不是一次性完成的，需要持续投入资源。图 5-53 展示了一种临时的占位结构，它将来可被替换为一种更简洁的完整架构边界。该结构采用了传统的策略模式。其中，客户端使用的是由 ServiceImpl 类实现的 ServiceBoundary 接口。

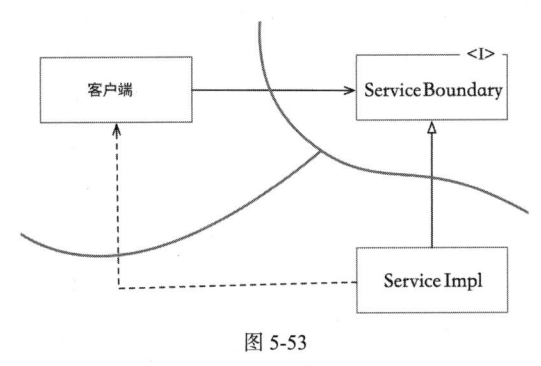

图 5-53

显然，上述设计已经为构建完整的架构边界奠定了坚实的基础。为了在未来将客户端与 ServiceImpl 进行隔离，我们已经完成了必要的依赖反转。同时，可以清晰地看到，图中的虚线箭头预示了未来可能出现的隔离问题。由于没有采用双向接口，所以这部分隔离将完全依赖开发者和架构师的自律性来维持。

2）门面模式

一种更简单的架构边界预设计方式为门面模式（Facede Pattern），其结构如图 5-54 所示。

第 5 章　会员系统的模型债务治理

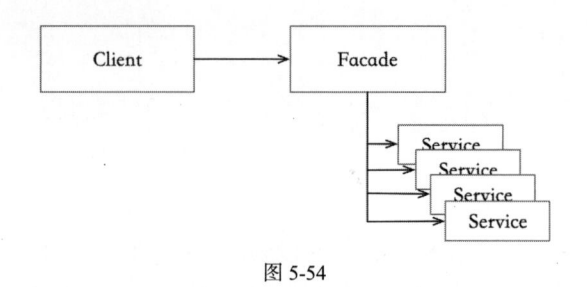

图 5-54

采用门面模式时，甚至可以省去依赖反转的步骤，因为架构边界将完全由 Facade 类来定义。这个类的背后是一个包含所有服务函数的列表，它负责将客户端的调用传递给对客户端不可见的服务函数。注意：在这种设计中，客户端会间接地依赖所有 Service 类。在静态类型的语言中，这意味着对 Service 类源码的任何修改都会导致客户端的重新编译。同时，我们应该意识到，为这种结构建立反向通道在未来会非常容易。

当然，除了这两种架构边界预设计方式，还有许多其他方式，比如适配器模式、异步事件机制等。大家可以根据实际情况灵活采用，以最大程度地避免新的技术债务产生。

第 6 章
供应链系统的架构债务治理

6.1 为什么客诉和工单不断

笔者负责过几个历史遗留系统,其客诉和工单不断增加,不但用户吐槽其问题多,而且同事吐槽其维护成本高,这些可能都是系统需求没有得到充分满足导致的。系统需求通常分为功能需求和非功能需求两大类。

(1) 功能需求。主要关注用户使用系统的目的和体验,这些需求将直接影响系统的应用架构设计,对划分领域模块和确定系统边界有很大的帮助。若客诉和工单集中在系统功能问题上(界面操作不方便或功能逻辑不完善等),就需要产品人员对系统功能和使用流程进行优化和完善。需要注意的是,从笔者的实际工作情况来看,大多数工单通常都源于产品功能逻辑的不完善。例如,在支付过程中缺少退款功能,导致用户在需要退款时只能联系客服,客服再将工单提交给研发人员处理。

(2) 非功能需求。主要关注用户的系统使用体验和安全性,例如系统响应缓慢、频繁出现Bug、用户数据泄露等。这些需求对系统的技术架构设计有重要的影响,包括是否需要进行数据库分库分表、是否需要对查询请求使用缓存、是否需要具备异地灾备能力等。若客诉和工单集中在系统问题上,例如数据不一致、接口响应超时、数据库查询缓慢、订单重复支付等,则这可能是系统架构设计不合理或技术实现存在问题导致的。此时,需要技术团队深入分析问题根源,并对系统架构进行相应的优化和调整。例如:面对数据不一致的问题,可能需要引入分布式事务管理机制;面对数据库查询缓慢的问题,可能需要对数据库进行分库分表或引入缓存机制;面对订单重复支付的问题,可能需要引入幂等性设计等。

总的来说,对客诉和工单的处理,需要从产品和技术两方面进行,既要优化、完善产品的

第 6 章　供应链系统的架构债务治理

功能和服务流程，也要持续改进系统架构，以提升系统的稳定性和用户体验。

接下来以餐饮供应链系统为例，重点讲解如何解决系统技术架构治理方面的烟囱化服务问题、分布式系统中的数据不一致问题、系统上下游链路的不稳定问题，以及如何进行系统高并发性能保障等。

6.2　餐饮供应链系统中的问题梳理和分析

为了找到优化和治理餐饮供应链系统历史债务的方案，这里首先对餐饮供应链系统中的业务和面临的问题进行梳理和分析。

6.2.1　餐饮供应链系统中的核心业务场景

餐饮供应链是以餐饮企业为核心，由原料供应商、物流服务商、消费者等组成的网状链，提供订货、库存管理、生产、配送等服务或功能的一体化解决方案。

在餐饮供应链系统中，核心业务主体有连锁总部（中央厨房、配送中心）、连锁门店（加盟门店和直营门店）、供应商（总部供应商、门店供应商）；核心业务场景有订货管理（门店自采、配送中心要货、总部统采等）、生产管理（生产需求、商品入库等）、库存管理、配送管理等，如图 6-1 所示。

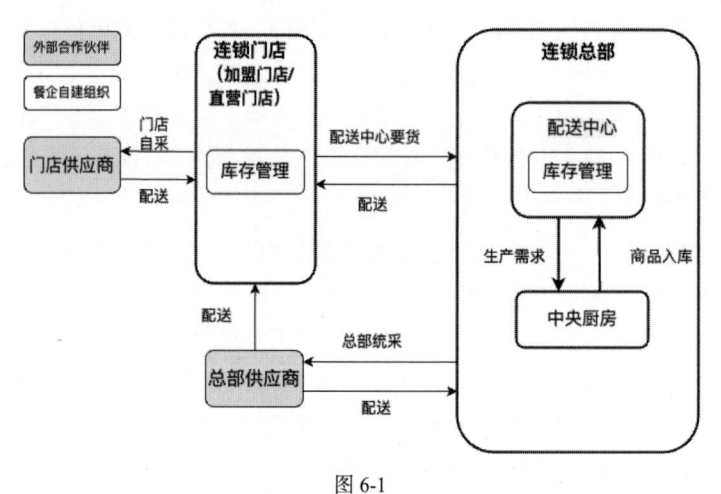

图 6-1

接下来深入探讨订货管理、生产管理和库存管理这三个核心业务场景，并分析其业务运作情况。

1. 订货管理

订货管理的关键活动如下。

- ◎ 供应商选择：通过评估供应商的商品质量、价格、交货能力和信誉等来选择合适的供应商。
- ◎ 价格谈判：与供应商协商价格和交货条件，以达到成本效益最大化。
- ◎ 需求预测：预测未来一段时间内特定商品的需求量，通常涉及对商品历史销售数据的深入分析，既需要考虑季节、促销活动、价格变化等内部因素，也需要考虑市场趋势、消费者行为、经济指标和竞争环境等外部因素。
- ◎ 制订订货计划：根据需求预测结果制订订货计划，帮助企业确认需要从供应商处订购的原材料或商品的数量和时间。在制订订货计划时既需要考虑供应商交货时间、库存周转率、订货成本、供应链的可靠性等因素，也需要考虑风险管理如供应中断、价格波动等，以制定相应的应对策略，同时需要与供应商沟通和协调。
- ◎ 采购订单管理：创建和管理采购订单，跟踪订单状态，确保其按时交付。采购订单管理通常涉及从用户下单到商品发货的整个流程：①接收订单，即接收用户的订单信息，包括商品规格、数量、交货时间等；②确认订单，即确认订单的可行性，包括库存可用性、价格、支付方式等；③分配库存，即根据订单信息从可用库存中分配商品；④履行订单，即安排对商品的拣选、包装和发货，确保其按时交付；⑤跟踪订单，即向用户提供订单的实时信息，提高用户的满意度。
- ◎ 供应商关系管理：建立和维护与供应商的良好关系，包括定期评估和反馈，以提高供应链的整体性能。
- ◎ 风险管理：识别和管理供应风险如供应中断、价格波动等，通过多元化供应商来源或建立战略库存来缓解供应风险。

2. 生产管理

生产管理的关键活动如下。

- ◎ 生产配方管理：为制造商品的详细指南，包括制造商品所需的原材料、部件等的精确比例、顺序及制造过程中的详细步骤。有效的生产配方管理对确保商品质量至关重要。
- ◎ 生产计划：基于需求预测和订单信息计划生产活动，包括确定生产批次和时间表。
- ◎ 生产调度：详细安排生产流程，优化资源使用情况（如机器、人力和材料等）。
- ◎ 质量控制：确保生产流程和最终商品符合预定的质量标准，包括质量检测、商品测试和过程改进。
- ◎ 库存控制：监督生产流程中的半成品库存，确保生产线的连续运转，尽量减少停工时间。

第 6 章　供应链系统的架构债务治理

◎ 维护和设备管理：保持生产设备的正常运行，对生产设备进行定期维护和必要修理。

3. 库存管理

库存管理的关键活动如下。

◎ 库存策略：确定补充库存的时间和数量，包括设定最小库存水平和安全库存量，并通过先进先出（FIFO）、后进先出（LIFO）等策略优化库存的流动方式和减少存货过期风险。
◎ 库存优化：通过库存管理工具和技术（如运用经济订货量、周期盘点等）优化库存水平，降低资金占用和存储的成本。通过库存盘点定期（如每月、每季度或每年）对库存进行实物清点，确保物理库存与记录库存的一致性和准确性。库存盘点流程一般为：①制订盘点计划（包括盘点时间、范围、方法等）；②执行盘点计划（记录每个商品的实物数量）；③差异分析（比较盘点结果与记录库存的差异，分析原因）；④库存调整（根据盘点结果修改和记录库存，包括数量、价值等）。
◎ 仓库管理：管理仓库的布局和操作，确保库存的安全和高效流动。
◎ 库存审计和报告：定期审计库存，确保库存数据的准确性，并生成库存报告以支持决策。

6.2.2　问题梳理和分析

在业务的初始阶段，业务需求相对简单，研发团队规模也相对较小。为了促进业务从 0 到 1 的快速探索和试错，我们只需根据业务流程对功能模块进行简单划分，以实现业务的快速迭代和及时交付。

在该阶段，系统架构较为简洁，我们只需根据功能模块对系统进行基础拆分。具体而言，在顶层设置一个接入网关层；中间为服务层，包括商品管理、库存管理、订货管理和生产管理四个主要功能模块；底层为用于存储业务数据的数据存储层。该系统架构遵循传统的 MVC（模型-视图-控制器）分层架构，在项目初期具有明显优势，既简洁又高效。然而，随着业务需求的持续增长和复杂化，系统逐渐显现出一些问题，主要体现在以下两方面。

（1）在采用数据驱动设计的过程中，我们往往会先建立数据库及其表结构，这导致模型无法直观地映射实际的业务场景。

（2）由于系统采用了传统的 MVC 分层架构，所以我们通常将数据库表直接映射为持久化对象，并在服务层通过 CRUD（创建、读取、更新、删除）操作进行过程式编程。然而，当面临多个功能相似但又有所区别的场景时，这常常导致重复编写相似的代码，系统逻辑分散，降低了系统的内聚性。

6.2 餐饮供应链系统中的问题梳理和分析

以库存管理模块中的入库逻辑为例,其面临收货入库、生产入库、盘盈入库等多种入库场景,需要考虑由门店库存管理员、总部配送中心库存管理员、客服和系统等不同角色发起的入库流程。虽然这些不同场景和角色发起的入库流程在业务逻辑上基本相似,但也存在一些差异。在传统的 MVC 架构,系统研发人员缺乏对业务领域的深入理解和沉淀,服务之间的调用往往缺少清晰的结构,导致逻辑交织在一起。此外,研发团队在系统迭代过程中可能没有足够重视高内聚和低耦合的设计原则,导致系统内部出现多处重复或相似的入库代码逻辑,不仅降低了系统的可读性,也给系统的可维护性和可扩展性带来了挑战,如图 6-2 所示。

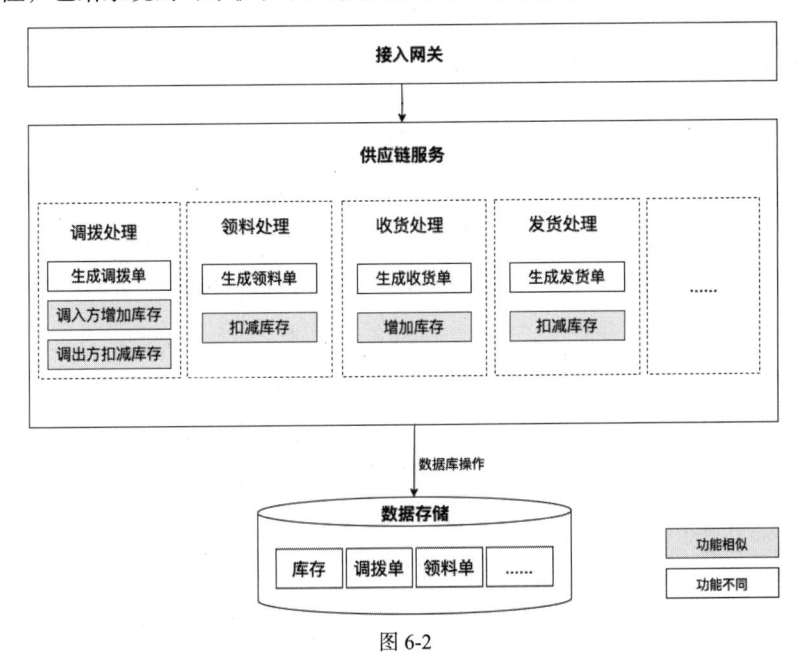

图 6-2

从图 6-2 可以看出,库存管理模块的计算逻辑在各个模块中重复出现或相似的可能性很大,因此库存管理模块出现了以下问题。

◎ 扩展性差:库存管理模块与其他模块高度耦合,当需要增加新的功能或者变更出入库算法逻辑时,往往需要修改大量代码,导致系统的扩展性变差。

◎ 维护成本高:库存管理模块很复杂,在出现问题时定位问题的范围很广,修复问题的成本很高。

为了解决这些问题,需要对库存管理模块进行重构,将其拆分为多个独立的微服务,让每个微服务都负责一部分特定的功能,微服务之间通过 API 进行通信。这样,当需要增加新的功能或处理更多的请求时,只需扩展或修改库存服务,无须改动其他管理模块,大大提高了系统的可扩展性和可维护性。

什么是烟囱化服务？烟囱化服务通常指在一个系统中，某个服务或模块独立承担过多的职责，与其他服务或模块频繁交互且高度耦合，改动其中一个服务可能会影响到其他服务。烟囱化服务通常难以维护和扩展，当需要添加新的功能或处理更多的请求时，往往需要修改大量代码。

从短期来看，烟囱化服务能满足业务需求，但从长期来看，会增加系统的复杂度，降低系统的可维护性和可扩展性。因此，通常需要通过重构来避免出现烟囱化服务。例如，将一个大的服务拆分为多个小的、职责单一的服务，降低服务之间的耦合度，提高系统的可维护性和可扩展性。

6.3 通过领域划分治理烟囱化服务

通过领域划分治理烟囱化服务，通常采用的是领域驱动设计。领域驱动设计强调根据业务需求来划分系统，将系统拆分为多个独立的领域。领域驱动设计的具体步骤如下。

（1）识别领域。根据业务需求识别系统中的各个领域，一个领域通常对应一组业务功能。例如，在餐饮供应链系统中可能涉及订货管理、库存管理、生产管理等领域。

（2）定义领域模型。对每个领域都定义一个领域模型，这个模型描述了领域的主要实体、值对象和聚合，以及它们之间的关系。领域模型是领域驱动设计的核心，反映了业务的本质。

（3）设计领域服务。基于领域模型，可以设计一组领域服务，每个领域服务都负责一部分特定的业务逻辑。应该尽量保持领域服务的独立，降低领域服务之间的耦合度。

（4）实现领域服务。要实现领域服务，通常需要进行代码编写、数据库创建、网络配置等。

通过以上步骤，可以将一个复杂的烟囱化服务拆分为多个独立的领域服务，每个领域服务都有明确的职责，易于理解和维护。同时，由于领域服务之间的耦合度降低，所以系统的可扩展性也得到了提高。接下来进行餐饮供应链系统的债务治理，其中重点讲解如何识别领域、定义领域模型和设计领域服务。

6.3.1 识别领域

领域驱动设计是一种针对复杂业务系统的建模方法，它基于管理的复杂度、模块化、自治性及组织结构划分子域，将复杂的业务系统简化为一系列更易于管理和开发的模块。

每个子域都专注于特定的业务功能，限界上下文则定义了这些子域的边界，保证系统功能的高内聚，从而提高系统的可维护性和可扩展性。

6.3 通过领域划分治理烟囱化服务

基于前文对餐饮供应链系统业务的介绍，并结合领域驱动设计的战略建模方法，可以把餐饮供应链业务划分为订货域（负责供应商管理、订货需求管理、订货履约管理等）和库存域（负责仓库管理、库存管理等）等核心域，把生产业务划分为生产域（负责支撑生产配方管理、生产需求管理、生产出入库管理等），把物品、商户等业务划分为通用业务域（其他领域的业务流程均需使用这个领域提供的功能），如图 6-3 所示。

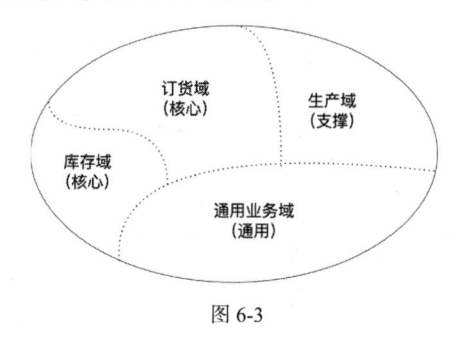

图 6-3

若每个领域还是比较复杂，则还可以继续采用分而治之的方式，对每个领域都做进一步的划分，从而划分出更详细的子域，效果如图 6-4 所示。

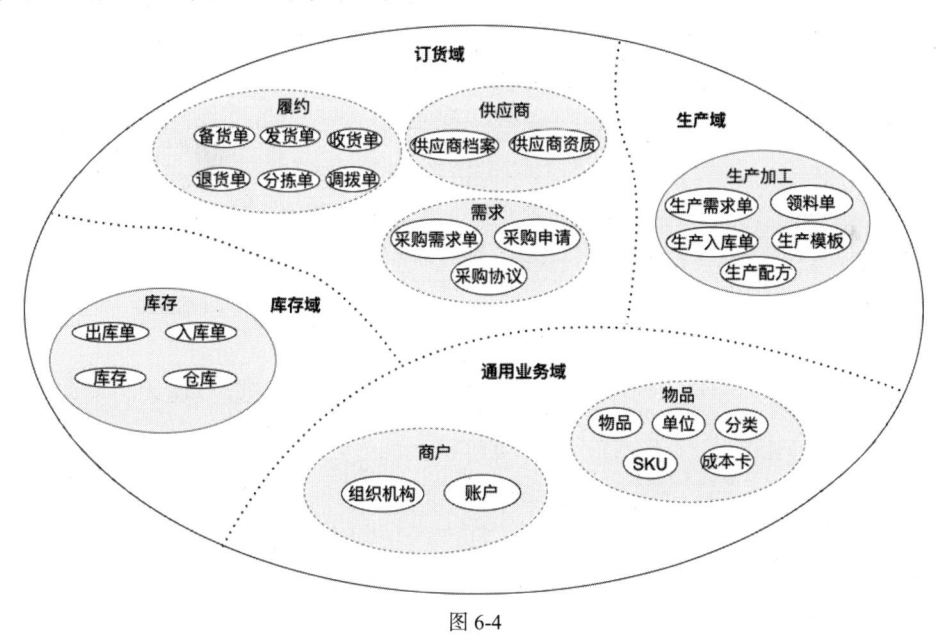

图 6-4

完成领域划分后，在每个领域内又包含了一系列相关子域，这些子域共同体现了整个餐饮供应链系统的核心业务功能。所以通过领域划分的方式，我们可以更好地管理整个复杂的餐饮供应链系统，并且为该系统未来的发展和扩展奠定基础。

211

6.3.2　定义领域模型

首先将彩色建模和领域驱动设计相结合来完成业务模型抽象，包括实体、过程、规则和交互，然后通过实际场景来验证领域模型是否满足业务需求，是否具有足够的灵活性以适应未来的变化，若答案是否定的，那么需要持续与团队成员沟通并且迭代领域模型。接下来对库存管理领域的核心模型进行重点分析和讲解。

库存管理中的具体概念如下。

◎ 库存：是动态变化的，反映了商品库存的实时状态。
◎ 库存变更记录：记录每次库存的增加和减少。引起库存变化的场景包括收货入库、领料出库、调拨入库等，但是在库存领域不应该关注收货、领料、调拨等具体业务，否则系统的耦合度会增加，因此这里抽象了入库单和出库单两个领域模型。
◎ 入库单：涉及库存增加的处理流程和算法。
◎ 出库单：涉及库存减少的处理流程和算法。

这样，上游业务对库存的操作均通过入库单和出库单来关联，库存新增或者扣减的计算规则屏蔽了外部业务，在扩展上游业务时（例如，新增一种业务场景，导致库存变化）不会影响库存管理模块的核心功能，实现了库存子域与其他领域的解耦。图 6-5 较好地展示了库存子域的核心模型。

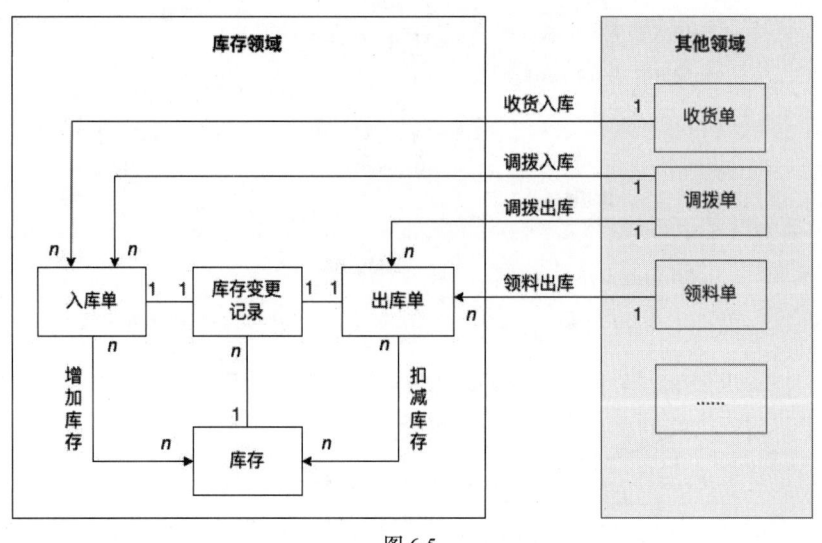

图 6-5

6.3.3　设计领域服务

在领域驱动设计中，一个限界上下文通常被映射为一个微服务。微服务封装了其业务逻辑，

6.3 通过领域划分治理烟囱化服务

并且明确了业务交互的物理边界。每个微服务都是独立的，拥有自己的数据库、业务逻辑和用户界面，并通过定义良好的 API 进行通信。在餐饮供应链系统中，订货服务、生产服务均需使用库存服务相关的处理逻辑，订货服务、生产服务、库存服务均需使用基础服务的功能。优化后的餐饮供应链系统中各微服务之间的调用关系如图 6-6 所示。

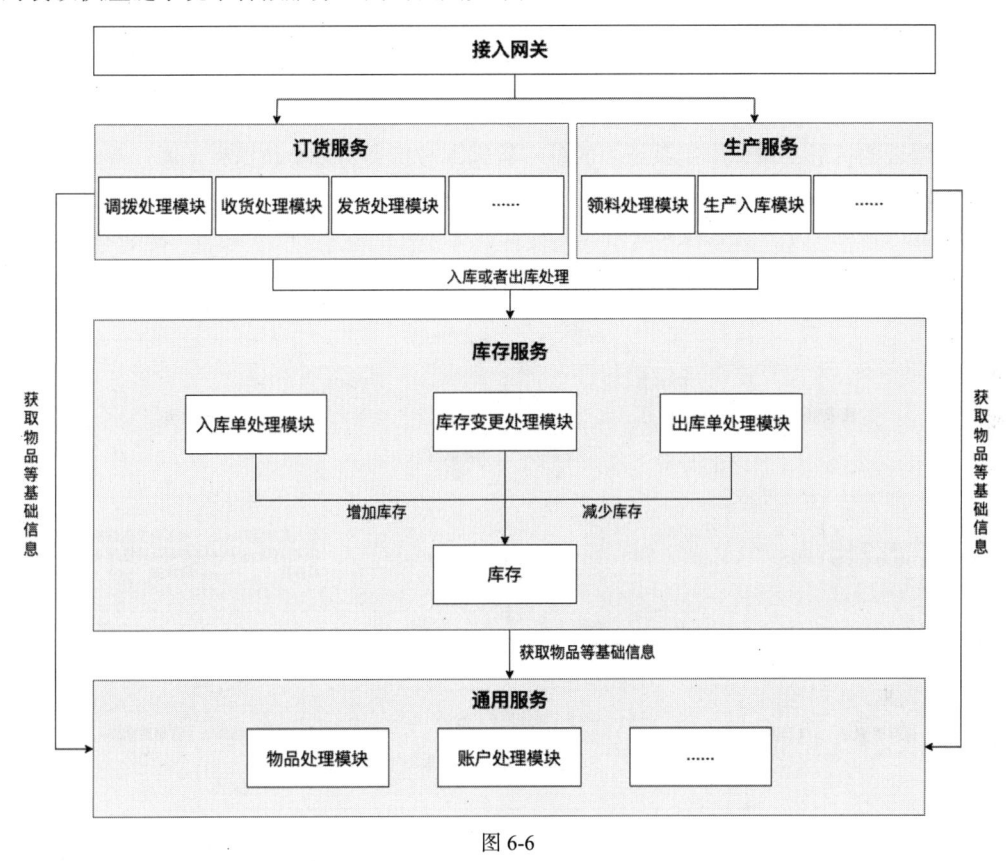

图 6-6

在经历了以上架构优化和升级后，之前的餐饮供应链系统在以下几方面有明显的改善。

◎ 一个复杂的大型系统被拆分为多个中小型子系统，有效降低了系统整体的复杂度。
◎ 研发人员可以将注意力集中在特定的或少数子域，无须过多分散精力于全局业务。
◎ 通过这种划分，每个领域的服务代码都更易于维护，服务职责更加明确，服务之间的耦合度降低，内聚性增强。
◎ 随着核心能力和通用能力的不断积累，系统的可复用性和可扩展性得到提升。以库存管理领域为例，一旦核心功能如入库和出库功能开发完成，订货服务和生产服务就能够直接使用这些功能，避免重复造轮子。

6.4 分布式系统中的数据不一致问题

通过微服务设计，餐饮供应链系统中每个服务的职责都变得更加明确，并且该系统具有良好的可扩展性。然而，微服务架构也引入了新的挑战，例如，在用户下单后出现扣款成功但未发货的问题，这在分布式环境中属于典型的数据不一致问题。

随着领域的拆分，单体应用系统中的单一数据库被扩展为多个数据库（通过业务垂直拆分数据库，或者进行分库分表），一项业务由多个数据库服务协作完成，数据与数据在某些场景中又必须保证一致性，这就需要分布式事务来保证业务操作的原子性、一致性、隔离性和持久性。数据的一致性主要分为以下三个场景，如图 6-7 所示。

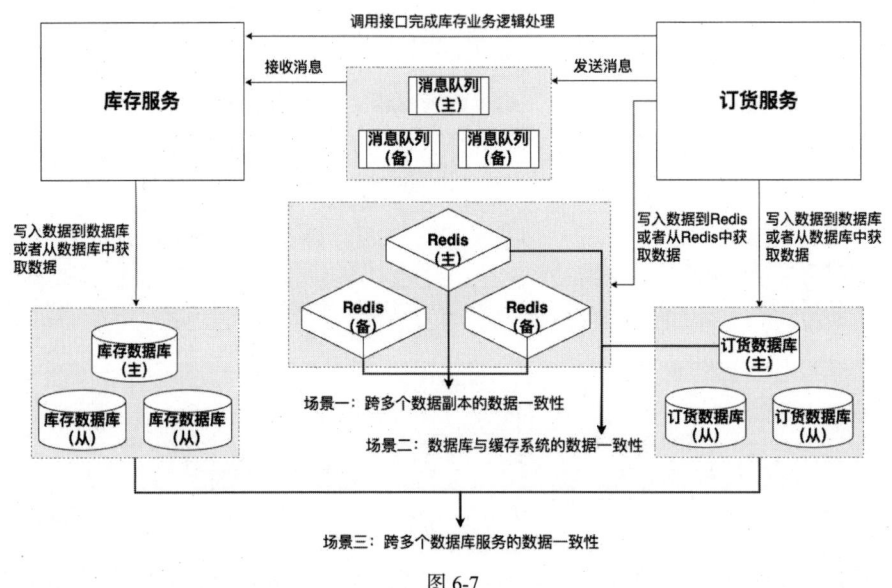

图 6-7

- 场景一：跨多个数据副本的一致性。在 CAP 理论框架下，为了保证系统的高可用，数据往往在多个节点之间复制。例如数据库的主从复制、Redis 集群中的主备同步、Kafka 集群中的 Leader 和 Follower 同步。这些场景中的数据一致性通常由数据库或中间件自身采用如 Paxos、Raft、ZAB 等协议来保证。开发者需要关注这些数据库或中间件的一致性配置，并做适当调整以满足业务需求。
- 场景二：数据库与缓存系统的一致性。数据库与 Redis 等缓存之间的数据不一致是常见问题，例如订货数据库中的订货单数据和 Redis 缓存中的订货单数据的不一致等。

由于缓存的目的是提高系统的读取性能，对数据的实时性要求较低，因此在大部分查询场景中可以接受数据的最终一致性。在这些场景中，可以通过实现缓存失效策略（如设置合理的缓存失效时间、延迟双删机制、定时刷新缓存或使用消息中间件来通知缓存更新）来确保数据最终一致。而且，在进行业务核心计算时应以数据库中的数据为准，以免缓存数据不一致导致业务计算结果错误。

◎ 场景三：跨多个数据库服务的业务数据一致性。这是分布式环境中数据一致性最复杂的场景。在单体应用架构中，可以通过本地数据库事务来保证业务数据的一致性。但在微服务架构中，业务数据可能分布在不同的数据库服务中，既需要依赖分布式事务或最终一致性模型保证其一致性，也需要开发者设计出精细的事务管理策略和补偿机制，确保业务流程的 ACID 属性。

6.4.1 数据库分布式事务

数据库分布式事务确保了在多个数据库节点上执行的操作能够保持数据的一致性和完整性。每种事务在处理算法时都有其适用场景和限制，选择哪种算法取决于具体的业务需求、系统架构和性能要求。在设计分布式事务时，需要综合权衡数据的一致性、可用性和分区容错性，以实现最佳系统设计。

◎ 数据的一致性（Consistency，C）：在分布式系统中，为了保证系统的高可用，需要对数据进行多次备份，或者为了保证数据读写分离，需要将同一数据分布在不同的系统中，在数据一致的情况下执行更改操作，最终仍能保证数据一致。若将副本数据分布在不同节点的系统中，其中第 1 个节点更新了数据，第 2 个节点却没有同步更新数据，这两个节点上的数据就会不一致，可能导致在第 2 个节点上读取的数据不正确，这就是典型的分布式系统中数据不一致的场景。

◎ 可用性（Availability，A）：在分布式系统中，可用性指系统提供的服务一直处于可用状态，对任何用户的请求总能在一定时间内做出响应并按照接口定义返回结果，所有返回结果都能够明确反映对请求的处理结果，不管是处理成功还是处理失败。若响应时间超出一定范围，调用方就可能自行断开连接，把系统标识为"服务不可用"或"服务响应变慢"，导致业务受到影响。

◎ 分区容错性（Partition tolerance，P）：分布式系统是通过网络通信的，但网络环境并不可靠，分区容错性要求在网络的任何一个分区发生故障时，仍能保证对外提供一致、可用的服务。也就是说，分区容错是从分布式系统的角度，对访问本系统的调用方的一种承诺。只要不出现整个网络环境不可用的情况，分布式系统就都能提供服务。

6.4.2 两阶段提交（2PC）

两阶段提交是传统的分布式事务处理算法，参与的角色包括事务管理器和资源管理器，事务管理器负责发起和协调整个分布式事务，推进分布式事务流程，保证分布式系统达到一致状态；资源管理器负责预留资源，提供提交或取消操作，协助事务管理器实现资源管理器之间的数据一致性。两阶段提交将事务提交过程分为两个阶段：准备阶段和提交阶段。

- ◎ 准备阶段：协调者（事务管理器）向每个参与者（资源管理器）都发送"准备"指令，每个参与者都根据该指令准备资源（如锁定资源），若准备成功，就返回协调者准备成功的消息；若准备失败，就返回协调者准备失败的消息。若所有参与者都准备成功，整个事务就达到"万事俱备，只欠东风"的状态，进入提交阶段。
- ◎ 提交阶段：若协调者收到了参与者在准备阶段返回的消息，则当任何一个参与者都明确返回准备失败的消息时，也就是说预留资源或者执行操作失败，协调者就会直接向参与者发送回滚指令，否则发送提交指令；参与者根据协调者发送的指令执行提交或回滚操作，释放事务处理过程中的所有资源。

两阶段提交成功的流程如图 6-8 所示。

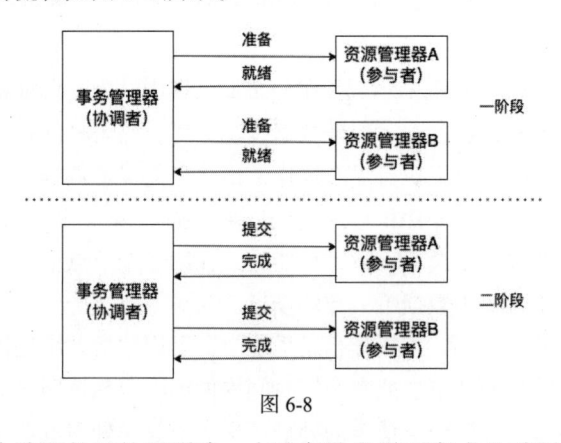

图 6-8

将事务划分为两个阶段的目的很明确：在准备阶段需要完成几乎所有正式提交工作，这样最后的提交操作耗时极少，在分布式系统中的失败率会大大降低，即网络通信危险期很短，能确保分布式事务的成功率，这也是分布式事务的关键所在。

两阶段提交的优点如下。

- ◎ 数据一致性：在理想状态下提供了对数据强一致性的事务保证。
- ◎ 事务的原子性：确保了事务中的所有操作或者全部成功，或者在出错时全部撤销。
- ◎ 协议标准化：2PC 作为一种被广泛认可的事务处理协议，已被许多数据库和中间件产品所支持，具有很好的标准化优势。

两阶段提交的缺点如下。

- 存在协调者单点问题：一旦事务管理器宕机，整个事务的状态就无法得到保证，无法推进分布式事务。
- 存在同步阻塞问题：在当前参与者准备资源就绪后，若参与事务的其他参与者一直无法返回消息，就会导致当前参与者的资源一直阻塞，无法得到释放。
- 存在数据不一致问题：在提交阶段，若在提交资源管理器 A 后，再提交资源管理器 B 时出现网络超时的情况，就会导致参与者之间的数据不一致。

对以上问题都需要人工干预，没有自动化解决方案。因此，两阶段提交只能在正常情况下保证数据的强一致性。

6.4.3 三阶段提交（3PC）

三阶段提交是一种用于分布式系统的事务处理协议，旨在解决两阶段提交中的一些局限性问题（协调者单点问题、同步阻塞问题等）。与两阶段提交相比，三阶段提交有以下两处不同。

- 增加了询问阶段：把两阶段提交的准备阶段一分为二，形成了询问（CanCommit）、准备（PreCommit）、提交（DoCommit）三个阶段。在询问阶段可确保尽可能早地发现无法执行的操作，但不能确保发现所有无法执行的操作。
- 引入超时机制：在事务的协调者和参与者中引入了超时机制来解决阻塞问题，一旦超时，事务的协调者和参与者就都会继续提交事务。

对这三个阶段介绍如下。

- 询问阶段：协调者向参与者发送询问请求，询问是否可以执行操作。参与者在收到询问请求后，检查资源是否满足需求，若满足，则返回 Yes，否则返回 No，但是不执行真正的操作。在这个阶段超时会导致操作中止。
- 准备阶段：若所有参与者在询问阶段都返回可以执行操作的消息，则协调者向参与者发送准备请求，执行操作并锁定资源，但是不执行提交操作；若任意参与者在询问阶段都返回不能执行操作的消息，则协调者向参与者发送中止指令。
- 提交阶段：若所有参与者在准备阶段都返回准备成功的消息，也就是说预留资源和执行操作成功，则协调者向参与者发送提交指令，参与者提交资源变更的事务，释放锁定的资源；若任意参与者在准备阶段都返回锁定失败的消息，则协调者向参与者发送中止指令，参与者取消已经变更的事务，释放锁定的资源。这里的逻辑与两阶段提交中提交阶段的逻辑一致。

三阶段提交成功的流程如图 6-9 所示。

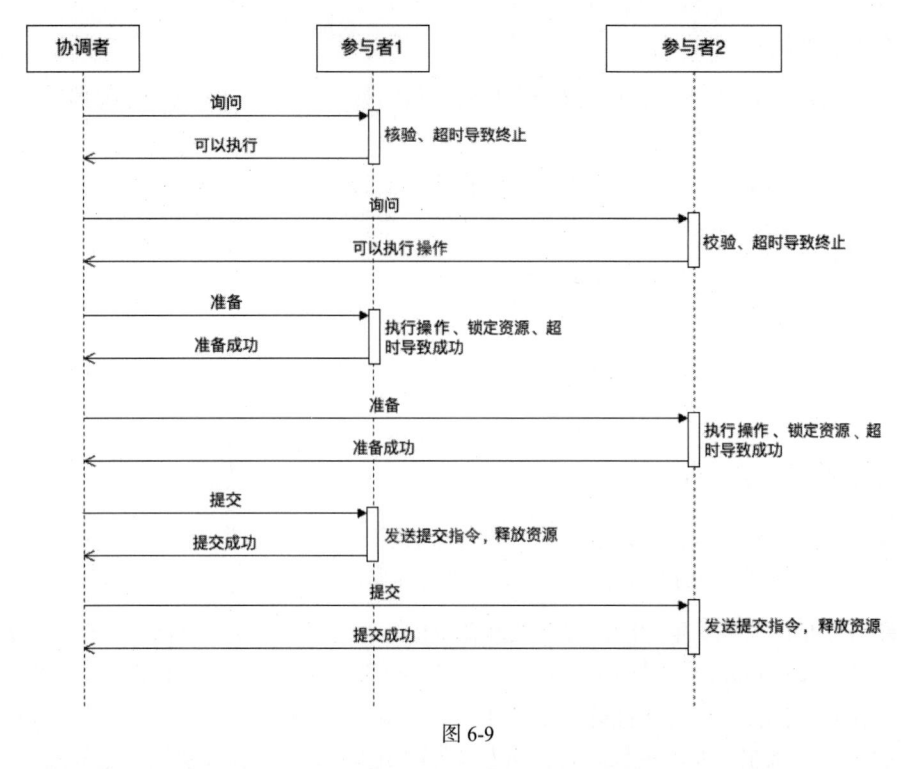

第 6 章 供应链系统的架构债务治理

```
协调者                参与者1              参与者2
  │──── 询问 ────────→│                     │
  │                   │ 核验、超时导致终止  │
  │←── 可以执行 ──────│                     │
  │                                         │
  │──── 询问 ──────────────────────────────→│
  │                                         │ 校验、超时导致终止
  │←── 可以执行 操作 ───────────────────────│
  │                                         │
  │──── 准备 ────────→│                     │
  │                   │ 执行操作、锁定资源、超
  │                   │ 时导致成功          │
  │←── 准备成功 ──────│                     │
  │                                         │
  │──── 准备 ──────────────────────────────→│
  │                                         │ 执行操作、锁定资源、超
  │                                         │ 时导致成功
  │←── 准备成功 ────────────────────────────│
  │                                         │
  │──── 提交 ────────→│                     │
  │                   │ 发送提交指令,释放资源│
  │←── 提交成功 ──────│                     │
  │                                         │
  │──── 提交 ──────────────────────────────→│
  │                                         │ 发送提交指令,释放资源
  │←── 提交成功 ────────────────────────────│
```

图 6-9

三阶段提交的优点如下。

◎ 非阻塞：三阶段提交引入了超时机制，参与者在超时后可以自行决定是否执行提交或回滚操作，减少了协调者失败导致的阻塞问题及永远锁定资源的问题。

◎ 失败恢复速度更快：三阶段提交通过额外的询问阶段和超时机制提供了更快的失败恢复能力。

三阶段提交的缺点如下。

◎ 更复杂：三阶段提交比两阶段提交更复杂，需要更多的消息交换和状态管理。

◎ 性能开销：额外的通信阶段意味着更高的性能开销。

◎ 不是完全非阻塞：虽然三阶段提交减少了阻塞的可能性，但在事务处理过程中仍然需要锁定资源，这可能导致资源等待时间过长，影响系统的并发性能。

虽然三阶段提交在某些方面比两阶段提交有所改进，但并不能完全解决分布式系统中的数据不一致问题，在极端情况下还是会出现数据不一致的问题。例如，网络被划分为两个或多个互不通信的子网，一个子网中的节点可能决定回滚事务，而另一个子网中的节点可能因为没有收到协调者的消息而决定提交事务。

6.4.4 补偿事务（TCC）

补偿事务将每种事务操作都分解为尽量独立的两个阶段：Try 阶段、Confirm 或 Cancel 阶段。在 Try 阶段主要执行业务系统的检测和预留操作，在 Confirm 阶段执行 Try 阶段的确认操作，在 Cancel 阶段执行 Try 阶段的补偿（回滚）操作。

一个业务活动由一个主业务活动与若干从业务活动组成。主业务活动负责发起整个业务活动，承担部分协调者的角色；从业务活动负责提供事务操作。

补偿事务管理器负责控制业务活动的一致性，记录业务活动的操作，并在提交业务活动时确认所有的确认操作，在取消业务活动时调用所有的补偿（回滚）操作，若调用提交或补偿（回滚）接口失败，则需要支持定期重试，使事务达到最终一致状态，如图 6-10 所示。

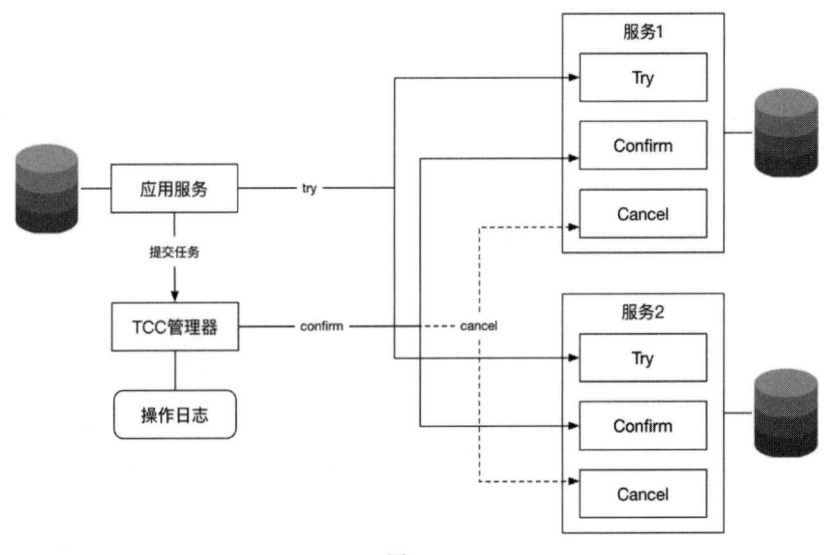

图 6-10

补偿事务的优点如下。

- ◎ 灵活性：补偿事务允许开发者为每种操作都定制 Try、Confirm 或 Cancel 阶段的具体实现，具有高度的灵活性。
- ◎ 最终一致性：补偿事务通过补偿机制确保事务在分布式系统中最终达到一致状态，即使某些参与者由于各种原因提交失败。
- ◎ 性能：由于补偿事务不依赖资源锁定，所以它在某些场景中可以提供比两阶段提交更好的性能。
- ◎ 技术多样性：补偿事务可应用于各种技术栈和资源，例如数据库、消息中间件、缓存等。

- ◎ 容错性：补偿事务的设计允许系统在面对网络波动或服务故障时，通过重试或补偿操作恢复到一致状态。
- ◎ 本地事务的语义：补偿事务允许每个参与者都使用本地事务来保证操作的原子性，这简化了实现的复杂度。

补偿事务的缺点如下。

- ◎ 复杂度：补偿事务要求开发者为每种操作都实现三种不同的处理策略，这增加了开发和维护的复杂度。
- ◎ 幂等性要求：为了能在 Cancel 阶段成功执行 Try 阶段的补偿（回滚）操作，需要保证 Try 阶段的操作幂等性，这在实践过程中会增加实现的复杂度。
- ◎ 网络和超时问题：分布式系统中的网络延迟和超时可能导致补偿事务的重试和确认机制变得复杂。
- ◎ 业务侵入性：补偿事务通常需要业务逻辑的参与，这可能导致业务代码与事务管理逻辑发生耦合。
- ◎ 数据一致性：在高并发场景中，补偿事务可能难以保证数据的强一致性，通常只能保证其最终一致性。

6.4.5 事务消息

RocketMQ 等消息队列提供了事务消息功能，在普通消息的基础上增加了二阶段提交机制。该功能将二阶段提交与本地事务相结合，确保在分布式系统中，消息的发送和本地事务之间能够实现最终一致性。RocketMQ 中事务消息的发送流程如图 6-11 所示。

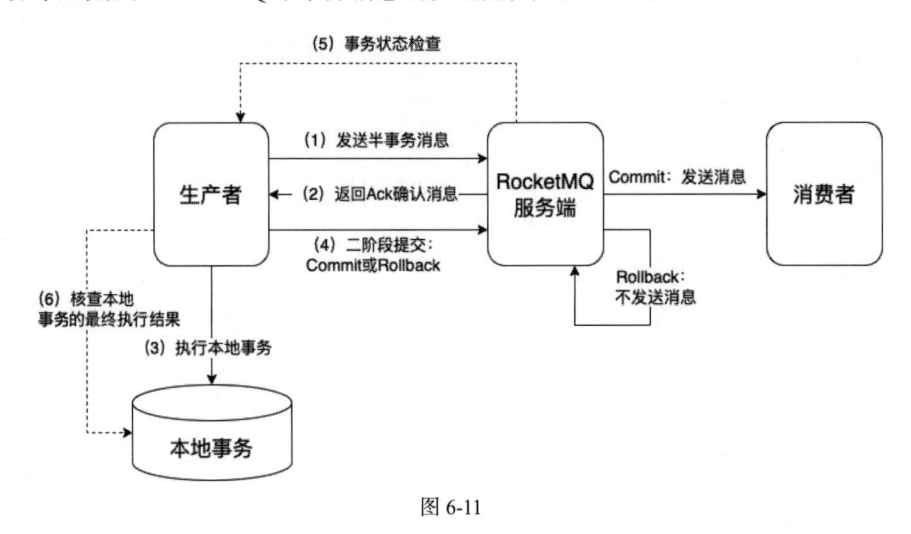

图 6-11

对其中的步骤介绍如下。

（1）发送半事务消息。生产者将消息发送至 RocketMQ 服务端。

（2）返回 Ack（确认）消息。RocketMQ 服务端在成功持久化消息后，向生产者返回 Ack 确认消息，表示消息发送成功。此时，消息被标记为"暂缓投递"，这种状态下的消息即半事务消息（Half Message）。

（3）执行本地事务。生产者开始执行与消息关联的本地事务逻辑。

（4）二阶段提交。二阶段提交的具体逻辑如下。

◎ 若本地事务执行成功，则生产者向 RocketMQ 服务端提交确认请求，随后，RocketMQ 服务端将半事务消息标记为可投递，并将其发送给消费者。

◎ 若本地事务执行失败，则生产者向 RocketMQ 服务端提交回滚请求，RocketMQ 服务端将取消投递该半事务消息。

（5）事务状态检查。在网络中断或生产者应用重启等特殊情况下，RocketMQ 服务端若未收到生产者二阶段提交的确认消息，就会在一定时间后对生产者集群中的任一实例发送事务状态检查的消息。

（6）核查本地事务的最终执行结果。生产者在收到事务状态检查的消息后，需要首先核查对应消息的本地事务的最终执行结果，然后根据本地事务的最终执行结果重新执行第 4 步。

使用事务消息的优点如下。

◎ 保证数据的一致性：通过事务消息，即使在网络分区或服务发生故障的情况下，也可以在分布式系统中保证数据的一致性。

◎ 服务解耦：事务消息进一步解耦了服务之间的依赖，提高了系统的灵活性和可维护性。

◎ 提高了容错性：消息中间件提供了缓冲机制，可以平衡系统负载，提高系统的容错性。

◎ 复杂度降低：主动方实现分布式事务的逻辑简单，更关注业务方面。

使用事务消息的缺点如下。

◎ 增加了性能开销：事务消息增加了系统回查本地事务状态的流程，这会带来额外的开销。

◎ 资源锁定：在执行本地事务期间可能需要锁定相关资源，以保证操作的原子性。

◎ 依赖消息中间件的稳定性：系统的设计过度依赖消息中间件的稳定性。

6.4.6 数据库中数据一致性的落地方案

供应链中的业务场景属于有强管理诉求的场景，例如定期盘点、结账、核对等，对某个时

第 6 章　供应链系统的架构债务治理

刻的数据的强一致性要求不高，但是对数据的最终一致性要求较高。因此，通过对成本及实现难度进行评估，这里最终采用事务消息机制来保障数据的最终一致性，并将定期核对和告警作为兜底机制，在整体上实现成本和难度可控，具体实现如下。

1. 在生产端接入事务消息

支持事务消息的队列有 RabbitMQ、Kafka 等，这里均以 Kafka 为例进行说明，代码示例如下：

```java
import org.apache.kafka.clients.producer.KafkaProducer;
import org.apache.kafka.clients.producer.Producer;
import org.apache.kafka.clients.producer.ProducerRecord;
import org.apache.kafka.common.serialization.StringSerializer;
import java.util.Properties;

public class KafkaTransactionalProducerDemo {
    public static void main(String[] args) {
        Properties props = new Properties();
        props.put("bootstrap.servers", "localhost:9092"); // Kafka 集群的地址
        props.put("key.serializer", StringSerializer.class.getName());
        props.put("value.serializer", StringSerializer.class.getName());
        props.put("transactional.id", "transactional-producer-1"); // 事务标识符
        props.put("enable.idempotence", "true"); // 启用幂等性

        // 创建 Producer 实例
        Producer<String, String> producer = new KafkaProducer<>(props);
        // 初始化事务消息
        producer.initTransactions();
        try {
            // 准备事务消息
            producer.beginTransaction();
            // 发送事务消息
            producer.send(new ProducerRecord<>("topic1", "key1", "value1"));
            // 执行本地事务，例如订单数据的新增或者修改操作
            ......
            // 提交事务消息
            producer.commitTransaction();
            Log.info("事务消息发送成功");
        } catch (Exception e) {
            // 回滚事务消息
            producer.abortTransaction();
            Log.error("事务消息发送失败，已回滚",e);
        } finally {
            // 关闭 Producer 实例
```

```
        producer.close();
    }
  }
}
```

在生产端接入事务消息的注意事项如下。

◎ 确保 transactional.id 是唯一的，Kafka 使用它来识别事务性生产者。
◎ 通过设置 enable.idempotence 为 true 可以启用幂等性，这有助于确保消息被重复发送。
◎ 事务性生产者需要 Kafka 集群的版本在 0.11.0.0 及以上。

2. 在消费端接入事务消息

在消费端接入事务消息的代码示例如下：

```
import org.apache.kafka.clients.consumer.ConsumerConfig;
import org.apache.kafka.clients.consumer.ConsumerRecord;
import org.apache.kafka.clients.consumer.ConsumerRecords;
import org.apache.kafka.clients.consumer.KafkaConsumer;
import org.apache.kafka.common.serialization.StringDeserializer;
import java.util.Collections;
import java.util.Properties;
import java.util.concurrent.TimeUnit;

public class KafkaTransactionalConsumerDemo {
  public static void main(String[] args) {
    Properties props = new Properties();
    props.put(ConsumerConfig.BOOTSTRAP_SERVERS_CONFIG, "localhost:9092");
    props.put(ConsumerConfig.GROUP_ID_CONFIG, "tx-group-1");
    props.put(ConsumerConfig.KEY_DESERIALIZER_CLASS_CONFIG,
StringDeserializer.class.getName());
    props.put(ConsumerConfig.VALUE_DESERIALIZER_CLASS_CONFIG,
StringDeserializer.class.getName());
    props.put(ConsumerConfig.AUTO_OFFSET_RESET_CONFIG, "earliest");
    props.put(ConsumerConfig.ENABLE_AUTO_COMMIT_CONFIG, "false");
    try (KafkaConsumer<String, String> consumer = new KafkaConsumer<>(props)) {
      consumer.subscribe(Collections.singletonList("topic-tx"));

      while (true) {
        ConsumerRecords<String, String> records =
consumer.poll(TimeUnit.SECONDS.toMillis(10));
        for (ConsumerRecord<String, String> record : records) {
          try {
            // 处理消息
            processMessage(record.value());
```

```
                    // 手动确认消息
                    consumer.commitSync();
                    Log.info("消息处理成功: " + record.value());
                } catch (Exception e) {
                    // 若消息处理失败,则可以选择重新处理或将其标记为失败
                    Log.error("消息处理失败: " + record.value());
                }
            }
        }
    } catch (Exception e) {
       Log.error("kafka消息异常: ",e);
    }
}

private static void processMessage(String message) {
    // 这里编写实际的消息处理逻辑
    // 例如,将消息内容存储到数据库中
    ......
    }
}
```

在消费端接入事务消息的注意事项如下。

◎ 将 enable.auto.commit 设置为 false 以手动确认消息。
◎ 在 processMessage()方法中编写实际的业务逻辑来处理消息,并在消息处理成功后调用commitSync()方法确认消息。
◎ 若消息处理失败,则可以选择重新处理消息,或者更新业务系统的状态以标记消息为失败,并在适当的时间内重新处理该消息。
◎ 确保处理逻辑是幂等的,以防重复处理消息,导致业务出现重复支付或重复下单等问题。

6.5 保障系统上下游链路的稳定性

在构建分布式系统架构的过程中,服务之间一般存在依赖关系,这会影响系统的稳定性和可靠性。若对这些依赖关系处理不当,则可能会导致服务中断甚至影响用户体验。这里深入探讨餐饮供应链系统中常见的上下游依赖问题,并给出切实可行的解决方案,以增强餐饮供应链系统的稳定性。

6.5 保障系统上下游链路的稳定性

6.5.1 对下游服务的熔断降级

在餐饮供应链系统中，上游的订货系统依赖下游的库存管理系统。若库存管理系统发生故障，那么订货系统将无法获取商品库存信息，导致用户无法正常下单。其中的服务依赖关系如图 6-12 所示。

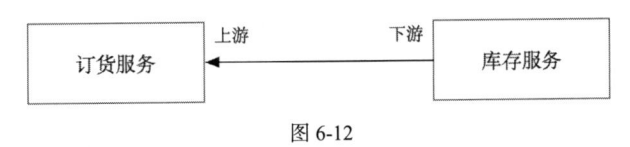

图 6-12

下游服务的不可用并不总是服务本身的故障导致的，有时是因为从上游服务的角度来看下游服务不可用，例如网络不稳定导致的请求超时等，使得上游服务对下游服务的请求成功率降低。因此，我们必须以失败为前提进行系统设计，确保服务具备足够的健壮性，具体实施方案如下。

1. 超时重试

超时重试是一种被广泛使用的错误处理机制。当远程服务调用超时时，系统会自动重新执行该调用。通常，在连续的重试尝试之间会设置一个延迟期，以便给予服务恢复时间。这种超时重试策略能够增强应用程序的弹性，避免瞬时的故障导致整个应用失败。一个简单的超时重试代码示例如下：

```java
public class RetryExample {
    private static final int MAX_RETRIES = 3; // 重试最大次数

    public static void main(String[] args) {
        String url = "http://e***ple.com/data";
        for (int i = 0; i < MAX_RETRIES; i++) {
            try {
                HttpURLConnection connection = (HttpURLConnection) new URL(url).openConnection();
                connection.setConnectTimeout(5000);// 设置连接超时时间为 5 秒
                connection.setReadTimeout(5000); // 设置读取超时时间为 5 秒
                int responseCode = connection.getResponseCode();
                if (responseCode == 200) {
                    // 处理响应
                    ......
                    break;
                }
            } catch (IOException e) {
                Log.info("请求超时，正在进行第" + (i + 1) + "次重试...");
                try {
```

```
                Thread.sleep(1000);  // 在每两次重试之间暂停 1 秒
            } catch (InterruptedException ignored) {
                Log.warn("sleep error", ignored)
            }
        }
    }
}
```

在以上代码示例中使用了 HttpURLConnection 类发起 HTTP 请求。若连接建立超时（即超过 5 秒未能建立连接）或数据读取超时（即超过 5 秒未接收到数据），则将抛出 IOException 异常。我们捕获这一异常并执行重试机制，直至请求成功或重试次数达到上限（设定为 3 次）为止。在每两次重试请求之间都需要暂停 1 秒，以免请求过于频繁。若所有重试均失败，则程序将终止执行。

注意：在重试过程中需要保证请求接口的幂等性，否则多次重试可能造成数据重复，出现重复下单或重复支付等严重问题。

2. 断路器

断路器是一种设计模式，用于在分布式系统中处理远程服务调用时可能出现的故障，在面对网络问题、服务过载或暂时不可用等暂时性故障时，可以提高应用程序的稳定性和恢复能力。该模式通过引入代理对象来监控对远程服务的调用，当失败的调用达到一定阈值时，断路器会"跳闸"，避免系统资源（如线程和数据库连接）被耗尽，导致更大的系统故障。断路器有以下三种状态。

- 关闭（Closed）：正常状态，断路器允许请求通过并尝试执行操作。
- 打开（Open）：当连续失败的请求超过设定的阈值时，断路器会切换到此状态，此时所有请求都会立即失败，而不是尝试执行操作。
- 半开（Half-Open）：在一定时间后，断路器会进入此状态，允许有限的请求尝试执行操作，以检测远程服务是否已恢复正常。若这些尝试都成功，断路器则进入关闭状态，否则进入打开状态。

断路器可以与重试机制结合使用。重试机制需要对断路器抛出的异常做出响应，并在断路器判断故障为非暂时性时停止重试。断路器的实现主要包含超时计时器和状态转换逻辑，能够适应不同的故障恢复策略。

Netflix 的 Hystrix 提供了一系列功能，包括线程隔离、请求缓存、请求熔断和实时监控等，这些功能有助于开发者在微服务架构中实现断路器模式。Hystrix 可以在调用失败率达到一定阈值时打开断路器，阻止请求的进一步通过，防止级联失败和系统雪崩。下面讲解一个使用 Hystrix

实现服务降级的代码示例。

首先，创建一个 Hystrix 命令：

```java
public class GetStockCommand extends HystrixCommand<Stock> {
    private StockService stockService;
    private Product product;

    public GetStockCommand(Setter setter, StockService stockService, Product product) {
        super(setter);
        this.stockService = stockService;
        this.product = product;
    }

    @Override
    protected Stock run() throws Exception {
        return stockService.getStock(product);
    }

    @Override
    protected Stock getFallback() {
        return new Stock(product, 0); // 在降级后返回一个默认的库存对象
    }
}
```

然后，在订货系统中执行这个 Hystrix 命令：

```java
public Order createOrder(User user, Product product) {
    // 创建 Hystrix 命令
    GetStockCommand command = new GetStockCommand(HystrixCommand.Setter.withGroupKey(HystrixCommandGroupKey.Factory.asKey("StockGroup")), stockService, product);

    // 执行 Hystrix 命令
    Stock stock = command.execute();

    if (stock.getQuantity() > 0) {
        // 若库存充足，则创建订单
        return orderService.createOrder(user, product);
    } else {
        // 若库存不足或者库存服务不可用，则创建预订单
        return orderService.createPreOrder(user, product);
    }
}
```

在以上示例中，若库存服务不可用，Hystrix 就会自动调用 GetStockCommand 类的 getFallback() 方法，返回一个默认的库存对象，订货系统会根据这个默认的库存对象创建预订单。

6.5.2 接口调用限流优化

在双十一等大型促销活动期间，上游服务的调用量急剧增长，库存管理系统面临高频的入库和出库操作请求。若请求量超出系统的承载阈值，则可能导致库存服务不可用，影响整个库存管理流程。这时通常会采用限流算法来保障系统的稳定性，防止系统过载。常见的限流算法如下。

1. 固定窗口计数器

固定窗口计数器用于在一个固定的时间窗口内只允许系统处理一定数量的请求。例如，若设置每秒最多处理 100 个请求，那么在任何一秒内，一旦请求达到 100 个，剩下的请求都将被拒绝，直到下一秒开始。代码示例如下：

```java
import java.util.concurrent.atomic.AtomicInteger;

public class FixedWindowRateLimiter {
    private final int limit;
    private final AtomicInteger counter = new AtomicInteger(0);

    public FixedWindowRateLimiter(int limit) {
        this.limit = limit;
    }

    public boolean allow() {
        if (counter.get() < limit) {
            counter.incrementAndGet();
            return true;
        } else {
            return false;
        }
    }
}
```

2. 滑动窗口计数器

滑动窗口计数器与固定窗口计数器相似，但考虑了请求的时间分布。滑动窗口计数器将时间窗口划分为多个短暂的子区间，每个子区间都记录请求的数量。当这些子区间的总请求数超过设定的阈值时，系统将拒绝新的请求。例如，若将每分钟都划分为 60 个 1 秒的时间段，并在每个时间段内都进行请求计数，则系统会计算最近 60 个这样的时间段的总请求数。一旦总数达到 1000，系统就会拒绝新的请求。这使得滑动窗口计数器更灵活地响应请求的波动，并及时调整策略以免过载。代码示例如下：

```java
import java.util.LinkedList;

public class SlidingWindowRateLimiter {
    private final LinkedList<Long> timestamps = new LinkedList<>();
    private final int limit;
    private final long interval;

    public SlidingWindowRateLimiter(int limit, long interval) {
        this.limit = limit;
        this.interval = interval;
    }

    public synchronized boolean allow() {
        long currentTimestamp = System.currentTimeMillis();
        while (!timestamps.isEmpty() && currentTimestamp - timestamps.getFirst() > interval)
        {
            timestamps.removeFirst();
        }
        if (timestamps.size() < limit) {
            timestamps.addLast(currentTimestamp);
            return true;
        } else {
            return false;
        }
    }
}
```

在以上示例中使用了 LinkedList 类来记录每个请求的到达时间戳。每当有新的请求到达时，系统都会先清除已超出当前时间窗口的时间戳，随后检查 LinkedList 类中剩余时间戳的总数是否超出预设的阈值。若未超出阈值，则系统将添加新的时间戳并接受该请求；若已超出预设的阈值，则将拒绝新的请求。这确保了系统能够根据实时数据做动态调整，有效控制请求的流量。

3. 漏桶算法

漏桶算法将系统看作一个有孔的桶，请求像水一样流入系统，系统以固定的速度处理请求，并以相同的速度将请求从系统中释放。例如，若我们设置系统容量为最多处理 100 个请求，而且每秒处理 10 个请求，则当系统容量达到上限时，新的请求将被拒绝，直到系统腾出足够的存储空间来存储新的请求。其代码示例如下：

```java
import java.util.concurrent.Executors;
```

第6章 供应链系统的架构债务治理

```
import java.util.concurrent.Semaphore;
import java.util.concurrent.TimeUnit;

public class LeakyBucketRateLimiter {
    private final Semaphore semaphore;

    public LeakyBucketRateLimiter(int permitsPerSecond) {
        semaphore = new Semaphore(permitsPerSecond * 1000);
        Executors.newScheduledThreadPool(1).scheduleAtFixedRate(() -> {
            semaphore.release(permitsPerSecond);
        }, 1000, 1000, TimeUnit.MILLISECONDS);
    }

    public boolean allow() {
        return semaphore.tryAcquire();
    }
}
```

在以上示例中,限流器使用了 Semaphore 类来实现漏桶算法,通过每秒固定释放一定数量的许可(permits)来调控请求的通过速度。若存在可用的许可,请求就能顺利通过;若不存在可用的许可,请求就会被拒绝。这种算法能够均匀地处理请求,防止系统过载。

4. 令牌桶算法

令牌桶算法将系统比作一个装有令牌的桶,处理每个请求都需要消耗一个令牌,而且令牌被以固定的速度添加到系统中。例如,若我们将系统容量设置为最多容纳 100 个令牌,而且每秒生成 10 个令牌,则当系统中没有令牌时,新的请求将被拒绝,直到有新的令牌生成为止。代码示例如下:

```
import com.google.common.util.concurrent.RateLimiter;

public class TokenBucketRateLimiter {
    private final RateLimiter rateLimiter;

    public TokenBucketRateLimiter(double permitsPerSecond) {
        rateLimiter = RateLimiter.create(permitsPerSecond);
    }

    public boolean allow() {
        return rateLimiter.tryAcquire();
    }
}
```

在以上示例中主要使用了 Google 的 Guava 库中的 RateLimiter 类来实现令牌桶(Token

Bucket）限流算法。与漏桶算法相比，令牌桶算法允许一定程度的突发请求，因为令牌桶在没有请求时会积累令牌，积累的令牌可以在请求量突增时被消耗，从而允许在一定时间内处理更多的请求。这种机制使得令牌桶算法更加灵活，适用于需要平抑限制请求但又想处理一定程度的突发请求的场景。

5. 限流工具 Sentinel

为了防止上游服务的突增流量把下游服务打垮，可以在下游服务中设置限流机制，当调用量超过一定阈值时，下游服务可以选择拒绝部分请求。我们可以使用 Google 的 Guava 库、Spring Cloud Gateway 或者 Alibaba 开源的 Sentinel 实现限流。在 Sentinel 中就提供了滑动窗口算法、令牌桶算法和漏桶算法来应对不同的限流需求，下面是一个示例。

首先，引入对 Sentinel 的依赖：

```
<dependency>
   <groupId>com.alibaba.csp</groupId>
   <artifactId>sentinel-core</artifactId>
   <version>1.8.1</version>
</dependency>
```

然后，使用 SphU.entry() 方法定义一个资源，并对这个资源的访问次数进行限流：

```
import com.alibaba.csp.sentinel.Entry;
import com.alibaba.csp.sentinel.SphU;
import com.alibaba.csp.sentinel.context.ContextUtil;
import com.alibaba.csp.sentinel.slots.block.BlockException;

public class SentinelDemo {
   public void doSomething() {
      Entry entry = null;
      try {
         ContextUtil.enter("myResource");
         entry = SphU.entry("myResource");
         // 若获取令牌，就接受请求
         handleRequest();
      } catch (BlockException e) {
         // 若没有获取令牌，就拒绝请求
         Log.error("Rate limit exceeded");
      } finally {
         if (entry != null) {
            entry.exit();
         }
         ContextUtil.exit();
      }
```

第 6 章　供应链系统的架构债务治理

```
    }

    private void handleRequest() {
        // 接受请求的代码
        ......
    }
}
```

在以上示例中定义了一个名为"myResource"的资源，并对这个资源的访问次数进行了限流。当访问次数超过阈值时，SphU.entry()方法会抛出 BlockException 异常，我们通过捕获这个异常来拒绝超过阈值的请求。注意：需要在 Sentinel 的控制台中设置 myResource 流量控制规则，例如设置 QPS（每秒请求数）等。

6.5.3　实现接口幂等机制

在餐饮供应链系统中，若用户在上游的订货系统中单击了"收货"按钮，系统就会调用下游的库存管理系统中的入库单模块增加库存。若用户在短时间内多次单击"收货"按钮，或者因网络请求超时导致重试等，则可能导致多次增加库存，进而使业务数据错误。

为了避免重复调用导致的数据不一致问题，可以实现接口幂等机制。幂等即一个操作或者请求被重复执行时，无论是执行一次还是多次，其结果都是相同的，即不会影响系统的状态，也不会导致数据不一致。用数学符号表示幂等：$f(f(x)) = f(x)$。一些常见的实现接口幂等机制的方法如下。

◎ 采用 Token 机制：在客户端为每个请求都生成唯一标识符（如 UUID），并在服务器端记录已处理过的请求。当收到重复的请求时，服务器可以根据唯一标识符判断该请求是否已被处理，若是，则直接返回之前的结果，不再进行处理。

◎ 利用数据库的唯一性约束：在执行数据库插入操作时，可以依赖数据库的唯一性约束来维护操作的幂等性。具体做法是为每条记录都生成唯一标识符。这样，若尝试插入重复的记录，数据库就会因为违反唯一性约束而拒绝该操作。

◎ 使用乐观锁：乐观锁是一种并发控制方法，假设多个事务在没有冲突的情况下并发执行。乐观锁通常将版本号或时间戳作为数据更新的校验依据，只有在数据未被其他事务修改的情况下才允许其更新，以保证操作的幂等性。

◎ 使用分布式锁：通过使用分布式锁，可确保在分布式系统中任何时刻都仅有一个节点能够执行特定的操作。这有效避免了并发执行可能引起的数据不一致问题。

◎ 使用状态机：状态机是一种抽象模型，可用来描述系统的行为。通过状态机，我们可以明确定义各操作的前置条件和后置状态，从而保证操作的幂等性。

以上方法各有其适用场景和限制，需要根据具体的业务需求和系统架构来选择最合适的方法。接下来利用数据库的唯一性约束来实现库存管理系统入库接口的幂等机制。

例如，在调用库存管理系统的入库接口前，订货系统可以首先生成唯一的入库 ID，然后将入库 ID 作为参数传递给入库接口，库存管理系统在入库前先检查这个入库 ID 是否已被处理，若是，则直接返回处理成功的消息，不再增加库存。该示例的具体实现如下：

```java
public boolean addInventory(String stockInId, int quantity) {
    try (Connection conn = DriverManager.getConnection(URL, USERNAME, PASSWORD)) {
        // 检查入库 ID是否已被处理
        PreparedStatement checkStmt = conn.prepareStatement("SELECT COUNT(*) FROM stock_in WHERE stock_in_id = ?");
        checkStmt.setString(1, stockInId);
        ResultSet rs = checkStmt.executeQuery();
        if (rs.next() && rs.getInt(1) > 0) {
            // 若已被处理，则直接返回处理成功的消息
            return true;
        }

        // 若未被处理，则增加库存
        PreparedStatement insertStmt = conn.prepareStatement("INSERT INTO stock_in (stock_in_id, quantity) VALUES (?, ?)");
        insertStmt.setString(1, stockInId);
        insertStmt.setInt(2, quantity);
        insertStmt.executeUpdate();
        return true;
    } catch (SQLException e) {
        Log.error("库存修改失败",e);
        return false;
    }
}
```

以上示例首先在 addInventory()方法中检查入库 ID 是否已被处理，若已被处理，则直接返回处理成功的消息；若未被处理，则增加库存，并将入库 ID 和数量插入 stock_in 表。stock_in_id 在 stock_in 表中是唯一的键，若尝试插入重复的入库 ID，则数据库会因为唯一的约束而抛出异常，从而保证接口的幂等性。

6.6 系统的高并发性能保障

系统的高并发性能指系统在短时间内处理大量并发请求的能力。例如，在促销、秒杀或热门事件等流量高峰期，系统能够确保快速响应和稳定运行。提升系统高并发性能的具体方法如下。

- ◎ 使应用服务器具备弹性伸缩能力：利用云计算的弹性伸缩能力，可以在流量高峰期自动增加服务器实例以分摊流量压力，在流量低峰期自动减少服务器实例以节省资源。这可以有效地应对流量的波动，保障服务的稳定性。
- ◎ 优化缓存：对于读多写少的场景，引入缓存可以大大提高系统性能。例如，可以使用 Redis 或 Memcached 等缓存经常需要访问的数据。另外，可以使用 CDN 缓存静态资源，减轻源服务器的压力。
- ◎ 分库分表：当单一的数据库无法满足高并发、大数据量的需求时，可以采用数据库的分库分表策略。分库指将数据分布到多个数据库中，分表指将一张大表分成多张小表。这样可以有效地分摊数据库的压力，提高系统的处理能力。
- ◎ 异步削峰：在流量高峰期可以采用一些削峰策略，例如通过消息队列（RabbitMQ、Kafka、RocketMQ 等）实现异步处理机制，将耗时的操作进行排队处理，以平抑流量高峰，加快系统的响应速度。
- ◎ 熔断降级：在流量高峰期可以采用一些策略（如限流和降级等）来保护系统。通过限流来限制系统的输入流量，防止过多的流量压垮系统；在系统压力过大时，通过降级方式来关闭一些非核心的服务，保证核心服务的正常运行。

6.6.1 数据库的分库分表设计

随着业务系统的发展，数据量越来越大，导致数据库的查询和写入速度变得非常慢。数据库的分库分表设计是解决大规模数据存储和高并发访问问题的有效手段，它通过将数据分散存储于一些数据库（分库）或表（分表）中，解决了单一数据库在面临海量数据和高并发请求时的性能瓶颈问题，可有效提升数据库的查询效率、写入能力和扩展性，同时减少单个数据库的负载，增强数据管理的灵活性，提升整个数据库的稳定性。

1. 评估数据库中的资源

为确保数据库满足应用性能的需求，我们需要对数据库中的资源进行细致评估。

（1）需要深入理解业务需求，包括数据的读写比例、查询模式和数据增长趋势。同时，需要详细分析业务的特性，例如事务或分析处理类型、并发请求量、读写比例、数据量及冷热数据的比例。

（2）需要根据业务场景评估数据库的性能指标，预测可能存在的性能瓶颈，并有效地进行优化。同时，需要评估硬件的性能指标，例如磁盘 I/O、内存、CPU、网络吞吐量和存储容量等。

（3）需要预估数据总量，考虑数据的增长趋势，并为数据库在硬件升级周期内的存储需求预留充足的空间。

以下是对餐饮供应链中各种促销活动带来的服务请求峰值进行评估的方案，旨在实现最短响应时间和最佳服务性能。

（1）评估读操作的吞吐量。假设促销期间的日订单量为 1500 万个，其中 50%的订单集中在 2 小时内，那么商品查询操作的吞吐量可以通过这个公式计算：（1500 万×0.5）/（2×60×60）≈ 1000 个/秒。为了确保系统的可靠性和冗余性，按照 5 倍冗余来计算吞吐量，读操作的吞吐量峰值为 1000 个/秒×5=5000 个/秒。若单个 MySQL 端口的读操作能够支持 1000 个/秒，那么需要配置 5 个数据库端口来满足读操作需求。

（2）评估写操作的吞吐量。在促销场景中，假设单个 MySQL 端口的写操作可支持 700 个/秒，则为了实现 5 倍冗余，需要配置 7 个数据库端口来支持写操作。

（3）评估数据容量。若当前有 3 亿个用户，每天增加 5 万个用户，平均每月每个用户下 2 笔订单，则 5 年后数据量为（3 亿+5 万×365×5 年）×12×2≈94 亿。做数据容量评估按照 5 倍冗余计算的结果为 470 亿。基于 MySQL 单表的最大数据量为 5000 万的假设，需要 940 张表来存储这些数据。

综上所述，若选择读写混合部署，则总共需要 2 个端口，可以配置为 12 个主节点和 12 个备节点。若采用读写分离策略，则需要进行主从部署，配置为 7 个主节点和 14 个从节点。为了与 2 的倍数对齐，可以调整为 8 个主节点和 16 个从节点。

根据数据容量需求，需要 940 张表。为了与 2 的指数对齐，可以选择使用 1024 张表。在以上计算中，主数据库需要 8 个端口。为了便于未来扩展而无须拆分数据库，建议设计更多的数据库，例如 64 个数据库。总而言之，计算结果为 8 个端口×64 个数据库×16 张表，这样的配置为 8 个主节点和 16 个从节点。

2．分库分表

在进行数据库的分库分表设计时，首先要明确分库分表的目标：是提升系统的读性能还是写性能？或者是解决单表数据过大的问题？不同的目标可能对应不同的分库分表策略。对于数据量过大导致的性能问题，主要有两种解决方式：垂直分库分表和水平分库分表。

1）垂直分库分表

数据库的垂直分库分表是一种拆分策略。

- ◎ 垂直分库：根据业务模块将不同的数据存储在不同的数据库中以分散读写压力，提升系统的并发处理能力。
- ◎ 垂直分表：将一张表中的列进行拆分，形成多张包含部分列的表，从而减少单表的列数，提高查询效率。

第 6 章　供应链系统的架构债务治理

这种策略可以有效提升系统性能，但同时需要解决数据不一致和跨库事务等的问题，如图 6-13 所示。

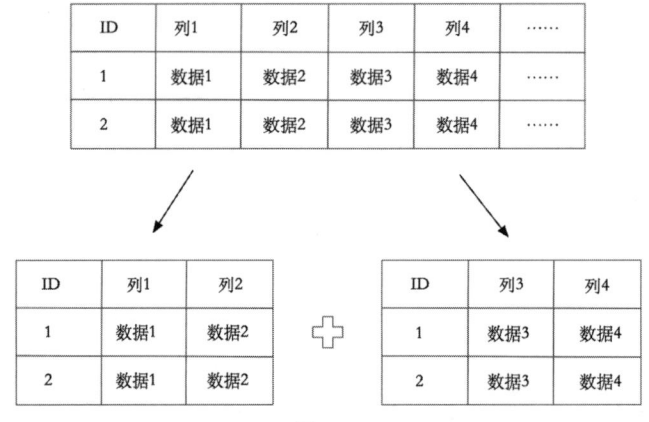

图 6-13

数据库的垂直分库分表特征如下。

- ◎ 垂直分库分表是针对属性较多、单行数据较大的表进行的拆分，将表的不同属性拆分到不同的表或数据库中。
- ◎ 垂直分库分表后的特点是拆分出的每个数据库或表的结构都不一样，但它们之间至少有一列是有交集的，通常是主键。
- ◎ 垂直分库分表的依据包括将访问频率高、数据长度短的属性放在一张表（主表）中，将访问频率低、数据长度长的属性放在另一张表（扩展表）中。
- ◎ 垂直分库分表可以提升性能，因为数据库以行为单位缓存数据，短的行可以缓存更多数据，提高缓存命中率，减少对磁盘的访问。

2）水平分库分表

数据库的水平分库分表是一种拆分策略，其中，水平分库指将同一业务模块的数据按照某种规则（如用户 ID、时间戳等）分散到多个数据库中，水平分表指将一张大表的数据按照某种规则拆分到多张具有相同结构的小表中，从而减少单个数据库或表的数据量，提升查询效率和系统的并发处理能力，如图 6-14 所示。

数据库的水平分库分表特征如下。

- ◎ 水平分库分表是将某数据库或表上的数据按照一定规则（如取模）分散到一些数据库或表中，以此来减小单一数据库或表的大小。
- ◎ 水平分表后的特点是每次分出的数据库或表的结构都一样，但数据不一样，没有交集，所有分出的数据库或表的数据并集都是全量数据。

◎ 水平分库分表的目的是通过将数据分散到不同的数据库或表中,来提升查询效率和写入能力,尤其适用于数据量巨大的场景。

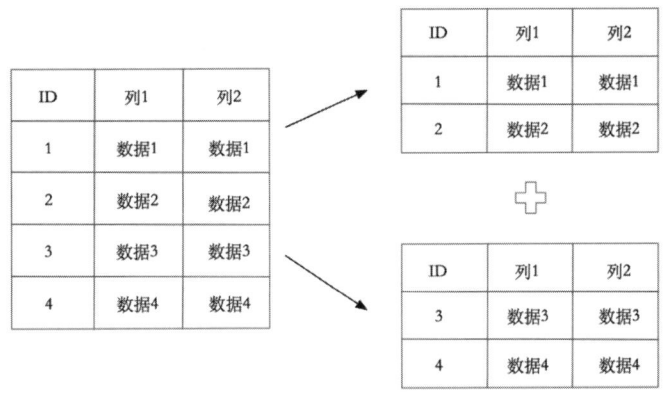

图 6-14

3)分库分表策略

在选择了具体的分库分表方式后,还需要考虑数据的分布规则,避免数据出现严重的倾斜现象,以下为几种常见的分库分表策略。

◎ 范围分布:按照某个字段的范围进行分库分表。例如,按照用户 ID 的范围进行分库分表,将 ID 值为 1~1000 的用户存储到数据库 A 中,将 ID 值为 1001~2000 的用户存储到数据库 B 中,以此类推。这种方式适用于数据有明显的区间划分且区间内数据量相对均衡的场景。

◎ 哈希分布:首先通过哈希算法对某个字段进行哈希运算,然后根据哈希值进行分库分表。例如,可以采用用户名称的哈希值对数据库的数量进行取模运算,结果决定了该用户的数据应被存储在哪个数据库中。这种方法适用于数据分布均匀且没有明显范围特征的场景。

◎ 列表分布:按照某个字段的列表值进行分库分表。例如,可以定义一个列表,规定将某些特定的用户 ID 存储在数据库 A 中,将其他用户 ID 存储在数据库 B 中。这种方式适用于需要单独处理某些特定值的场景。

◎ 取模分布:按照某个字段的取模结果进行分库分表。例如,可以根据用户 ID 对数据库的数量进行取模运算,结果决定了该用户的数据应被存储在哪个数据库中。这种方式可以保证数据在各个数据库中的分布相对均匀,但在扩容时可能需要重新分配数据。

4)分库分表工具

目前开源社区提供了多种分库分表工具,这些工具可以帮助开发者在分布式数据库中实现

第 6 章　供应链系统的架构债务治理

对数据的水平分割和垂直分割。以下是一些开源的分库分表工具。

- ◎ ShardingSphere：一种分布式数据库中间件，提供了数据分片、读写分离、弹性伸缩、分布式事务等功能，支持多种数据库，包括 MySQL、PostgreSQL、SQLServer 和 Oracle，能够满足复杂的分布式场景需求。
- ◎ MyCAT：一种分布式数据库中间件，支持数据库的读写分离和分库分表，兼容 MySQL 协议，支持 SQL92/99 标准，具有丰富的路由策略和强大的分布式事务处理能力，适用于大数据、高并发的场景。
- ◎ Vitess：一种由 YouTube 开发的分布式数据库中间件，主要用于管理大型 MySQL 集群，提供了分片、复制和执行分布式 SQL 查询的功能，能够实现数据库的水平扩展，提升系统的并发处理能力。
- ◎ Atlas：一种基于 MySQL 的数据库分库分表中间件，支持 SQL92 标准，兼容 MySQL 协议，提供了数据分片、读写分离、负载均衡等功能，能够有效提升数据库的读写性能，适用于数据量大、高并发的业务场景。

以上只是简单介绍了开源的一些分库分表工具，实际上还有很多分库分表工具可使用，根据具体的业务需求和系统环境选择即可。以下是使用 ShardingSphere 进行分库分表的一个简单示例。

首先，在项目的 pom.xml 文件中添加对 ShardingSphere 的依赖：

```xml
<dependency>
    <groupId>org.apache.shardingsphere</groupId>
    <artifactId>sharding-jdbc-core</artifactId>
    <version>4.1.1</version>
</dependency>
```

然后，在项目中创建一个 ShardingSphere 数据源，并配置分库分表策略：

```java
import javax.sql.DataSource;
import java.sql.SQLException;
import java.util.HashMap;
import java.util.Map;
import java.util.Properties;

public class ShardingConfig {
    public DataSource getDataSource() throws SQLException {
        // 配置真实的数据源
        Map<String, DataSource> dataSourceMap = new HashMap<>();
        dataSourceMap.put("ds0", createDataSource("jdbc:mysql://localhost:3306/ds0"));
        dataSourceMap.put("ds1",
```

```
createDataSource("jdbc:mysql://localhost:3306/ds1"));

    // 配置分库分表策略
    TableRuleConfiguration orderTableRuleConfig = new
TableRuleConfiguration("t_order", "ds${0..1}.t_order_${0..1}");

    // 配置精确的分片算法
    orderTableRuleConfig.setTableShardingStrategyConfig(new
StandardShardingStrategyConfiguration("order_id", new
PreciseShardingAlgorithm<Long>() {
        @Override
        public String doSharding(Collection<String> availableTargetNames,
PreciseShardingValue<Long> shardingValue) {
            for (String each : availableTargetNames) {
                if (each.endsWith(shardingValue.getValue() % 2 + "")) {
                    return each;
                }
            }
            throw new IllegalArgumentException();
        }
    }));
    // 配置分片规则
    ShardingRuleConfiguration shardingRuleConfig = new
ShardingRuleConfiguration();
    shardingRuleConfig.getTableRuleConfigs().add(orderTableRuleConfig);

    // 创建ShardingSphere数据源
    return ShardingDataSourceFactory.createDataSource(dataSourceMap,
shardingRuleConfig, new Properties());
    }

    private DataSource createDataSource(String url) {
        // 创建数据源，此处省略代码
    }
}
```

在以上示例中创建了两个真实的数据源 ds0 和 ds1，在每个数据源中都有两张分表 t_order_0 和 t_order_1。将 order_id 作为分片键，并对 order_id 进行模 2 运算，得到的结果将决定数据应被分配到哪个分片上。

以上只是一个简单的示例，在实际使用时可能会涉及更多的配置和优化。对于具体的实现方式，需要根据业务需求和系统环境进行调整。

第6章 供应链系统的架构债务治理

3. 如何动态扩容

若对之前的分库分表方案评估有误，或者业务发展远超预期，则我们之前设计的分库分表方案会无法容纳新的业务数据。例如，之前预估 5 年有 470 亿的订单数据量，可能刚刚过了两年，数据量就增长到 500 亿。面对这种问题，我们需要重新评估数据容量且动态扩容。例如，把之前设计的 8 端口×64 库×16 表、8 主 16 从调整为 32 端口×64 库×128 表、32 主 64 从。对于数据库的分库分表动态扩容，主要有以下几种方案。

1）停服务扩容方案

停服务扩容方案，顾名思义，就是对数据库的分库分表进行停机扩容，主要考虑的是如何在服务停机的情况下，将数据从旧的数据库或表迁移到新的数据库或表中。以下是基本步骤。

（1）通知用户。提前通知用户将在指定的时间升级系统，服务将在升级期间暂停。

（2）停止服务。在指定的时间内停止所有服务。

（3）新增数据库或表。根据扩容的需求，新增相应的数据库或表。

（4）数据迁移。编写数据迁移程序，将旧的数据库或表中的数据按照新的分库分表策略迁移到新的数据库或表中，过程比较耗时。

（5）切换路由。在数据迁移完成后更新路由规则，根据新的分库分表策略将新的请求路由到正确的数据库或表中。

（6）验证数据。验证数据迁移的正确性，确保数据的完整性和一致性。

（7）重启服务。在数据确认无误后重新启动服务。

停服务扩容方案会中断业务，为了尽可能减少对用户的影响，通常在业务低峰期执行停服扩容操作。接下来讲解不需要停服的扩容方案。

2）双写平滑扩容方案

在对数据库进行分库分表的平滑扩容时，主要考虑的是在保证业务连续性的同时，如何将数据从旧的数据库或表迁移到新的数据库或表中。以下是基本步骤。

（1）新增数据库或表。根据扩容的需求新增相应的数据库或表。

（2）双写。在数据迁移期间，新写入的数据会被同时写入旧的数据库和新的数据库，并保证数据的一致性。

（3）数据迁移。编写数据迁移程序，将旧的数据库或表中的数据按照新的分库分表策略迁移到新的数据库或表中。这是一个比较耗时的过程，需要考虑如何在不影响业务的情况下进行数据迁移。

（4）切换读路由。在数据迁移完成后，先切换读请求的路由，使新的读请求能够根据新的分库分表策略被路由到正确的数据库或表。

（5）验证数据。验证数据迁移的正确性，确保数据的完整性和一致性。

（6）切换写路由。在确认数据无误后切换写请求的路由，此时所有新的写请求和读请求都会被路由到新的数据库或表中。

（7）停止双写。在所有请求都被切换到新的数据库或表中后，停止双写操作。

虽然双写平滑扩容不会中断业务的行为，但是为了安全起见，通常也需要在业务低峰期进行扩容操作。

3）成倍平滑扩容方案

对数据库的分库分表进行成倍平滑扩容，主要用于将现有的数据库或表的数量扩大一倍，以提升系统的处理能力。以下是基本步骤。

（1）新增数据库或表。根据扩容的需求新增相应的数据库或表，数量通常是现有数据库或表的数量的一倍。在下面的例子中新增了两个数据库 A2 和 B2。

（2）设置主从同步。将新增的数据库设置为原数据库的从数据库，建立主从同步关系。在这个例子中设置了 A=>A2、B=>B2 的主从同步关系，直至主从数据库中的数据同步完毕，并保持实时同步，如图 6-15 所示。

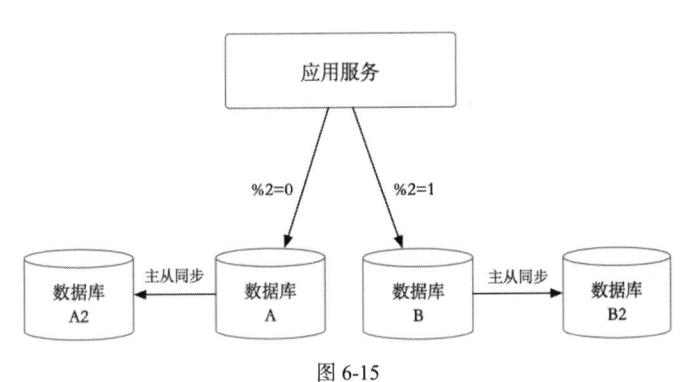

图 6-15

（3）调整分片规则。调整分片规则，使得新的请求能够根据新的分库分表策略路由到正确的数据库。在这个例子中将原来的"ID%2=0 => A"改为"ID%4=0 => A, ID%4=2 => A2"；将原来的"ID%2=1 => B"改为"ID%4=1 => B, ID%4=3 => B2"，如图 6-16 所示。

（4）清理冗余的数据。在确认数据无误后，解除数据库实例的主从同步关系。此时，4 个节点的数据都已完整，只是有冗余的数据（多存储了与自己配对的节点的数据），可以选择合适的时间清理这些冗余的数据，如图 6-17 所示。

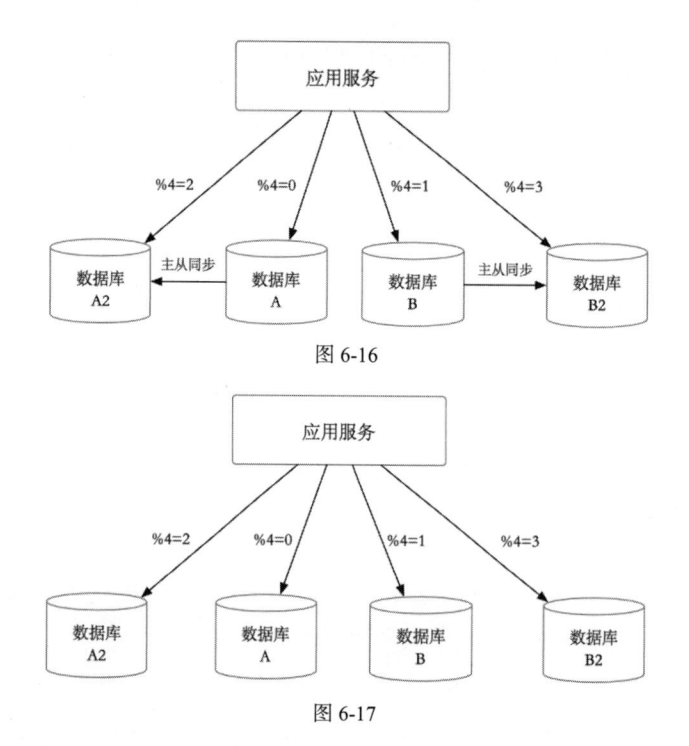

第 6 章 供应链系统的架构债务治理

图 6-16

图 6-17

至此就完成了秒级平滑扩容，操作起来不仅比双写扩容简单很多，而且不会因为停机而影响服务质量等。

4. 分库分表的常见问题

数据库的分库分表是解决大数据量问题的常用策略，但在实际操作中，不到不得不做分库分表的地步尽量不做分库分表，因为它会导致以下问题。

- 数据不一致问题：进行分库分表后，数据被分散在多个数据库或表中，保持数据的一致性会变得更加困难。例如，若某操作涉及多张表，就需要使用分布式事务来保证数据的一致性。
- 跨库跨表查询问题：进行分库分表后，原本可以在某数据库或表中完成的查询可能需要跨多张表或多个数据库进行，会增加查询的复杂度和难度。
- 数据迁移和扩容问题：当需要对数据库进行扩容或缩容时，可能需要进行大量的数据迁移。这不仅消耗大量的时间和资源，而且需要在数据迁移过程中保证数据的完整性和一致性。
- 分库分表策略问题：如何制定合理的分库分表策略是一个挑战，需要考虑数据的访问模式、业务需求等因素。
- 复杂度增加问题：分库分表会增加系统的复杂度，例如需要进行分布式事务管理、数据一致性维护等，对开发和运维的要求都较高。
◎ ID 生成问题：在分库分表后如何生成全局唯一 ID 也是一个问题。常见的解决方案有雪花算法、UUID 等。
◎ 数据倾斜问题：若对分库分表策略选择不当，则可能会导致数据分布不均，出现数据倾斜问题。

6.6.2 使用缓存提升服务并发性能

使用缓存是提升服务并发性能的关键策略，其核心原则是将频繁访问的数据预加载到高速存储介质（如内存）中，以此减少对低速存储系统（如数据库或磁盘）的访问需求。这种优化不仅缩短了数据检索时间，还加快了系统的整体响应速度。为了进一步提升效率，缓存系统应包括智能的数据失效和更新机制，确保对热点数据的有效管理，以及确保缓存数据的一致性和准确性。此外，缓存策略应与业务逻辑紧密协同，以实现最大的性能提升和资源优化。

1. 设计缓存

在设计缓存时需要考虑很多因素，包括缓存类型、缓存策略、缓存的数据等。以下为餐饮供应链系统中商品缓存的设计案例。

在餐饮供应链系统中，由于商品信息的访问频率非常高，因此可以将商品信息缓存在内存中，以提高系统的并发性能。通过以下步骤，可以设计出一个基本的商品信息缓存系统。

（1）选择缓存类型。因为需要缓存的数据量较大且访问频率高，所以选择将内存作为缓存。这里可以选择使用 Redis 或 Memcached。

（2）设计缓存策略。选择使用 LRU（最近最少使用）策略。鉴于商品信息的访问量通常遵循长尾分布，即大部分访问量都集中在少数热门商品上，所以我们可以优先在缓存中保留那些最近和最频繁访问的商品信息，当缓存达到容量上限时，自动淘汰最久未被访问的商品信息。

（3）选择缓存的数据。选择将商品的基本信息（如名称、价格、图片等）缓存起来，这些信息的变化频率相对较低，但访问频率很高，非常适合被缓存。

（4）实现缓存读写。当用户访问某个商品信息时，系统会先在缓存中进行搜索，若在缓存中有该商品的信息，则直接从缓存中返回数据；否则，系统将从数据库中提取所需数据，并将其存入缓存，以便未来再次访问该数据时快速获取它。

（5）处理缓存失效。当商品信息发生变化时，例如价格变化时，需要更新缓存中的数据。一种常见的做法是使用缓存失效策略，即当数据发生变化时，直接删除缓存中的数据，在下次访问时重新从数据库中读取数据。

实际的缓存设计可能会更复杂，需要考虑更多的因素，例如缓存的并发访问控制（如秒杀）、缓存的更新策略等。

2. 缓存失效策略

为了确保缓存中的数据是最新、最常使用或最重要的，同时释放不再需要或已经过时的数据，需要设置缓存失效策略，这样还能保证数据的时效性和准确性，提升缓存的命中率。以下为常见的几种缓存失效策略。

- ◎ FIFO（First-In, First-Out）策略：按照数据进入缓存的顺序移除数据，最先进入缓存的数据最先被移除。这种策略实现起来简单，但可能会导致频繁访问的数据被提前移出。例如，在一个新闻网站的首页新闻列表中，若新闻更新频繁，那么 FIFO 策略能保证新的新闻被及时缓存。
- ◎ LRU（Least Recently Used）策略：优先移除最长时间未被使用的数据，能较好地预测数据的访问模式。例如，在一个社交网络应用中，用户可能会频繁查看最新的动态，对较早之前的动态查看频率较低，这时使用 LRU 策略能有效地进行缓存。
- ◎ TTL（Time to Live）策略：为每个缓存项都设置一个过期时间，超过这个时间的数据将被移除。这种策略适用于数据值随时间变化的场景，例如天气预报信息、航班信息等，这些数据在一段时间后就不再准确了，需要被更新或移除。

3. 缓存更新策略

缓存更新策略主要用于在保证数据一致性的同时，减轻数据库的访问压力，提高系统响应速度。以下是一些常见的缓存更新策略。

1）Cache Aside（旁路缓存）策略

Cache Aside 策略通常用于处理缓存和数据库之间的数据不一致问题，基本原理：应用程序或者服务直接访问缓存，若在缓存中没有数据（缓存失效），那么从数据库中查询数据，在查询到数据后将其放入缓存，如图 6-18 所示。

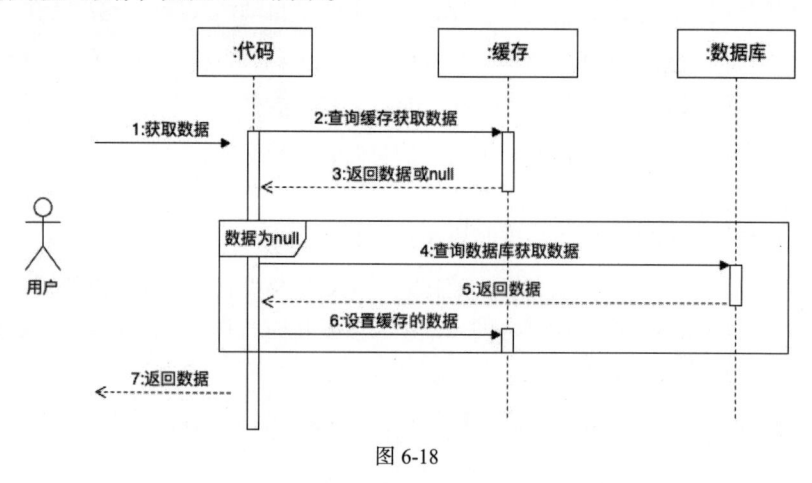

图 6-18

6.6 系统的高并发性能保障

具体来说，实现 Cache Aside 策略的步骤如下。

（1）读取数据。当需要读取数据时，首先从缓存中获取。若在缓存中有数据，则直接返回这些数据；若在缓存中没有数据，则从数据库中查询数据。

（2）写入数据。当需要更新数据时，首先更新数据库，然后删除缓存中的数据。

（3）再次读取数据。下次读取相同的数据时，因为缓存中的数据已被删除，所以会从数据库中查询最新的数据，并将查询结果放入缓存。

Cache Aside 策略的优点是能够保证在任何时候，无论数据是否被缓存，应用程序总是能够读取最新的数据，其缺点是在高并发的情况下可能会导致数据库压力过大。其查询代码示例如下：

```
public Object get(String key) {
   Object value = cache.get(key);
   if (value == null) {
      value = db.get(key);
      cache.put(key, value);
   }
   return value;
}
```

对于 Cache Aside 策略，在更新数据时，我们需要同时更新数据库，并删除缓存中的数据。这样，下次在缓存中查询该数据时，由于找不到数据，就去数据库中查询，并将结果重新写入缓存，保证了缓存与数据库中数据的一致性。其更新代码示例如下：

```
public void update(String key, Object value) {
   // 更新数据库
   db.update(key, value);
   // 删除缓存
   cache.remove(key);
}
```

这样，当下次调用 get(key) 方法时，会发现在缓存中没有数据，便从数据库中读取最新的数据，并将其添加到缓存中。

然而，在高并发环境中，Cache Aside 策略可能会引发一些问题。例如，若有两个线程同时查询缓存中不存在的同一条数据，则它们都可能首先去数据库中查询，然后将查询结果各自写回缓存，这可能导致缓存中的数据不一致或非最新状态。可以采用延迟双删策略解决该问题。具体操作步骤如下。

（1）更新数据库。

（2）删除缓存。

第 6 章　供应链系统的架构债务治理

（3）等待一段时间（这段时间应大于数据库的读写延迟时间）。

（4）再次删除缓存。

这样，即使在删除缓存之后，有其他线程去读取数据库并更新了缓存，我们也可以在第 2 次删除缓存时删除这些可能的旧数据，最大可能地保证数据的一致性。

延迟双删策略也只是最大概率地保证数据的一致性，不能完全保证数据的一致性。若希望完全保证数据的一致性，则可以使用分布式锁来确保对同一条数据的查询和更新操作的原子性。以下是一个使用由 Redis 实现的分布式锁来解决 Cache Aside 并发问题的 Java 伪代码示例。

首先，我们需要一个能够获取和释放 Redis 分布式锁的工具类，代码示例如下：

```java
public class RedisLock {

    private Jedis jedis;

    public RedisLock(Jedis jedis) {
        this.jedis = jedis;
    }

    public boolean lock(String key) {
        // 通过 SETNX 命令可以设置一个 key, 若 key 不存在, 则设置成功, 返回1, 否则返回0
        return jedis.setnx(key, "LOCKED") == 1;
    }

    public void unlock(String key) {
        jedis.del(key);
    }
}
```

然后，可以在 Cache Aside 策略的实现中使用这个工具类来获取和释放锁：

```java
public class CacheAside {

    private Cache cache;
    private DB db;
    private RedisLock lock;

    public CacheAside(Cache cache, DB db, Jedis jedis) {
        this.cache = cache;
        this.db = db;
        this.lock = new RedisLock(jedis);
    }

    public Object get(String key) {
```

```
        Object value = cache.get(key);
        if (value == null) {
            if (lock.lock(key)) {
                try {
                    value = db.get(key);
                    cache.put(key, value);
                } finally {
                    lock.unlock(key);
                }
            }
        }
        return value;
    }
    public void update(String key, Object value) {
        if (lock.lock(key)) {
            try {
                db.update(key, value);
                cache.remove(key);
            } finally {
                lock.unlock(key);
            }
        }
    }
}
```

在以上示例中,在每次查询和更新数据时都会尝试获取一个 Redis 分布式锁。若获取该锁成功,就可以安全地执行查询和更新操作,之后释放锁。若获取该锁失败,就可以选择等待、重试或者直接返回错误。

2)Read/Write Through(读/写穿透)策略

Read/Write Through 策略是一种常见的缓存更新策略,它直接将缓存作为应用程序的一部分,所有的读写操作都通过缓存进行。

◎ Read Through 策略:在读取数据时,若在缓存中有数据,则直接返回数据;若在缓存中没有数据,则从数据库中读取数据,然后将读取的数据放入缓存。这一操作由缓存自动完成,对于应用程序来说,它只需从缓存中读取数据,如图 6-19 所示。

◎ Write Through 策略:在更新数据的同时更新缓存和数据库,这样可以保证缓存和数据库中的数据始终保持一致,但是可能会增加写操作的延迟,如图 6-20 所示。

第 6 章　供应链系统的架构债务治理

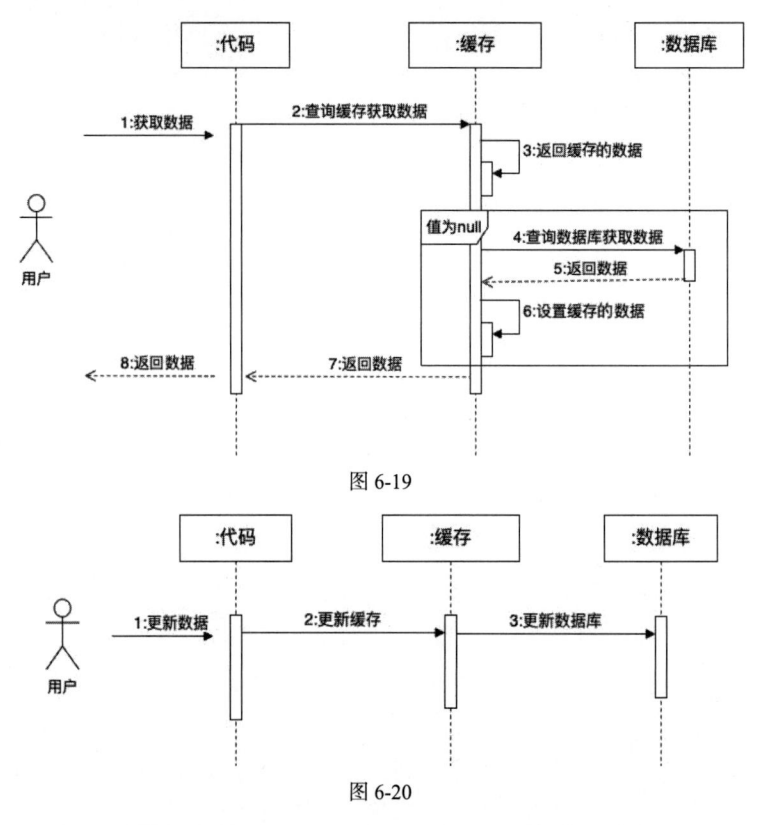

图 6-19

图 6-20

下面通过一个 Java 代码示例来展示 Read/Write Through 策略的用法。

```java
public class ReadWriteThroughCache {
    private Cache cache;
    private Database db;

    public ReadWriteThroughCache(Cache cache, Database db) {
        this.cache = cache;
        this.db = db;
    }

    public Object get(String key) {
        Object value = cache.get(key);
        if (value == null) {
            value = db.get(key);
            cache.put(key, value);
        }
        return value;
    }
```

```
public void put(String key, Object value) {
    cache.put(key, value);
    db.update(key, value);
}
```

在以上示例中，get()方法实现了 Read Through 策略，put()方法实现了 Write Through 策略。当应用程序需要读取或写入数据时，它只需调用 get()或 put()方法，不需要关心数据是否在缓存中，也不需要关心如何更新数据库。

3）Write Behind（写入后）策略

Write Behind 策略指在写入数据时，只更新缓存中的数据，之后建立一个异步任务或者定时任务来批量更新数据库中的数据。这样，应用程序无须等待数据库的响应，也无须自己去同步更新数据库和缓存，而是由缓存完成这些操作。这样可以减少写操作的延迟，但若系统在更新数据库之前崩溃，则可能会导致数据丢失，如图 6-21 所示。

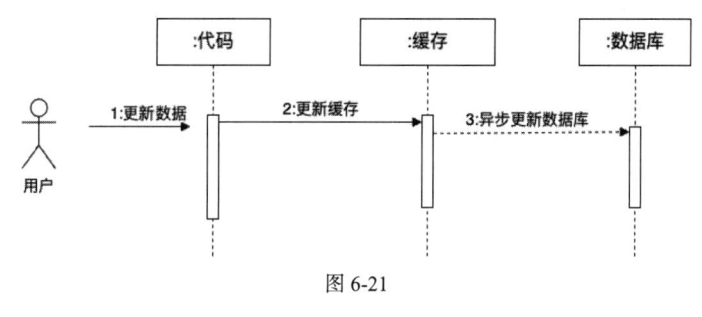

图 6-21

通过 Write Behind 策略实现的代码示例如下：

```
public void put(String key, Object value) {
    cache.put(key, value);
    asyncDbUpdate(key, value);   // 异步更新数据库
}
```

4）Refresh Ahead 策略

Refresh Ahead 策略是一种主动更新缓存的策略，它通过后台线程或服务在缓存数据即将过期时，自动从数据库中获取最新的数据并更新缓存，从而确保应用程序总是能够从缓存中获取最新的数据。这种策略与 TTL 策略结合使用，能够有效地减少数据过期导致的缓存穿透，加快应用程序的响应速度和确保数据的一致性。应用程序无须等待数据的刷新，也无须自己触发数据的刷新，所有这些都由后台线程或服务自动完成。其后台更新线程或服务代码示例如下：

```
public void refresh(String key) {
    if (cache.isAboutToExpire(key)) {
        Object value = db.get(key);
```

```
        cache.put(key, value);
    }
}
```

4. 常见的缓存问题

在使用缓存时可能会出现以下问题。

◎ 缓存穿透问题：指用户不断请求缓存和数据库中都不存在的某个数据，导致每次都要去数据库中查询，增加了数据库的压力。例如，用户恶意请求或者误操作请求一个不存在的商品 ID，由于该商品 ID 在缓存和数据库中都不存在，所以每次都要去数据库中查询。解决办法可以为对查询结果为空的情况同样进行缓存处理，或者使用布隆过滤器等方法过滤掉不存在的数据查询操作。

◎ 缓存雪崩问题：指缓存中的大量数据在某一时刻同时失效，导致大量请求都直接访问数据库，造成数据库压力过大甚至崩溃。例如，若将缓存中的商品信息都设置为同一时间失效，那么在这个时间点，所有的商品请求都会直接访问数据库，导致数据库瞬间压力过大。解决办法可以为给缓存的失效时间添加一个随机值，使得失效时间分散，不集中在同一时间点。

◎ 缓存击穿问题：指在一个热点数据缓存失效的瞬间，有大量请求同时访问数据库。例如，一个热销商品的信息在缓存中失效，此时有大量用户请求这个商品的信息，这些请求会直接访问数据库，导致数据库压力过大。解决办法可以为将热点数据设置为永不过期，或者使用互斥锁等同步机制，确保同时只有一个请求能够访问数据库去获取数据，其他请求则需等待。

◎ 数据不一致问题：在缓存和数据库中同时维护同一份数据时，可能出现数据不一致的问题。例如，一个商品的价格在数据库中被修改，但缓存中的数据还是旧的，这就导致了数据的不一致。解决办法可以为通过采用数据一致性协议来确保数据同步，或者在更新数据的同时更新缓存中的数据。

◎ 缓存资源管理问题：缓存的资源有限，如何合理利用缓存资源来提高缓存的命中率，是需要我们考虑的问题。例如，若在缓存中存储了访问频率很低的大量数据，则可能导致访问频率高的数据被淘汰，从而降低缓存的命中率。解决办法可以为采用恰当的缓存淘汰策略如 LRU 策略来优化缓存管理方式。

第 7 章

大模型应用程序开发实战

7.1 大模型简介及其应用场景

大模型（Large Language Model，LLM）是一种基于深度学习的大型神经网络模型，用于理解和处理自然语言。大模型通常有数十亿甚至数千亿个参数，可以在大规模文本数据集上进行预训练，学习自然语言的语法、语义和上下文信息。经过预训练后，大模型可以处理各种自然语言处理任务，例如文本生成、机器翻译、问答、文本摘要等。

大模型的涌现能力使其真正成为技术变革浪潮的推手。涌现能力是指模型在没有接受特定任务训练的情况下，仍能在给定适当提示的前提下处理这些任务的能力。这种能力有时被认为是大模型的技术潜力，也是大模型备受青睐的核心所在，例如能进行翻译、编程、推理和语义理解等。

大模型是从较小规模的神经网络模型演化而来的，图 7-1 所示是大模型发展史上的一些关键节点。

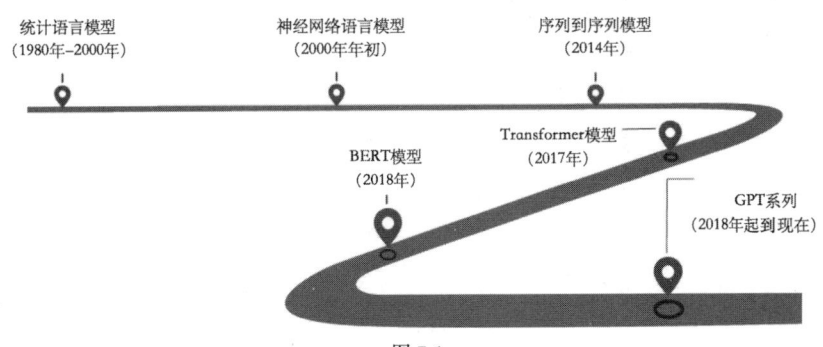

图 7-1

第 7 章　大模型应用程序开发实战

大模型的应用场景非常广泛，涵盖了自然语言处理（NLP）相关的许多领域，图 7-2 所示为大模型当前的主要应用场景。

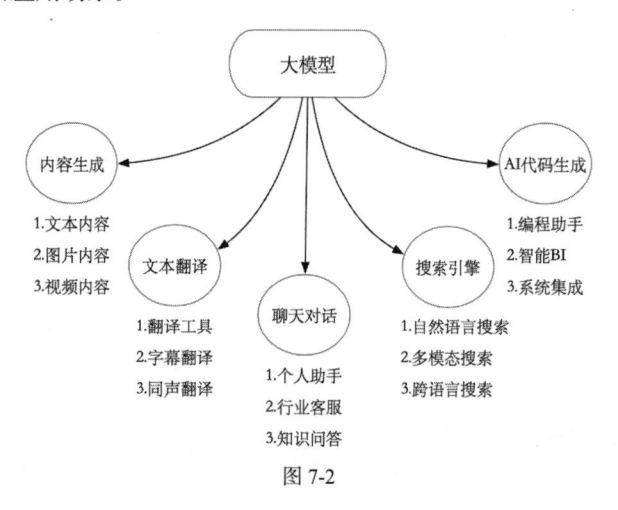

图 7-2

7.2　用 AI 工具提升研发质量和效率

大模型与软件工程的结合是近年来的新兴领域，它显著提升了研发质量和效率，主要涉及如何用大模型来优化软件开发流程，提高代码质量，增强自动化测试等，详细介绍如下。

- ◎ 代码生成与补全：大模型可以通过理解上下文来自动生成或补全代码片段。
- ◎ 缺陷检测与修复：通过分析代码模式，大模型可以检测潜在的代码缺陷，并提出修复建议。
- ◎ 代码评审：大模型可以在代码评审过程中起辅助作用，指出代码中的问题和改进点，提高代码质量。
- ◎ 将自然语言转换为代码：开发者可以使用自然语言描述需求，大模型可以将其转换为相应的代码。
- ◎ 代码理解与文档化：大模型可以帮助开发者理解复杂的代码逻辑，并自动生成代码注释和文档，使开发者更快地理解和维护现有代码。
- ◎ 最佳实践学习：根据代码上下文，大模型可以从开源项目和代码库中学习并推荐代码模式和最佳实践。

7.2.1　AI 编程助手简介

现在有很多 AI 编程助手，这里分别介绍国外的 AI 编程助手和国内的 AI 编程助手。

7.2 用 AI 工具提升研发质量和效率

1. 国外的 AI 编程助手

国外的 AI 编程助手如下。

- GitHub Copilot：由 GitHub 与 OpenAI 合作开发的一款智能代码补全和生成工具，可以与常用的代码编辑器无缝集成。其主要功能：代码建议和自动补全；自然语言理解；上下文注释；代码重构；提供代码示例。
- CodeWhisperer：亚马逊最新推出的 AI 编程辅助工具，经过数十亿行代码的训练，能够根据开发者的注释和现有代码实时提供代码建议。它能够生成从简短代码片段到完整函数的全方位建议，可减轻编程负担，特别是用户在使用不熟悉的 API 时，能够显著加快代码构建的速度。其主要功能：实时生成代码建议；内置安全扫描功能；开源代码引用跟踪器；与 AWS 服务集成。
- Visual Studio IntelliCode（后简称"IntelliCode"）：微软在 Visual Studio 集成开发环境（IDE）中提供的 AI 辅助开发工具，其目的是通过 AI 技术提高开发者的工作效率，帮助他们更快地编写代码并提升代码质量。IntelliCode 有社区版、专业版和企业版三个版本。其主要功能：代码智能补全；适配企业私有代码；代码重构；辅助代码评审。

2. 国内的 AI 编程助手

在国内也有很多 AI 编程助手，例如阿里巴巴的通义灵码、智谱的 CodeGeeX、百度的 Comate、华为的 CodeArts Snap、科大讯飞的 IFlyCode、商汤科技的代码小浣熊 Raccoon 等。这些工具基本都提供了代码生成、代码理解、自动添加注释、单元测试生成、智能问答等功能。

鉴于篇幅，这里只对通义灵码做简单介绍。通义灵码是 GitHub Copilot 在国内的平替产品，提供了行级/函数级实时续写、自然语言生成代码、单元测试生成、代码注释生成、代码解释、研发智能问答、异常报错排查等功能，并针对阿里云 SDK/API 的使用场景进行了调优，可为开发者带来高效、流畅的编码体验。接下来详细介绍通义灵码的用法。

通义灵码的安装也非常地简单，这里以 IntelliJ IDEA 为例进行安装说明。首先在 IntelliJ IDEA 菜单下单击"Settings..."菜单，如图 7-3 所示。

图 7-3

第 7 章 大模型应用程序开发实战

然后单击导航栏中的"Plugins"菜单，打开插件市场，搜索通义灵码（TONGYI Lingma），在找到通义灵码后单击"Install"按钮进行安装，如图 7-4 所示。

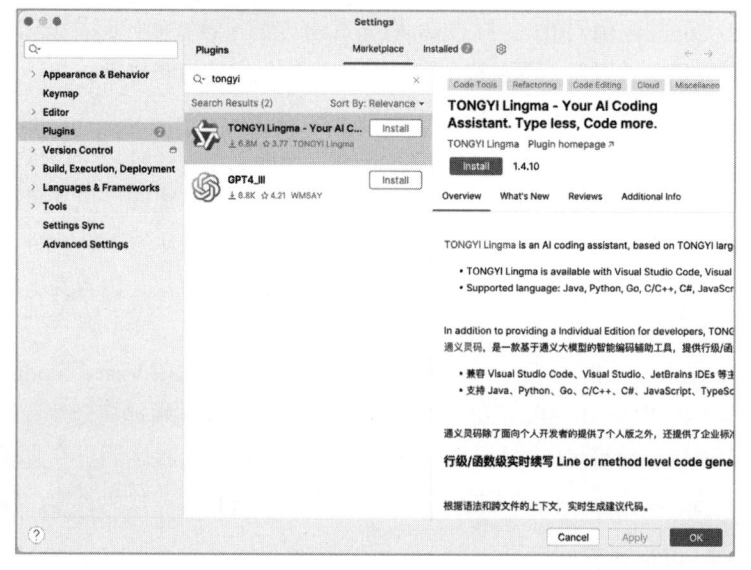

图 7-4

安装好后，重启 IntelliJ IDEA，重启成功后登录阿里云账号，即可开启智能编码之旅了。登录通义灵码，其界面如图 7-5 所述。

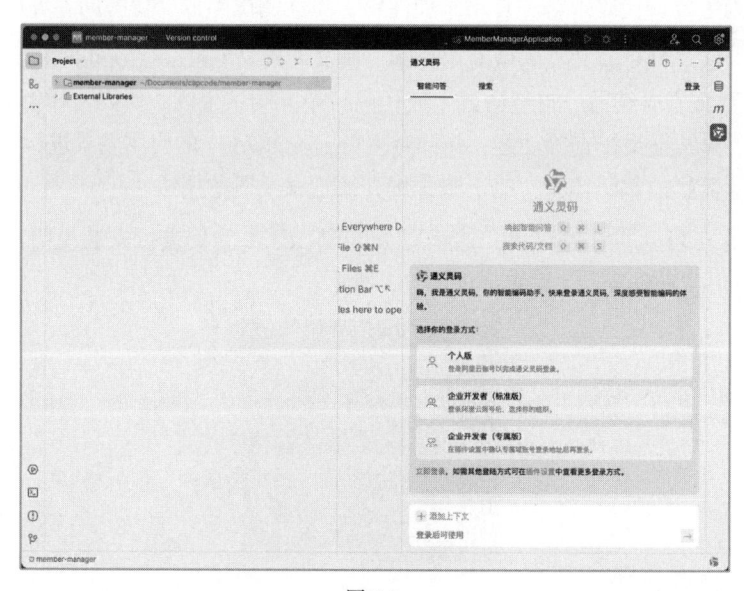

图 7-5

7.2.2 使用 AI 编程助手自动补全代码

接下来使用通义灵码进行案例演示。在 IntelliJ IDEA 中编写代码时，启用自动云端生成代码模式后，通义灵码会根据当前代码文件及相关文件的上下文，自动生成行级或函数级的代码建议。此时，我们可以通过快捷键来采纳、放弃或查看不同的代码建议。

手动触发代码建议的快捷键为 Option + P（macOS 操作系统）或 Alt + P（Windows 操作系统），如图 7-6 所示。其中，灰色部分的代码就是通义灵码自动补全的，可以使用快捷键 Option + [\]（macOS 操作系统）或 Alt + [\]（Windows 操作系统）查看上一个或下一个推荐结果，使用 Tab 或 Esc 键接受或放弃建议。

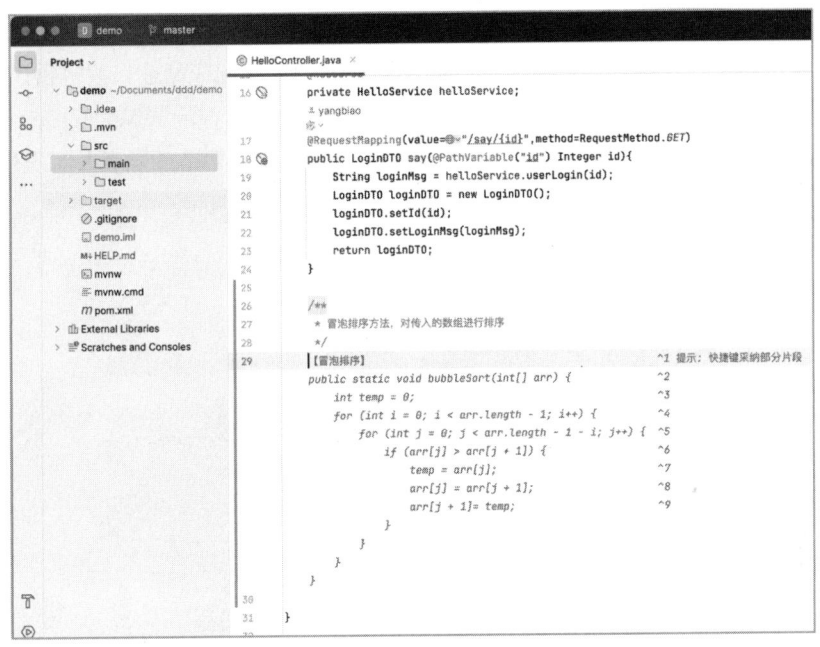

图 7-6

为了更好地使用 AI 编程助手自动补全代码的功能，我们需要提供足够多的上下文信息，例如已编写的代码、注释和伪代码。这有助于 AI 编程助手更准确地理解我们的需求并生成相关代码片段。以下为一些建议。

◎ 明确表达意图：在代码中编写清晰、详细的注释和描述性的变量名，这不仅有助于其他开发者理解代码，也有助于 AI 编程助手更好地理解我们的意图，准确生成代码。

◎ 逐步编写：在编写代码时先撰写一小部分，然后暂停，让 AI 编程助手根据已输入的内容给出代码补全建议。这样做可以引导 AI 编程助手按照我们的思路提供更准确的代码补全建议。

第 7 章　大模型应用程序开发实战

- ◎ 保持代码整洁：维护一个整洁的代码库，这有助于 AI 编程助手更好地理解代码上下文。例如：遵守一致的编码风格；使用清晰的命名约定；定期重构和删除无用的代码；编写有意义的注释。
- ◎ 利用自然语言描述：我们可以尝试使用自然语言描述自己想要实现的功能，让 AI 编程助手提供相应的代码建议。
- ◎ 审查和测试生成的代码：AI 编程助手生成的代码可能不完美，需要人工审查和测试。确保对生成的代码进行充分测试，使其符合预期的功能和性能要求。

7.2.3　使用 AI 编程助手检测代码 Bug

AI 编程助手不仅可以帮助我们检查代码是否符合编码规范，例如变量命名是否规范、代码缩进是否正确等，也可以帮助我们发现代码中的逻辑问题，例如死循环、逻辑错误等，还可以帮助我们分析代码的性能瓶颈，发现代码中的性能问题，例如内存泄漏等。若代码不符合规范，或者存在逻辑、性能问题，则 AI 编程助手会给出相应的提示，帮助开发者及时发现问题。

接下来继续使用通义灵码进行案例演示。

首先选中需要检测的代码块，然后单击鼠标右键，在弹出的悬浮菜单中选择"生成优化建议"，如图 7-7 所示。

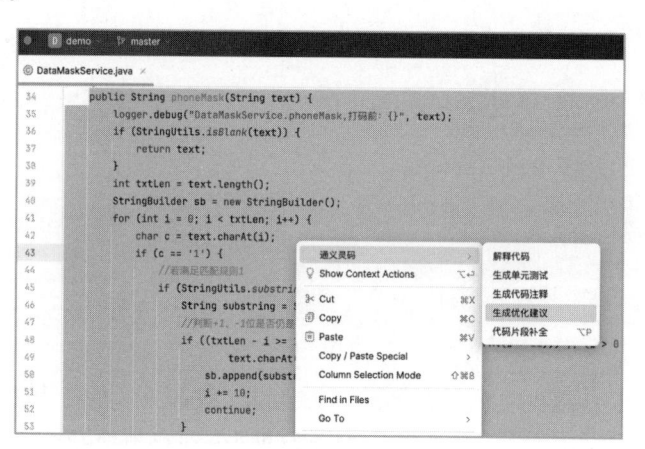

图 7-7

在右侧的对话框中就会显示对代码的优化建议，效果如图 7-8 所示。

最后，对于 AI 编程助手分析出的问题和生成的修改代码，只需稍加调整即可使用。若有不理解的部分，则还可以继续向 AI 编程助手提问，让其进一步分析问题和生成修改代码。

此外，若在运行过程中出现异常或错误，则可以通过单击图 7-9 所示的方框按钮，一键启动智能答疑功能。AI 编程助手会结合运行代码和异常堆栈等上下文信息，快速给出排查思路或

7.2 用 AI 工具提升研发质量和效率

代码修改建议。

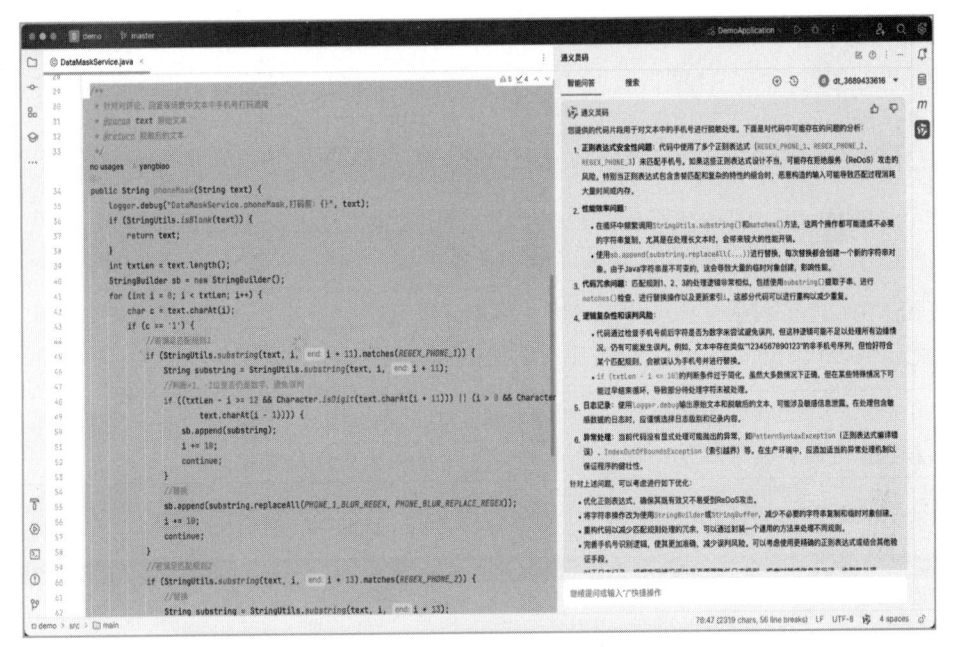

图 7-8

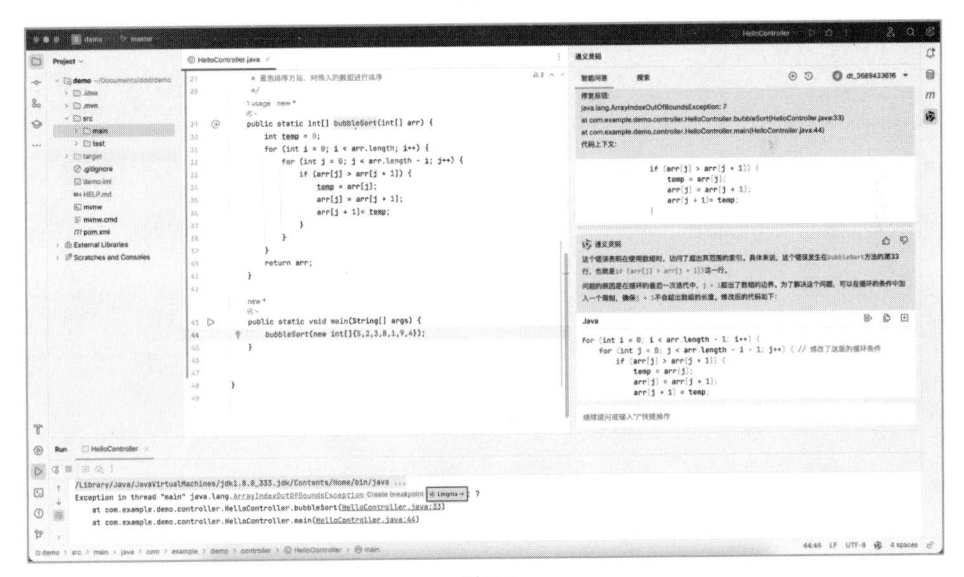

图 7-9

可以看到，AI 编程助手迅速发现了数组越界的问题，确定在循环的最后一次迭代中，$j+1$ 超出了数组边界，并准确提供了修改后的代码。

257

第 7 章　大模型应用程序开发实战

7.2.4　使用 AI 编程助手生成单元测试代码

AI 编程助手可以帮助开发者生成单元测试代码，提高代码的可测试性和可维护性。通过快速分析代码的逻辑结构，AI 编程助手可以自动生成测试用例，包括测试函数和测试数据等，并尽量覆盖代码的各个分支和边界条件。例如，AI 编程助手可以自动生成测试函数的参数和返回值说明、组装测试数据，并提升代码覆盖率。接下来继续使用通义灵码进行案例演示。

首先，在 IntelliJ IDEA 中选中需要生成单元测试代码的方法，单击鼠标右键，在弹出的悬浮菜单中选择"生成单元测试"，效果可参考图 7-7。

然后，在右侧的对话框中会生成该方法的单元测试代码，若对该代码不太满意，则可以进一步优化生成该代码的 Prompt。这里使用的 Prompt 如下：

请首先分析 public String phoneMask(String text)方法的逻辑，然后分析该方法的所有应用场景，注意包含边界和异常场景，最后生成所有可执行测试用例的完整代码。

最终生成的单元测试代码如图 7-10 所示。

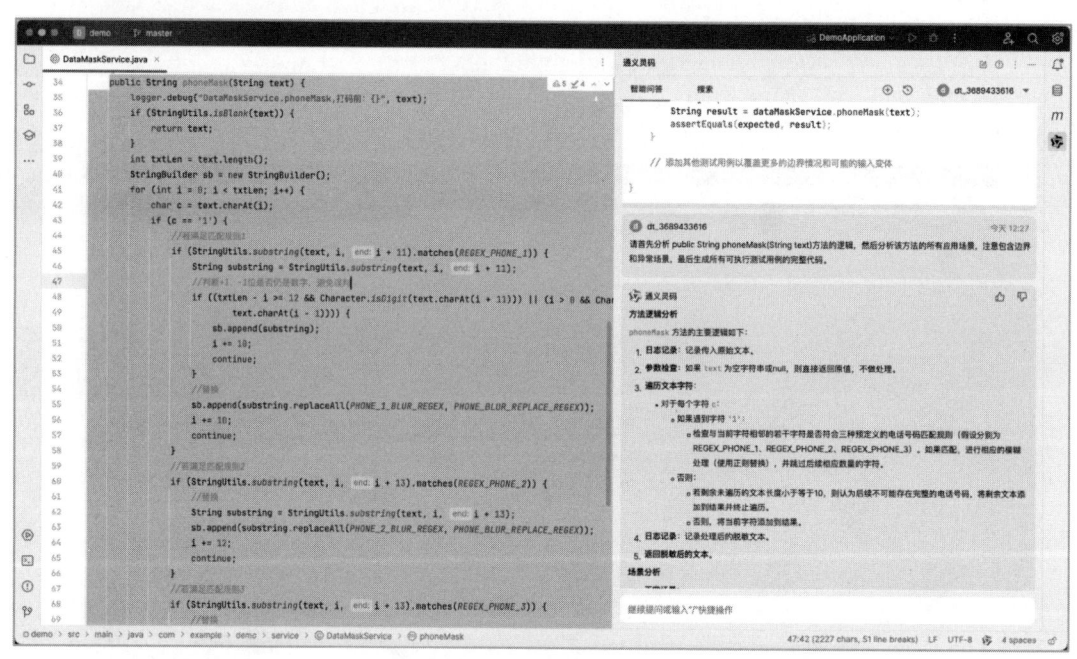

图 7-10

对 AI 编程助手生成的单元测试代码稍加修改即可使用。以上过程只需几分钟即可完成，若人工编写单元测试代码，则可能需要几小时甚至几天。

7.2.5 使用 AI 编程助手做代码评审

代码评审（Code Review，CR）是一种用来确认方案设计和代码实现的质量保证机制，通过对代码、测试过程和注释进行检查，可确保代码的整体运行状况随着时间的推移得到改善。AI 编程助手可以基于代码变更的内容给出摘要和智能评审建议，并提供优化后的代码示例，以帮助团队提升代码评审效率和代码质量，其效果如图 7-11 所示。

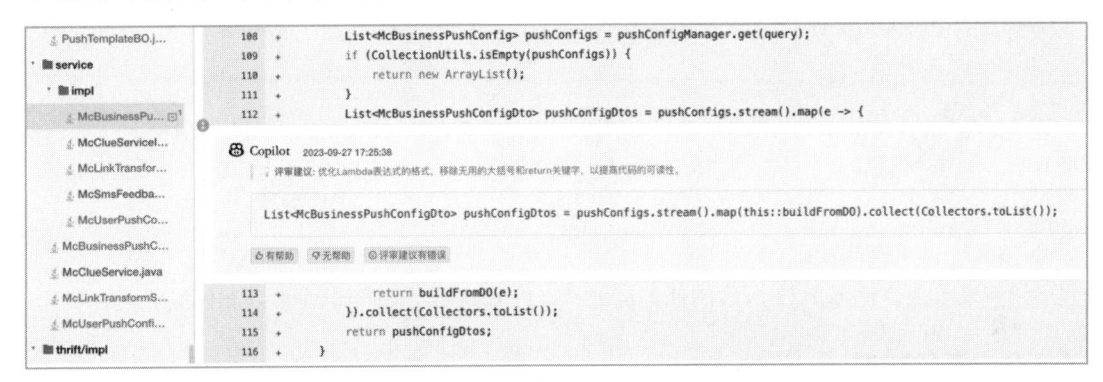

图 7-11

可以看出，AI 编程助手比一些自动化的代码审查工具（SonarQube、FindBugs 等）更智能，不仅能检查出问题，还能提供具体的改进方法，大大提升了代码评审效率。

7.3 基于大模型开发应用程序

我们可以基于大模型开发应用程序，例如智能客服系统、智能语音助手和翻译工具等。在基于大模型开发应用程序时，开发者通常使用 API 或 SDK 来接入和操作大模型，并通过精心设计的 Prompt 引导模型输出。在这个过程中，我们通常不直接修改模型的结构，而是将其视为一种服务工具，通过设计 Prompt、制定数据处理策略和构建业务逻辑来最大化模型的潜力，使其满足特定的应用程序开发需求。

7.3.1 基于大模型开发应用程序的流程

传统的软件开发流程如图 7-12 所示。

图 7-12

第 7 章 大模型应用程序开发实战

基于大模型开发应用程序的流程如图 7-13 所示，主要涉及需求分析、基础模型选择、任务链设计、Prompt 设计、知识库设计、测评优化、应用上线等。

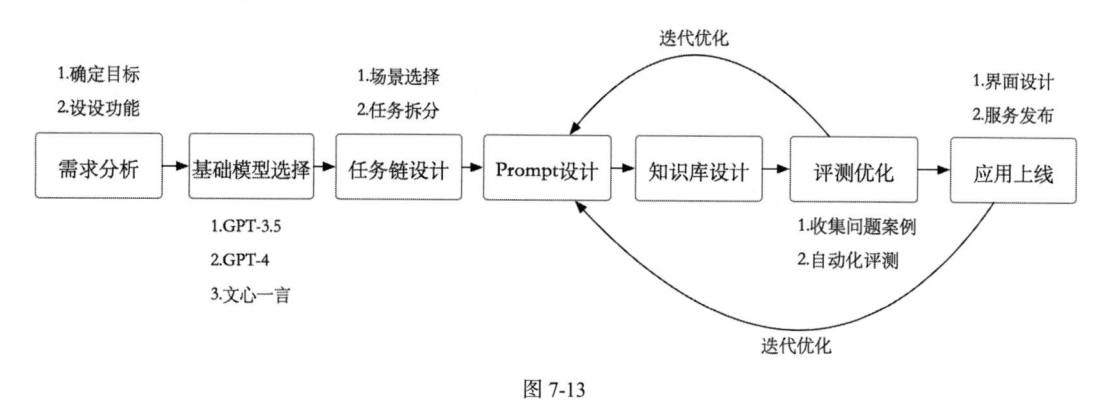

图 7-13

接下来重点讲解图 7-13 所示的任务链设计、Prompt 设计、知识库设计和评测优化。

7.3.2 任务链设计

任务链设计的过程如下。

（1）分解任务。需要将复杂的任务分解成一系列更小、更易于管理的子任务。这些子任务应该是相对独立的，并且可以通过明确的输入和输出进行定义。例如，若要开发一个智能客服系统，那么子任务可能包括自然语言理解、意图识别、情感分析、知识库查询等。

（2）确定依赖关系。在确定了子任务之后，就需要确定子任务之间的依赖关系，即哪些子任务需要在其他子任务之前完成，哪些子任务可以并行进行。例如，在智能客服系统中，自然语言理解和意图识别可能需要先于情感分析和知识库查询完成。

（3）设计任务链。根据子任务之间的依赖关系，可以设计出一条任务链。在这条任务链中，每个子任务的输出都可以作为下一个子任务的输入。例如，在智能客服系统中，自然语言理解的输出可以作为意图识别的输入，意图识别的输出可以作为情感分析的输入，情感分析的输出可以作为知识库查询的输入。

然而，任务链的设计因人而异，也没有统一的标准。接下来通过一些具体示例，帮助我们更好地理解如何做好任务链设计。

1. 知识问答助手的任务链设计示例

知识问答助手旨在提供即时、高效的用户支持，其任务链设计如图 7-14 所示。

7.3 基于大模型开发应用程序

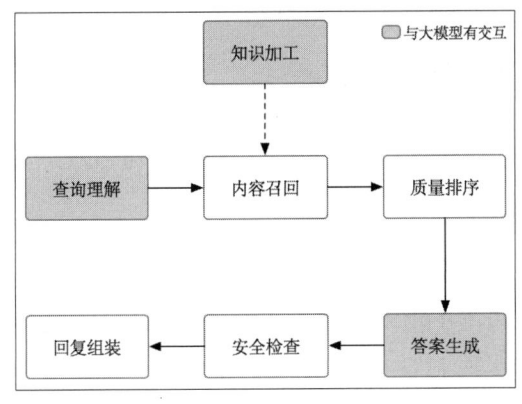

图 7-14

对其中的各个子任务介绍如下。

- 知识加工：提前准备行业专业知识库，为内容召回提供相关信息。
- 查询理解：确定用户的意图，例如确定用户是在询问某个问题还是在请求某个服务。
- 内容召回：通过检索技术从知识库中获取相关信息，以回答用户的问题或提供相关服务。
- 质量排序：对召回的内容进行排序，使召回的内容更准确。
- 答案生成：将上述子任务的结果拼装为 Prompt 上下文，调用大模型生成一个合适的答案。
- 安全检查：对生成的答案进行安全风险检查，对有风险的答案进行拒绝和兜底话术回复。
- 回复组装：对最终的回复进行组装，以格式化形式返回给前端界面。

2. 智能写作助手的任务链设计示例

智能写作助手旨在辅助和提升写作效率与质量，其任务链设计如图 7-15 所示。

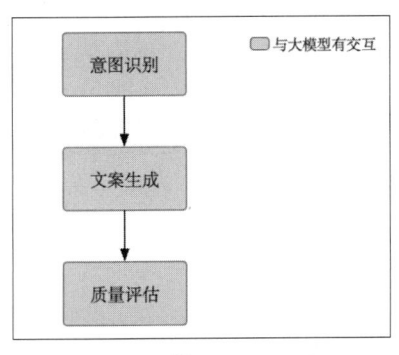

图 7-15

对其中的各个子任务介绍如下。

- 意图识别：理解用户的写作目标和风格。
- 文案生成：根据用户的写作目标，生成合适的文案。
- 质量评估：提供关于草稿的反馈，例如修改或改进建议。

3. 智能 BI 系统的任务链设计示例

智能 BI 系统可以处理和分析庞大的数据集，在用户用自然语言提出问题后，可以理解其问题并提供相应的数据可视化和分析结果。智能 BI 系统还可以自动生成报告，提供个性化的数据洞察，帮助企业做出基于数据分析的决策。其任务链设计如图 7-16 所示。

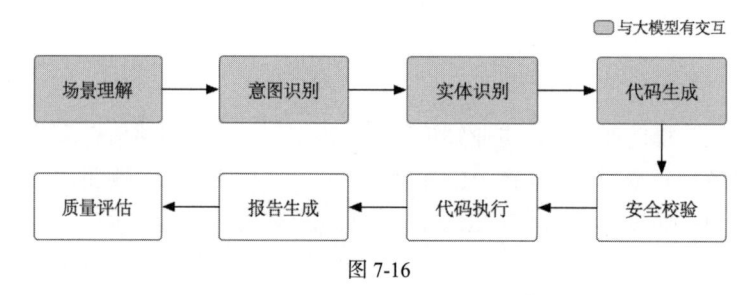

图 7-16

对其中的各个子任务介绍如下。

- 场景理解：接收用户的自然语言查询或请求，理解用户输入的上下文，确定其所在的业务场景。
- 意图识别：识别用户的具体需求，例如，用户想要获取什么样的数据及希望通过什么样的方式展示等，确保正确理解用户的意图。
- 实体识别：识别用户需求中的关键信息，提取关键实体，例如产品名称、部门、用户类型等，并确定相关参数，例如时间范围、数据指标等。
- 代码生成：根据用户的需求生成相应的代码，通常需要结合实体识别的结果进行，例如生成相应的 SQL 查询语句。
- 安全校验：对生成的代码进行安全校验，确保代码的安全性。例如，验证输入数据的合法性及防止 SQL 注入等。
- 代码执行：执行生成的代码，获取用户需要的数据。例如，在数据库或数据仓库中执行生成的 SQL 语句或者执行 API 调用，获取外部数据或服务。
- 报告生成：选择或生成适合当前查询结果的报告模板，将处理后的数据填充到报告模板中。
- 质量评估：对获取的数据进行评估，以确保其准确性和完整性。对于在执行过程中出现的异常情况，采取处理措施，例如增加重试机制或进行错误通知等。

7.3.3 Prompt 设计

Prompt 是自然语言处理中的一种技术，旨在通过精心设计的输入，引导大模型生成预期的输出。开发者需要构建合适的输入语句，选择恰当的词汇和语法结构，以确保模型理解用户的意图并提供正确的回应。

良好的 Prompt 设计在很大程度上决定了模型的性能。以下是关于 Prompt 设计的六大原则。

（1）写出清晰的指令。

◎ 确保指令的表达具体、详尽，提供所有关键细节和背景。

◎ 明确指定模型的角色，以提高专业性。

◎ 使用分隔符清晰地表示输入的不同部分。例如，将三引号、逗号、分号或 XML 符号等作为分隔符。

◎ 提供少量示例。即在要求模型执行实际任务之前，给模型一两个样例，让模型了解我们的需求和期望的输出样式。

◎ 指定输出长度，根据需要设定单词、句子或段落的数量。

（2）提供参考文本。为大模型提供可信的信息来生成答案，或者引用参考文本生成答案。

（3）将复杂的任务拆分为更简单的子任务。例如，在总结一本书时，直接让大模型一次性处理整本书可能超出其 Token 上限。为此，可以采用分步递归的方法：首先，将书籍分成各个章节或部分，针对每个部分都生成摘要；然后，将这些摘要作为新的输入，使用大模型生成更高级别的摘要，即"摘要的摘要"。这一过程可以递归进行，直到得到整本书的总结。

（4）给模型"思考"时间。在设计 Prompt 时，通过引导模型分步骤分析问题并提供解释，可以增强其处理复杂任务的能力，这种方法被称为"链式思考"。

（5）使用外部工具。大模型虽然功能强大，但并非无所不能，特别是在处理数学问题或实时数据时。因此，我们需要借助外部工具和资源，使大模型生成的答案更加准确。

（6）系统地测试变更的内容。由于样本量通常有限，难以确定改进是否显著，所以需要系统地测试变更的内容。

接下来介绍关于 Prompt 设计的一些常用方法，以帮助我们更好地进行 Prompt 设计。

1. 零样本（zero-shot）提示法

零样本提示法是一种不依赖大量样本数据就能让大模型理解和执行特定任务的方法。在零样本提示法中，大模型没有直接接受过任务相关的训练，而是通过涌现能力来推断如何完成新任务。零样本提示法依赖大模型对语言和概念的深入理解，以及它在大量数据上预训练所获得的知识。示例如下。

根据下面的评论，判断这是正面还是负面的情绪？
问题：今天天气真好，我们兴高采烈地出去玩了。
情绪：
回复：正面

2. 少量样本（few-shot）提示法

少量样本提示法是一种机器学习技术，在自然语言处理领域中应用广泛。这种方法通过向大模型提供仅有的几个示例（样本），使其快速适应并执行未见过的任务。少量样本提示法强调大模型的泛化能力，即在看到极少量数据的情况下，大模型仍然可以推广其学习到的知识，并在新任务上取得良好的表现。示例如下。

示例 1：这家餐厅的食物真是太美味了！→正面
示例 2：我很失望，服务态度极其恶劣。→负面
示例 3：电影拍得非常精彩，演员表现出色。→正面
问题：今天的天气很糟糕，让人心情不好。
回复：负面

3. 思维链（CoT）提示法

思维链提示法用于指导大模型解决复杂的问题，它通过向大模型提供一个逐步推理的过程，来帮助大模型理解和解决问题。思维链提示法强调的是大模型可以模拟人类解题时的思维方式，逐步推导出答案。

假设我们要解决一个数学问题："一个篮子里有 5 个苹果，你拿走了 2 个，篮子里还剩下多少个苹果？"使用思维链提示法，我们可以这样指导大模型解决问题：

首先，篮子里原来有 5 个苹果。
然后，你拿走了 2 个苹果。
所以，篮子里应该剩下 5 − 2 = 3 个苹果。
因此，答案是篮子里还剩下 3 个苹果。

在这个过程中，大模型不仅给出了问题和答案，还提供了解决问题的详细步骤。思维链提示法特别适用于需要逻辑推理、数学计算或具有多步骤解决方案的问题。通过模拟人类的思考方式，它可以提高模型的解题能力和解释性。具体做法是在 Prompt 后面简单地添加上 "think step by step"（一步步思考）提示词。示例如下。

问题：一个篮子里有 5 个苹果，你拿走了 2 个，篮子里还剩下多少个苹果？请仔细思考并一步一步地分析。

回复：首先，我们要确定篮子里原来有多少个苹果。根据题目描述，篮子里原来有 5 个苹果。接下来，我们需要确定有多少个苹果被拿走了。题目说你拿走了 2 个苹果。现在，我们要计算篮子里剩下多少个苹果。这可以通过从原来的苹果数量中减去被拿走的苹果数量来得到。所以，我们进行计算：5（原来的苹果数量）–2（被拿走的苹果数量）= 3（剩下的苹果数量）。因此，答案是篮子里还剩下 3 个苹果。

4. 思维链+少量样本提示法

思维链+少量样本提示法是一种结合了推理过程和少量示例学习的提示策略，用于指导大模型处理复杂的或需要高级推理的问题。其中不仅包含问题本身的输入信息，还包含解决问题所需的逻辑推理步骤，以及如何利用现有信息推导出答案的示例。示例如下：

问题 1：你有 3 个橘子，你的朋友给了你 2 个橘子，你现在有多少个橘子？

思维链：首先，你自己有 3 个橘子。朋友给了你 2 个橘子，所以你获得了额外的 2 个橘子。那么你现在有 3 + 2 = 5 个橘子。

答案：5 个橘子。

问题 2：你有 8 个糖果，你吃掉了其中的 3 个，你还剩下多少个糖果？

思维链：首先，你有 8 个糖果。你吃掉了 3 个，所以你失去了 3 个糖果。那么你还剩下 8 – 3 = 5 个糖果。

答案：5 个糖果。

问题：一个篮子里有 5 个苹果，你拿走了 2 个，篮子里还剩下多少个苹果？

思维链：首先，篮子里有 5 个苹果。你拿走了 2 个，所以篮子里减少了 2 个苹果。那么篮子里还剩下 5 – 2 = 3 个苹果。

答案：篮子里还剩下 3 个苹果。

在这个例子中，我们希望大模型利用之前示例中的思维链来解决新问题。大模型应该模拟之前的推理步骤：首先识别初始数量（5 个苹果），然后识别变化的数量（拿走 2 个苹果），最后进行计算（5–2），得出 3 个苹果的答案。

5. LtM（Least to Most）提示法

LtM 提示法是一种逐步引导大模型生成答案的方法，它从最少的信息开始，逐步增加细节，直到大模型生成令人满意的答案。其目的是通过分步骤引导来提升大模型处理复杂的或不熟悉的任务时的准确性。

例如，假设我们想要大模型写一篇关于全球变暖的文章，则使用 LtM 提示法，可以这样构建提示：

（1）最少信息。写一篇关于气候变化的文章。

（2）逐步增加细节。写一篇关于全球变暖的影响、原因和可能的解决方案的文章。

（3）进一步细化。写一篇关于全球变暖对海洋生态系统的影响、将化石燃料的使用作为主要原因及将减少碳足迹作为解决方案的文章。

（4）提供结构。首先介绍全球变暖的背景和定义，然后详细讨论海洋生态系统的变化，接着分析使用化石燃料对气候变化的影响，最后提出减少个人和社区碳足迹的建议。

通过这种从简单到复杂的逐步引导，可以让大模型在每个步骤中都能更好地理解任务要求，逐步构建出结构完整且内容详细的文章。

7.3.4 知识库设计

在将大模型应用于特定的行业场景时，我们常常会遇到大模型难以理解行业专有术语或"黑话"的问题。这主要是因为现有的大模型在处理知识密集型任务时，可能会受到其内置知识库的时效性和完整性的限制。大模型的知识库可能无法涵盖最新信息或缺乏对特定领域的深入理解，从而影响生成内容的质量。大模型在实际应用中通常面临以下问题。

◎ 在缺乏确切答案的情况下，可能会提供误导性信息。

◎ 当用户需要针对当前情况做特定的回应时，大模型可能会提供过时或笼统的信息。

◎ 可能会基于非权威性来源生成答案，从而降低信息的可靠性。

◎ 对同一术语的解释不同，可能会导致术语混淆，生成不准确的答案。

对于以上问题，当前主要有两种具体解决方法：对大模型进行微调（fine-tuning）或检索增强生成（Retrieval-Augmented Generation，RAG）。

1. 对大模型进行微调

对大模型进行微调指在预训练的大模型基础上，通过在特定的数据集上进行额外训练来调整大模型的参数，使其更好地适应特定的任务或领域。微调通常涉及在特定任务的数据集上继续训练大模型，而不是从头开始训练。这个过程类似于人类在已有知识的基础上通过学习新信息来增强其能力。微调步骤通常如下。

（1）准备数据。准备一个包含输入文本和期望输出的数据集，通常这是一组 JSONL（JSON Lines）格式的文件，每行都是一个训练样本。

（2）上传数据。使用大模型提供的 API 将数据集上传到大模型平台。

（3）启动微调。调用大模型的微调 API，指定数据集和其他训练参数，例如学习率、训练轮数等。

（4）监控训练进度。使用大模型提供的 API 检查微调任务的状态和进度。

（5）使用微调后的大模型。训练完成后，我们将得到一个微调过的大模型版本，可以通过 API 使用该版本。

当然，并不是所有大模型都支持微调，这里以 OpenAI 的 GPT-3.5-turbo 模型为例，介绍微调的具体实现方法。假设我们希望构建一个支持票务查询的聊天机器人，需要训练 GPT-3.5-turbo 模型来回答关于航班和定价的问题，则其微调步骤如下。

（1）准备数据。收集一系列关于航班查询的问答对，将其转换成 JSONL 格式的文件。

{"prompt": "用户问：明天从纽约到旧金山的航班有哪些？", "completion": "客服回答：您好，明天从纽约到旧金山有三个航班选项，分别是早上 8 点、中午 12 点和下午 4 点。"}

{"prompt": "用户问：我可以携带两件行李吗？", "completion": "客服回答：每位乘客允许携带一件随身行李和一件托运行李。"}

（2）上传数据。使用 OpenAI 提供的命令行工具或 API 将数据集上传到 OpenAI 大模型平台。在上传数据后，系统将启动一个微调任务来处理上传的数据，这可能需要一段时间。在此期间，我们还可以创建新的微调任务，但需要等待之前上传的数据处理完毕，才会执行新的微调任务。OpenAI 允许最大上传 1GB 的数据集，但我们不建议使用如此大量的数据进行微调，因为这通常超出了提升大模型性能所需的数据规模。Python 代码示例如下：

```
from openai import OpenAI
client = OpenAI()

client.files.create(
  file=open("mydata.jsonl", "rb"),  # mydata.jsonl 为准备的数据
  purpose="fine-tune"
)
```

（3）通过 OpenAI SDK 发送请求，启动微调。Python 代码示例如下：

```
from openai import OpenAI
client = OpenAI()

client.fine_tuning.jobs.create(
  training_file="file-abc123",
  model="gpt-3.5-turbo"
)
```

在这个示例中，"model" 为我们选择用于微调的大模型的名称，可以是 gpt-3.5-turbo、babbage-002、davinci-002 或其他模型。"training_file" 则是我们将训练文件上传到 OpenAI API 时获得的文件识别码。

（4）监控训练，可以使用 OpenAI SDK 查询或取消训练任务，以及删除微调模型。Python 代码示例如下：

```
from openai import OpenAI
client = OpenAI()
# 查看10个微调任务
client.fine_tuning.jobs.list(limit=10)
# 获取微调任务的状态
client.fine_tuning.jobs.retrieve("ftjob-abc123")
# 取消微调任务
client.fine_tuning.jobs.cancel("ftjob-abc123")
# 删除一个微调模型（必须是模型创建者权限）
client.models.delete("ft:gpt-3.5-turbo:acemeco:suffix:abc123")
```

（5）使用微调大模型，在微调完成后便可使用生成的大模型来生成答案。Python 代码示例如下：

```
from openai import OpenAI
client = OpenAI()

completion = client.chat.completions.create(
  model="ft:gpt-3.5-turbo:my-org:custom_suffix:id",
  messages=[
    {"role": "system", "content": "You are a helpful assistant."},
    {"role": "user", "content": "Hello!"}
  ]
)
print(completion.choices[0].message)
```

2. 检索增强生成

检索增强生成的关键在于结合了大模型的生成能力和检索系统的信息获取能力，使得生成内容时不仅能用到内部的知识，还能用到外部的最新信息源。在进行检索增强生成时，会先检索现有文档，再基于检索的结果生成答案，不完全依赖大模型的生成能力，旨在解决使用大模型时的幻觉、新鲜度和数据安全性等问题。其工作流程如图 7-17 所示。

1）数据索引构建阶段

数据索引构建阶段的关键步骤如下。

（1）数据加载与清洗。

- ◎ 使用数据加载器（Data Loader）从多种格式的文件中加载数据，例如 PDF、Word、Markdown、数据库和 API。
- ◎ 对数据进行清洗，包括统一数据格式、剔除无效数据、压缩数据大小等。

7.3 基于大模型开发应用程序

◎ 提取关键的元数据，例如文件名、时间戳、章节标题和图片的描述文本等。

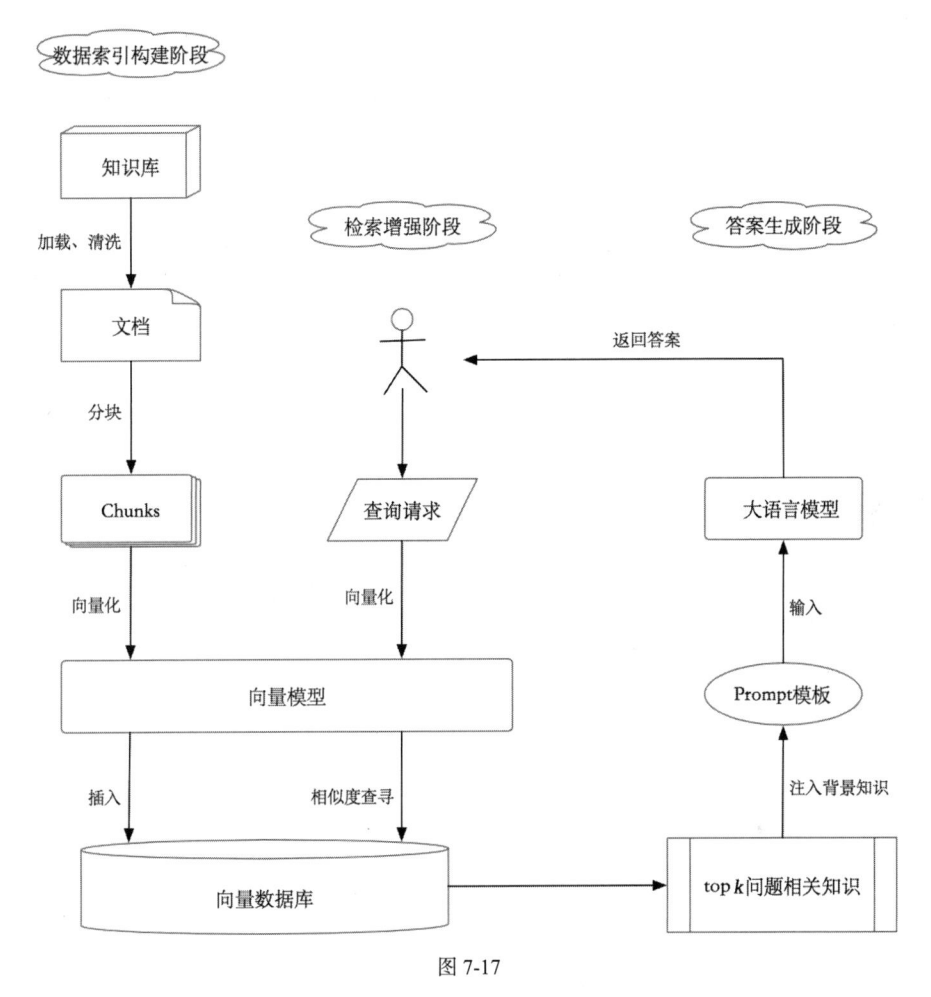

图 7-17

（2）分块（Chunks）。

◎ 采用固定大小的分块方法，通常为 256 或 512 个 Token，根据向量化（Embedding）模型的要求决定。为避免语义损失，可以通过增加冗余量来保留上下文信息。

◎ 基于意图进行分块，通过句号、换行、专业意图包（如 NLTK 和 spaCy）或递归分割方法来优化分块。

◎ 分块策略受索引类型、模型类型、问答文本长度等的影响。

（3）向量化。将文本、图像、音频和视频等内容转换为向量矩阵，以便计算机处理。选择合适的向量化模型对检索质量至关重要，特别是相关度的准确性。可选的向量化模型包括国产

第 7 章 大模型应用程序开发实战

中文模型 BGE 和 M3E、通义千问的高维模型,以及 OpenAI 的 Text-embedding-ada-002 模型。也可以考虑自己训练向量化模型。

2)检索增强阶段

在检索增强阶段,检索是技术要求高且至关重要的环节,主要涉及信息检索、查询优化及结果排序等。

3)答案生成阶段

答案生成阶段主要依赖大模型的能力来构建响应。由于存在多种成熟的框架,例如 LangChain、LlamaIndex 和 Semantic Kernel,所以这一阶段的实现相对直接。可以直接利用这些框架来处理生成任务,减轻开发负担。

总之,在开发大模型应用程序时,需要结合结构化知识库,提升大模型对具体事实和专业领域知识的掌握度,进而提升其在问答和事实核查等任务中的精确度和可靠性。这也确保了大模型输出的答案的时效性和准确性。然而,要有效实现检索增强生成技术的各个环节,还需要进行持续研究和大量实践。

7.3.5 评测优化

评测用于衡量和验证大模型在特定任务上的性能。在开发基于大模型的应用程序的过程中,评测尤为重要,因为它能帮助开发者理解大模型在实际应用中的表现,并指导后续的优化工作。所以,基于大模型开发应用程序更侧重于通过验证和迭代来提升大模型的性能。其评测流程如图 7-18 所示。

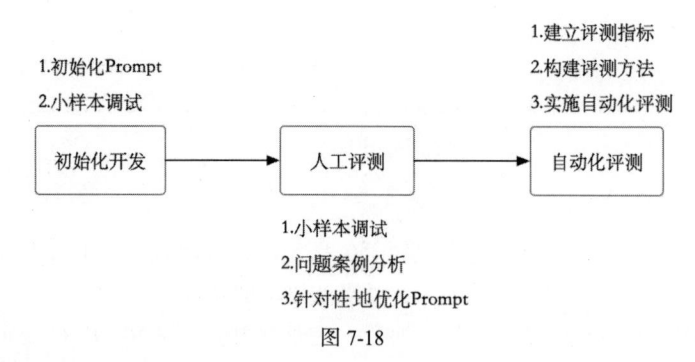

图 7-18

1. 人工评测

在系统开发的早期阶段,由于验证集规模较小,所以人工评测是一种直接且有效的方法。然而,进行人工评测应遵循一些基本原则和方法,简单介绍如下。

(1)通过持续识别问题案例(Bad Case),并针对性地优化 Prompt 或应用框架,可以提升应用程序的性能和准确性，使其达到预期目标。

（2）将每个发现的问题案例都纳入验证集，以便在每次优化 Prompt 后都重新评估所有案例，确保不影响原有的表现。

人工评测步骤通常如下。

（1）小样本调试。开发者在少量样本上调试 Prompt，以快速启动核心任务并收集初步反馈。

（2）问题分析。在深入测试时可能会遇到难以处理的问题案例，这些问题案例对于人工评测至关重要，因为它们可能无法仅仅通过 Prompt 或算法调整来解决。

（3）针对性地优化 Prompt。将问题案例纳入测试集并调整 Prompt，确保优化后的 Prompt 对原样本仍然有效。可以遵循 Prompt 的设计原则优化 Prompt，例如使用少样本提示法或思维链提示法进行优化。

通过持续使用小样本进行调试，可不断发现问题案例并针对性地进行优化，推动应用程序达到预期的性能和准确度。

2. 自动化评测

当验证集的规模较小时，可以采用人工评测，对系统中的每个案例输出都细致地进行逐一审查。然而，随着系统的不断迭代和优化，验证集的规模可能会增长到人工评测难以应对的程度。在这种情况下，我们转而采用自动化评测方法，以评测系统对每个验证案例的输出质量，并据此衡量系统的整体性能。自动化评测不仅提升了评测效率，还确保了评测过程的一致性和可重复性。自动化评测流程通常如下。

（1）建立评测指标。随着测试集规模的增加，开发者需要确立一系列评测指标，例如平均准确率等，以量化性能表现。

（2）构建评测方法。对于有确切答案的任务，评测过程相对简单。然而，面对复杂的生成任务，尤其是那些没有明确标准答案的任务，我们需要开发能够准确反映应用效果的评测方法。

（3）实施自动化评测。在不断发掘和优化问题案例的过程中，我们积累了大量验证集，基于这些验证集，可以通过自动化评测算法来全面评测系统的性能表现。

下面使用 Python 来演示如何对模型的回答进行简单评测。假设我们有一个问题：最好的编程语言是什么？有以下两种回答。

回答 A：Python 是最流行的编程语言之一，它以简洁的语法和强大的库支持而受到许多开发者的喜爱。

回答 B：没有最好的编程语言，每种编程语言都有其适用的场景和优势。

首先，我们将根据以下维度建立评测指标。

◎ 知识查找正确性（是否提供了关于编程语言的信息）。
◎ 回答相关性（回答是否针对问题）。
◎ 回答正确性（回答是否客观、准确）。

然后，使用 Python 构建一个简单的评测算法，代码示例如下：

```python
def evaluate_answer(answer, question):
    # 初始化评分字典
    evaluation = {
        "relevance": 0,
        "objectivity": 0,
        "overall_score": 0
    }

    # 相关性评分：若在回答中包含问题中的关键词，则认为相关
    if "编程语言" in answer:
        evaluation["relevance"] = 1

    # 客观性评分：若回答不是明显的主观判断，则认为客观
    if "最好的" not in answer or "没有最好的" in answer:
        evaluation["objectivity"] = 1

    # 综合评分：在相关性和客观性都为 1 时，给予正面评价
    evaluation["overall_score"] = evaluation["relevance"] + evaluation["objectivity"]

    return evaluation
```

最后，进行自动化评测。代码示例如下：

```python
# 模型回答 A
answerA = "Python是最流行的编程语言之一，它以其简洁的语法和强大的库支持而受到许多开发者的喜爱。"
# 模型回答 B
answerB = "没有最好的编程语言，每种编程语言都有其适用的场景和优势。"
# 提出的问题
question = "最好的编程语言是什么？"

# 评测回答 A
evaluationA = evaluate_answer(answerA, question)
# 评测回答 B
evaluationB = evaluate_answer(answerB)

print("回答 A 的评测结果：", evaluationA)
print("回答 B 的评测结果：", evaluationB)
```

在以上示例中创建了一个简单的评测函数 evaluate_answer()，它根据在回答中是否包含问题的关键词来评测相关性，以及回答是否避免了主观判断来评测客观性。若在这两方面都回答效果良好，则综合评分为 2 分（相关性 1 分、客观性 1 分）。当然，这个简单的评测逻辑仅用于演示目的，实际的大模型评测过程会更加复杂和细致。

7.4 大模型应用程序开发框架

大模型应用程序开发框架是专门为构建、部署和维护基于大模型开发的应用程序而设计的一套工具和流程，例如 LangChain、Semantic Kernal、LlamaIndex 和 Spring AI 等。这些框架提供了一系列工具和 API，旨在加速从预训练模型到成熟应用程序的开发过程。尽管这些框架的具体功能和实现可能有所差异，但它们通常具备一些共同特性，确保开发者有效运用大模型进行自然语言处理应用程序的创建和维护。下面对这些共同特性进行详细介绍。

（1）模型集成。

◎ 工具和接口：大模型应用程序开发框架提供了集成了预训练模型的工具和接口，使得开发者可以轻松地将模型的能力嵌入自己的应用程序。

◎ 兼容性：支持与多种大模型兼容，允许选择最适合特定任务的模型。

（2）数据处理。

◎ 预处理：包括自动化数据清洗、分词、编码等步骤，以适配模型的输入格式。

◎ 后处理：将模型的原始输出转换为应用程序所需的格式，包括提取关键信息、转换数据结构等。

（3）任务抽象。

◎ 高层次 API：提供简化的高层次 API，使开发者可以直接调用复杂的任务，例如问答、文本分类、实体识别等，而无须深入了解底层实现。

◎ 任务定制：允许开发者根据特定的业务逻辑定制任务流程。

（4）管道构建。

◎ 模块化设计：支持模块化的管道设计，使开发者可以通过组合不同的处理模块来构建复杂的处理流程。

◎ 灵活配置：提供配置选项，允许开发者调整管道中各个步骤的参数和行为。

（5）性能优化。

◎ 资源管理：通过优化内存和处理器等底层资源的利用率，提高模型的运行效率。

◎ 响应时间：减少延迟，加快模型响应速度，确保用户体验。

（6）用户友好。

◎ 易用性：提供清晰的 API 文档、代码示例和开发指南，帮助开发者快速上手。
◎ 社区支持：建立活跃的开发者社区，提供技术支持和知识共享。

7.4.1 调用 OpenAI API 的方法

通过 OpenAI 提供的 HTTP API 直接访问 GPT 大模型是最简单和直接的方法，不受开发语言和开发平台的限制，只要可以访问 HTTP API，就可以使用 OpenAI 大模型。不过 OpenAI 的 API 服务是付费的，每个开发者都需要先获取并配置 OpenAI API Key，才能在自己构建的应用程序中访问它。

1. 使用 Curl 直接调用 HTTP API

Curl 是一个被广泛使用的命令行工具，允许开发者轻松地向 API 发送 HTTP 请求。尽管 Curl 的设置简单、快捷，但其功能相较于 Python 或 Java 这样的全功能编程语言来说较为有限。以下为使用 Curl 访问 OpenAI GPT-3.5 模型的代码示例：

```
curl https://api.op**ai.com/v1/chat/completions   -H "Content-Type: application/json"  -H "Authorization: Bearer $OPENAI_API_KEY"  -d '{
   "model": "gpt-3.5-turbo",
   "messages": [
     {
       "role": "system",
       "content": "You are a poetic assistant, skilled in explaining complex programming concepts with creative flair."
     },
     {
       "role": "user",
       "content": "Compose a poem that explains the concept of recursion in programming."
     }
   ]
 }'
```

其中，可以将 "$OPENAI_API_KEY" 替换为我们自己的 OpenAI API 密钥。

2. 使用 Python 库调用 API

OpenAI 提供了一个 Python 库，极大地简化了在 Python 环境中使用 OpenAI API 的流程，以下为该库的具体使用步骤。

（1）安装 OpenAI 的 Python 库。安装 Python 3.7.1 或更高版本。可以在命令行中运行以下代码来安装 OpenAI 的 Python 库：

```
pip install --upgrade openai
```

（2）执行 pip list 命令，将显示在当前环境中安装的 Python 库，这样可以确认 OpenAI 的 Python 库是否安装成功。

（3）使用 Python 库向 OpenAI API 发送请求：

```
from openai import OpenAI
client = OpenAI() # 在环境变量中使用 OPENAI_API_KEY='your-api-key-here'

completion = client.chat.completions.create(
  model="gpt-3.5-turbo",
  messages=[
    {"role": "system", "content": "You are a poetic assistant, skilled in explaining complex programming concepts with creative flair."},
    {"role": "user", "content": "Compose a poem that explains the concept of recursion in programming."}
  ]
)
print(completion.choices[0].message) # 输出结果
```

3. ChatCompletions API

ChatCompletions API 是 OpenAI 提供的一项服务，允许用户通过 HTTP 请求或 SDK 方式与 OpenAI 大模型交互。利用此 API，大模型能够根据用户提供的信息生成一个或多个答案。此外，ChatCompletions API 支持两种输出模式：流式输出和段式输出，以满足不同的应用程序开发需求。

需要注意的是，在使用 ChatCompletions API 时需要进行授权，用户需要在接口请求的 HTTP 头部（Header）中添加名为 "Authorization" 的参数，其值应为 "Bearer+用户的 OpenAI API 密钥"。例如，若 API 密钥为 "123456"，则应将其值设置为 "Bearer 123456"。

该 API 的核心参数如表 7-2 所示。

表 7-2

字段	是否必填	说明
model	必填	指定需要使用的模型，例如 gpt-4-0613、gpt-4-0125-preview、gpt-4-vision-preview、gpt-3.5-turbo-0613、gpt-3.5-turbo-1106 和 gpt-3.5-turbo-16k
messages	必填	为列表格式，以聊天格式生成对话消息。一般包含字段 role 和 content，"role=user" 表示用户发出的消息，"role=assistant" 表示机器人回复的消息。在多轮对话场景中，需要在每次请求中都传递上下文内容。详细格式见表 7-3

续表

字段	是否必填	说明
tools	可选	模型可以调用的工具列表。目前仅支持使用函数。使用它可以提供函数列表，模型可以为其生成 JSON 输入。详细格式见表 7-4
tool_choice	可选	该参数需与 tools 参数搭配使用，用于控制模型调用的函数。none 表示大模型不会调用函数，而是生成消息；auto 表示大模型可以自动选择是生成消息还是调用函数
temperature	可选，默认值为 1	采样温度的值可以为 0~2，较高的值（如 0.8）使输出更随机，较低的值（如 0.2）使输出更确定
top_p	可选，默认值为 1	一种替代采样温度的方法，通常称之为"核采样"，其中，模型只考虑具有 top_p 概率质量的标记。例如，0.1 表示仅考虑构成前 10%概率质量的标记。通常建议调整此值或采样温度的值，但不要同时更改二者
n	可选，默认值为 1	为每个输入的消息都生成多少个聊天对话选项
stream	可选，默认值为 false	设置是否为流式显示
max_tokens	可选，默认值为 1024	在聊天对话时生成的最大 Token 数。输入标记和生成标记的总长度受模型上下文长度的限制。 输入长度+max_tokens 应当小于上下文的总长度，否则会报"400 Bad Request"错误
response_format	可选	指定模型输出格式。在 1106 及以后的模型版本中才支持该参数。例如，{ "type": "json_object" }为启用 JSON 模式，确保模型生成的消息是有效的 JSON 格式。 注意：在使用 JSON 模式时，需要在 messages 中指示模型以 JSON 格式输出。此外，若 finish_reason 为"length"，则表示生成的回答超过了 max_tokens 或对话超过了最大上下文的长度，可能导致消息被部分截断，无法返回完整的 JSON 语句

Message 结构如表 7-3 所示。

表 7-3

字段	含义
role	必填，消息角色，取值包括 system、user、assistant 和 function
content	必填，消息内容。在文本模型中，content 传递 String。在 Vision 模型中，content 为 List
name	可选，当 role 取值为 function 时，name 是必填参数，且取值为 content 对应的 function 名称
function_call	可选，对应消息应调用的函数名称和其参数

Message 结构的代码示例如下：

```
[
  {
    "role": "system",
```

```
      "content": "你是一个AI智能助理,名字叫作小美"
   },
   {
      "role": "user",
      "content": "早上好,小美!"
   }
]
```

Tool 结构如表 7-4 所示。

表 7-4

字 段	含 义
type	必填,当前仅支持函数类型
function	必填,函数定义,提供一系列函数描述,由 GPT 模型决定是否需要调用函数、调用哪些函数及函数调用哪些参数
function.name	必填,函数名称
function.description	可选,函数描述
function.parameters	可选,函数参数

关于请求参数结构的简单代码示例如下:

```
{
   "model": "gpt-3.5-turbo-1106",
   "messages": [
      {
         "role": "user",
         "content": "帮我查下北京、上海的天气,以及最新发生的新闻"
      }
   ],
   "tools": [
      {
         "type": "function",
         "function": {
            "name": "get_weather",
            "description": "查询单个城市指定地点的天气,若查询多个城市,则可以调用多次。",
            "parameters": {
               "type": "object",
               "required": [
                  "地区名称"
               ],
               "properties": {
                  "地区名称": {
                     "type": "string",
                     "description": "中文的地区名称,一般以省、市、县、区结尾。"
```

```
                }
            }
        }
    }
    ],
    "tool_choice": "auto",
    "max_tokens": 1000
}
```

该 API 返回的核心参数如表 7-5 所示。

表 7-5

字　段	是否必填	说　明
choices	必填	模型生成的结果，为列表格式，默认为 1 个。具体数量由请求参数中参数 n 的值决定。流式输出和段式输出的 choice 略有不同。流式输出仅包含当前包的内容
content	可选	该字段仅在进行流式请求时返回，其内容由流式响应的中间结果组合而成
id	必填	本次请求的 ID
created	必填	请求的时间戳
model	必填	本次生成实际使用的模型
object	必填	本次请求返回使用的对象
usage	必填	为对象格式，代表本次生成统计的 Token 详情，completion_tokens 为生成内容的 Token 数量，prompt_tokens 为输入的 Token 数量
lastOne	必填	是否为最终的内容

以下为段式输出返回结果的代码示例（Content-Type: application/json）：

```
{
    "choices": [
        {
            "finish_reason": "stop",
            "index": 0,
            "message": {
                "content": "1. 爱因斯坦（Albert Einstein)\n2. 达尔文（Charles Darwin）",
                "role": "assistant"
            }
        }
    ],
    "created": 1683172413,
    "id": "chatcmpl-7CKK5VVVjApleUUxQOJuyACqHdFVx",
    "model": "gpt-35-turbo",
    "object": "chat.completion",
    "usage": {
        "completion_tokens": 24,
```

```
      "prompt_tokens": 19,
      "total_tokens": 43
   }
}
```

以下为流式输出返回结果的代码示例（Content-Type: text/event-stream）：

```
data: {
   "choices": [
      {
         "delta": {
            "content": "。"
         },
         "finish_reason": "stop",
         "index": 0
      }
   ],
   "content": "牛顿、爱因斯坦。",
   "created": 1683172426,
   "id": "chatcmpl-7CKKILDBeuB9ch0murXSVI4ghYAr5",
   "model": "gpt-35-turbo",
   "object": "chat.completion.chunk",
   "usage": {
      "completion_tokens": 6,
      "prompt_tokens": 18,
      "total_tokens": 24
   }
}
data: [DONE]
```

需要注意的是，在流式输出中，OpenAI 在原始的返回结果中加入了中间结果参数"content"和 Token 统计参数"usage"，并且流式响应的尾包数据固定为"[DONE]"。

7.4.2 LangChain

ChatGPT 的成功引起了众多开发者的关注，他们希望能够利用 OpenAI 的 API 或私有大模型来开发大模型应用程序。虽然调用这些模型本身相对简单，但要构建一个完整的大模型应用程序，还需要进行大量的定制工作，包括 API 集成、交互逻辑设计和数据管理等。为了简化这一流程，自 2022 年以来，许多开源项目应运而生，旨在帮助开发者快速构建端到端的大模型应用程序。在这些项目中，LangChain 因其提供的全面解决方案而备受关注。

1. LangChain 的架构

LangChain 是为了简化大模型应用程序开发和部署流程而设计的。在开发阶段，开发者可

第 7 章　大模型应用程序开发实战

以利用 LangChain 提供的开源模块和组件快速构建大模型应用程序，并通过集成第三方服务和使用模板来加速开发进程。在部署阶段，LangServe 能够将大模型应用程序链路转换成 API，这有助于集成和扩展工作。在生产阶段，LangSmith 负责监控和审查大模型应用程序的性能，确保其持续、稳定地运行。LangChain 的整体架构如图 7-19 所示。

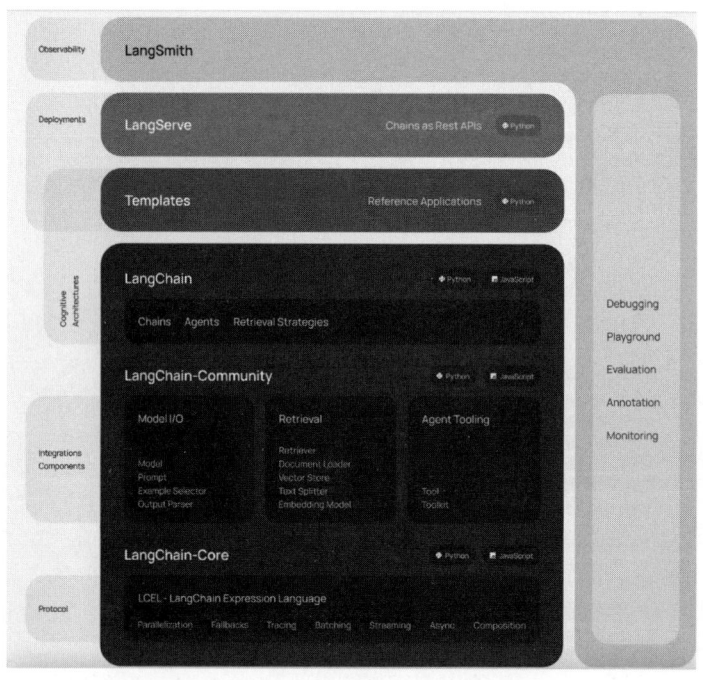

图 7-19

LangChain 由以下开源库构成。

- ◎ langchain-core：提供基础抽象层和 LangChain 表达式语言，是框架的核心。
- ◎ langchain-community：集成第三方服务和工具，扩展框架的功能。
- ◎ langchain：包含任务链、Agent 和检索策略，它们共同构成了应用程序的认知架构。
- ◎ Templates：一种语言生成模板，提供了一种规范化的方式来构造和生成特定的表达语言。
- ◎ langserve：允许将 LangChain 任务链作为 REST API 进行部署，方便与其他系统集成。

LangChain 生态系统还包括 LangSmith 平台，这是一个为开发者打造的平台，支持对大模型应用的调试、测试、评估和监控，并与 LangChain 无缝集成。

2. 一个简单的 LangChain 应用示例

下面讲解一个简单的 LangChain 应用程序示例，它通过 REST API 提供服务，运行在本地的 8000 端口上，我们后续可以在此基础上进一步探索和扩展 LangChain 的功能。因为 LangChain 是使用 Python 设计的框架，所以这里采用 Python 来实现该示例。

（1）安装 LangChain 及相关包。通过 pip 命令安装 LangChain 及与 OpenAI 集成的包：

```
pip install langchain langchain-openai
```

（2）设置环境变量。获取 OpenAI API 密钥，并将其设置为环境变量：

```
export OPENAI_API_KEY="your-api-key"
```

（3）创建一个简单的 LangChain 应用程序。导入必要的模块，初始化 OpenAI 大模型，并创建一条简单的大模型链：

```
from langchain_openai import ChatOpenAI
from langchain_core.prompts import ChatPromptTemplate

# 初始化 OpenAI 模型
llm = ChatOpenAI()

# 定义一个 Prompt 模板
prompt_template = ChatPromptTemplate.from_messages([
    ("system", "You are a helpful assistant."),
    ("user", "{input}")
])

# 创建大模型链
llm_chain = llm | prompt_template
```

（4）使用大模型链生成响应。调用大模型链，首先为其提供用户的输入，然后获取大模型生成的答案：

```
# 调用大模型链
response = llm_chain.invoke({"input": "What is LangChain?"})
# 打印生成的答案
print(response["output"])
```

（5）使用 LangSmith 进行应用程序追踪，该步骤为可选步骤。若我们想要追踪和监控自己的 LangChain 应用程序，则可以使用 LangSmith：

```
# 设置 LangSmith 环境变量
export LANGCHAIN_TRACING_V2=true
export LANGCHAIN_API_KEY="..."
```

（6）使用 LangServe 部署应用程序，为可选步骤。若我们希望将 LangChain 应用程序部署为 REST API，则可以使用 LangServe：

```
# 创建一个 FastAPI 应用并添加路由
```

第7章 大模型应用程序开发实战

```
from fastapi import FastAPI
from langserve import add_routes

app = FastAPI()
add_routes(app, llm_chain, path="/agent")

# 运行FastAPI应用
if __name__ == "__main__":
    import uvicorn
    uvicorn.run(app, host="localhost", port=8000)
```

3. 使用LangChain实现检索增强生成

以下示例将展示如何使用LangChain构建一条检索链，该检索链能够从索引数据中检索出相关信息，并结合大模型生成相应的答案，从而实现检索增强生成。这里采用Python来实现该示例。

（1）安装LangChain及其依赖包。确保已安装LangChain及其依赖包，同时将OpenAI API密钥配置为环境变量，相关命令如下：

```
pip install langchain langchain-openai beautifulsoup4
export OPENAI_API_KEY="your-api-key"
```

（2）加载数据并构建索引。使用WebBaseLoader加载数据，并使用FAISS向量存储工具构建索引：

```
# 在Python脚本中导入构建检索链所需的模块
from langchain.chains import create_retrieval_chain
from langchain_openai import ChatOpenAI
from langchain_community.document_loaders import WebBaseLoader
from langchain_text_splitters import RecursiveCharacterTextSplitter
from langchain_community.vectorstores import FAISS
from langchain_openai import OpenAIEmbeddings

# 创建一个文档加载器
loader = WebBaseLoader("https://ex***le.com")
docs = loader.load()
# 分割文档并创建向量
text_splitter = RecursiveCharacterTextSplitter()
documents = text_splitter.split_documents(docs)
# 初始化嵌入模型
embeddings = OpenAIEmbeddings()
# 创建向量存储
vector = FAISS.from_documents(documents, embeddings)
```

（3）创建检索链。首先初始化OpenAI的ChatOpenAI模型，并且创建一个Retriever，然后使用 LLM 和 Retriever 创建一条检索链：

```
# 初始化 ChatOpenAI 模型
llm = ChatOpenAI()
# 使用 vector 类创建 Retriever 对象
retriever = vector.as_retriever()
# 创建检索链
retrieval_chain = create_retrieval_chain(retriever, llm)
```

（4）调用检索链。通过检索链发送查询并获取相应的答案：

```
# 调用检索链
response = retrieval_chain.invoke({"input": "How does LangChain work?"})
print(response["answer"])
```

7.4.3　Semantic Kernel

Semantic Kernel 是微软推出的一款开源的软件开发工具包，专为大模型应用程序而设计，它简化了开发者创建可与现有代码和系统交互的 AI Agent 的流程，支持与 OpenAI、Azure OpenAI、Hugging Face 等平台的模型集成，允许开发者使用多种编程语言（C#、Python 和 Java 等）构建 AI Agent，这些 AI Agent 可以执行复杂的任务，例如问答聊天、自动化流程等。

下面讲解一个简单的 Semantic Kernel 应用程序示例，从而帮助我们更好地理解和使用 Semantic Kernel 框架。因为 Semantic Kernel 是使用 C#开发的框架，所以这里使用 C#实现该示例。

假设我们想通过 AI Agent 控制灯的开关，则需要先编写可以改变灯状态的代码。例如，可以创建一个名为 LightPlugin 的类，它有 GetState()和 hangeState()方法：

```csharp
public class LightPlugin
{
    public bool IsOn { get; set; } = false;

    [KernelFunction]
    [Description("Gets the state of the light.")]
    public string GetState() => IsOn ? "on" : "off";

    [KernelFunction]
    [Description("Changes the state of the light.")]
    public string ChangeState(bool newState)
    {
        IsOn = newState;
        var state = GetState();
        // 打印状态到控制台
        Console.WriteLine($"[Light is now {state}]");
```

第 7 章 大模型应用程序开发实战

```
        return state;
    }
}
```

同时，我们在 GetState() 和 hangeState() 方法中添加了 KernelFunction 和 Description 属性。因为若想让 AI Agent 调用我们的代码，则首先需要使用 Description 属性向 AI Agent 描述它，这样 AI Agent 就知道如何使用它了。在以上代码示例中描述了 GetState()、ChangeState() 方法，以便 AI Agent 请求调用它们。

我们已经准备好了代码，但还需要将其提供给 AI Agent。接着创建一个新的 Kernel 对象，将其传入 LightPlugin 类和我们想要使用的大模型，以便将我们的代码与 AI Agent 关联起来：

```
var builder = Kernel.CreateBuilder().AddAzureOpenAIChatCompletion(modelId, endpoint, apiKey);
builder.Plugins.AddFromType<LightPlugin>();
Kernel kernel = builder.Build();
```

在有了 Kernel 对象之后，我们就可以使用它来创建一个 AI Agent，它会在执行期间调用我们的代码。下面通过一个简单的示例来模拟一个多轮聊天软件：

```
// 创建历史聊天记录
var history = new ChatHistory();
// 获取聊天服务 completion
var chatCompletionService = kernel.GetRequiredService<IChatCompletionService>();

// 开始对话
Write("User > ");
string? userInput;
while ((userInput = ReadLine()) != null)
{
    // 添加用户输入
    history.AddUserMessage(userInput);
    // 启用自动函数调用
    OpenAIPromptExecutionSettings openAIPromptExecutionSettings = new()
    {
        ToolCallBehavior = ToolCallBehavior.AutoInvokeKernelFunctions
    };
    // 从 AI Agent 处获取答案
    var result = await chatCompletionService.GetChatMessageContentAsync(
        history,
        executionSettings: openAIPromptExecutionSettings,
        kernel: kernel);

    // 打印结果
    WriteLine("Assistant > " + result);
```

```
// 将 AI Agent 的消息添加到历史聊天记录中
history.AddMessage(result.Role, result.Content ?? string.Empty);
// 再次获取用户的输入
Write("User > ");
}
```

运行这些代码后，我们就可以与自己的 AI Agent 对话了，效果如下：

```
User > Hello
Assistant > Hello! How can I assist you today?
User > Can you turn on the lights
[Light is now on]
Assistant > I have turned on the lights for you.
```

7.4.4 Spring AI

Spring AI 提供了一套工具和库，用于在 Spring 应用程序中集成和使用 AI 功能。它的核心目标是简化 AI 功能的开发过程，使得开发者更容易构建 AI 应用程序，而不需要深入了解 AI 的复杂原理。

Spring AI 提供了对多种大模型提供商的支持，例如 OpenAI、Microsoft、Amazon、Google 和 Huggingface。它支持不同类型的 AI 模型，例如聊天模型、文本模型、图像模型，并且支持段式输出和流式输出。Spring AI 还提供了对主要向量数据库提供商的支持，以及用于数据工程的 ETL 框架。

下面是一个使用 Spring AI 的简单示例，展示如何通过 OpenAI 聊天模型来创建一个简单的聊天机器人。因为 Spring AI 是使用 Java 开发的，所以这里使用 Java 来实现该示例。

（1）在我们的 Spring 项目中添加对 Spring AI 的依赖。若使用 Maven，则可以在 pom.xml 文件中添加以下依赖：

```
<dependencyManagement>
    <dependencies>
        <dependency>
            <groupId>org.springframework.ai</groupId>
            <artifactId>spring-ai-bom</artifactId>
            <version>0.8.0</version>
            <type>pom</type>
            <scope>import</scope>
        </dependency>
    </dependencies>
</dependencyManagement>
```

（2）在 pom.xml 文件中添加 OpenAI 聊天模型的依赖 JAR 包：

```
<dependency>
```

```xml
    <groupId>org.springframework.ai</groupId>
    <artifactId>spring-ai-openai-spring-boot-starter</artifactId>
</dependency>
```

现在，我们就可以在自己的 Spring 应用程序中使用 OpenAI 聊天模型了。下面是一个简单的控制器示例，它使用 OpenAI 聊天模型来响应用户的聊天消息：

```java
@RestController
public class ChatAiController {
    private final ChatClient chatClient;

    @Autowired
    publicChatAiController(ChatClient chatClient) {
        this.chatClient = chatClient;
    }

    @GetMapping("/chat")
    public Map<String, String> completion(@RequestParam(value = "message",
defaultValue = "Tell me a joke") String message) {
        return Map.of("generation", chatClient.call(message));
    }
}
```

在以上示例中创建了一个 REST 控制器，它监听 "/chat" 路径上的 GET 请求。当用户发送消息时，控制器会首先将消息传递给 chatClient 对象的 call 方法，然后生成一个答案并返回给用户，至此，一个简单的聊天机器人就实现了。不过需要注意的是，以上示例假设我们已经提前配置好了 OpenAI API 的密钥。例如，执行以下命令在环境变量中配置密钥：

```
export SPRING_AI_ OPENAI_API_KEY=<INSERT KEY HERE>。
```